【博客藏经阁丛书】

平凡的探索

单片机工程师与教师的思考

周坚 编著

北京航空航天大学出版社

内 容 简 介

本书通过一系列单片机项目开发案例的分析，有侧重地展示各个案例，包括作者开发过程中曾走过的弯路，尽可能地启迪读者的思维，教给读者"学习与开发"的方法。

本书共分15章，第1章介绍开发环境，其余各章分别针对一个案例进行介绍。这些案例有一些是专门设计的学习任务，有一些是从实际项目中提取而来。各章的内容除了知识点的介绍外，还尽可能引导读者进行思考，理解诸如"如何开发出符合客户要求的产品"，"如何不断跟踪新知识、新技术"等问题，帮助读者尽快从"学习者"转变为"开发者"。

本书适用于已掌握单片机基本知识的工程师、大学生等人员阅读，也可以作为单片机开发人员的参考用书。

图书在版编目(CIP)数据

平凡的探索：单片机工程师与教师的思考/周坚编著. --北京：北京航空航天大学出版社，2010.10

ISBN 978-7-5124-0219-5

Ⅰ.①平…　Ⅱ.①周…　Ⅲ.①单片微型计算机　Ⅳ.①TP368.1

中国版本图书馆CIP数据核字(2010)第180548号

平凡的探索

单片机工程师与教师的思考

周　坚　编著

责任编辑　董云凤　张金伟　张　湇

*

北京航空航天大学出版社出版发行

北京市海淀区学院路37号(邮编100191)　http://www.buaapress.com.cn

发行部电话:(010)82317024　传真:(010)82328026

读者信箱:bhpress@263.net　邮购电话:(010)82316936

北京时代华都印刷有限公司印装　各地书店经销

*

开本:787×960　1/16　印张:20　字数:448千字

2010年10月第1版　2010年10月第1次印刷　印数:4 000册

ISBN 978-7-5124-0219-5　定价:36.00元

前　言

很多读者在读完作者所编著的《单片机轻松入门》、《单片机C语言轻松入门》等书后，来信与作者探讨这样一个问题：书上的例题都做了，自我感觉也有一定的编程能力了，但就是不能进行独立的开发工作，应该如何进一步深入学习，从而尽快具有独立工作的能力？

这是很多人学习中都会遇到的问题，这个问题单纯依靠"学习"或者"读书"很难解决。但是一本好书仍可以提供一个较好的途径，帮助读者尽快从"学习者"进入"开发者"的行列，本书是作者为解决这一问题而进行的尝试。

本书主要是基于单片机项目开发案例来进行讨论，但作者并非仅仅罗列案例的各种资源，更非简单地列出源程序，而是对所选择的案例进行深入分析，将作者在这一项目开发时所经历的过程（包括曾走过的弯路）有选择地展示出来。这样做的目的是希望能启迪读者的思维，真正教给读者"学习与开发"的方法，而并非仅仅提供给读者一个可以复制的实例。本书所选择的案例难易程度适中，并且各个案例都会有针对性地解决一些中等级别难度的问题，比如小数的运算和显示问题、C语言多模块编程问题等。

本书包括以下内容：第1章是开发环境的介绍，介绍目前较为常见和流行的开发工具，如仿真机、在线编程、JTAG调试器等，与工程师所用的开发环境保持一致。第2～5章通过一个统一的平台学习几个典型的具有独立功能的"小产品"，如电压测量、速度测量、温度测量以及使用PID进行温度控制等。每个小产品都提供电路图、源程序，并介绍相关的知识，调试过程中需要注意的问题等。这些小产品花费不大，读者可以自行练习制作。第6～15章的内容是从实际的产品中提取出来的功能模块，或者针对读者常见问题而专门设计的学习任务。第6章和第7章通过单片机控制机械手、机加工平台，学习如何模仿PLC中定时器的用法和状态转移法在编程中的应用。第8章介绍的是一个通用显示器的开发，重点展示产品不断演化的过程，让读者看到开发者紧跟当前技术发展而不断改进设计的思路。本章结尾提出新的设计方案，读者可在这个产品的基础上进一步地研发。第9章是针对很多读者遇到的学习瓶颈问题设计的一个趣味任务，展示一个小项目开发的完整过程，教给读者如何将零散的程序片断"装配"成一个能实现完整功能的程序。本章还给读者提出了"如何才能开发出符合客户要求的产品"这样一个命题，引领读者进行这方面的思考，以便达到能够独立完成项目的目的。第10章"红外遥控"给读者所呈现的是作者在遇到未知知识时，如何探索并解决问题的过程。第

11章"'星际飞船'控制器"是一个综合性较强的实际项目，通过对这一项目开发过程的研读，读者可以领悟到模块化设计的思想。第12章"智能仪器设计"是针对很多网友和读者提出的"小数点运算和显示"问题而专门设计的一个学习任务，通过这一任务详细分析使用C语言来处理小数点的方法。第13章"便携式无线抢答器"讨论的是无线数据传输、点阵LCM显示的问题，并进一步学习C语言模块化编程的方法。第14章"开放式PLC的开发"以一个开放式PLC为平台，详细讨论了使用梯形图对单片机进行编程的方法。这是很多读者非常感兴趣的内容，网络上讨论很多。本章内容不仅给出了作者研究的结果，而且讨论了实现方法，提供了C语言源程序和上位机所用的Visual BASIC源程序。本章最后还提出一些如何改进设计的建议，读者可以根据这些思路去进一步研究。不管读者是否从事工业控制工作，本章所讨论的内容都会对您的研发有所帮助。第15章"全数字信号发生器"所讨论的是一个简单仪器的开发过程，除了电气设计以外，还提供了简单的装配安装等机械设计的过程。

本书由"周坚名师工作室"组织编写。周坚编写了第1、2、15章，夏爱联编写了第3、4章，张庆明编写了第5、6章，张映盛编写了第7、8章，汤欣编写了第9、10章，冷雪锋编写了第11、12章，龚益民编写了第13、14章，全书由周坚统稿；阮丰、周勇完成了电路的制作和调试工作，许康、陈建荣完成了程序调试工作，陈素娣、周瑾等参与了本书的多媒体制作、插图绘制、文字输入、排版等工作。

如果您是一位成熟的工程师，本书并不适合您。如果您正在学习单片机，入门后苦于无法进一步提高；如果您正在做单片机方面的毕业设计；如果您正准备参加与单片机有关的创新比赛等工作，那么，这本书就比较适合您。本书并不是一本单纯用来"读"的书，书中提出了很多问题，如果读者能够动手做一做实物，或者用软件仿真一下，或者编写一下程序，哪怕仅仅只是作一些思考，也会对自己的成长大有帮助。

周 坚

2010年5月

目 录

第1章 单片机的开发环境

随着单片机技术的不断发展，单片机开发环境也在不断发生着变化。从命令行方式下的编译方式到目前各种功能强大的集成开发环境(IDE)；从简易仿真机到当前各种功能强大的仿真机、JTAG仿真机；从普通的编程器到多功能的通用编程器、智能编程器、ISP下载线；从几乎清一色国外知识产权的产品到国人自主研发的各型产品；可谓百花齐放，用户可选择的范围非常之广泛。以下对一些常用的单片机开发设备进行简要介绍。

1.1 仿真机

随着开发设备的不断更新和开发理念的不断变换，仿真机在当前单片机开发工作中的地位有些下降。但是，在实际开发工作中，有一台仿真机仍会给调试工作带来很大的方便。因此，在条件允许的情况下，配置一台仿真机较为合适。

仿真机由仿真主机、仿真头、电源及仿真软件等部分组成，其中仿真机的主机由负责与上位机(一般就是指PC机)的通信部分、仿真头驱动部分等组成。图1-1是TKS-52S仿真机的主机部分外形图，图1-2为仿真头外形图。

图1-1 TKS-52S仿真机的主机部分

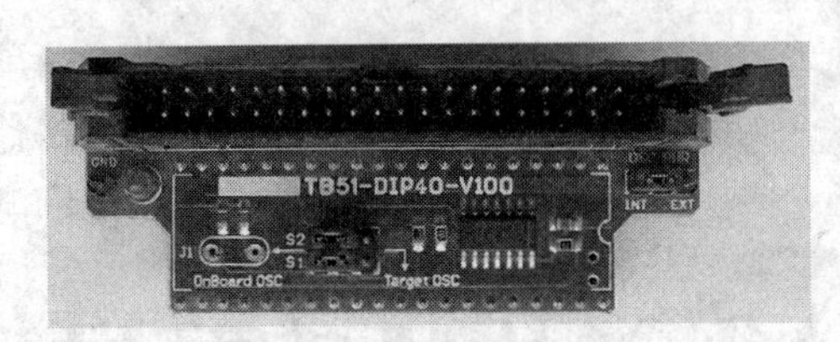

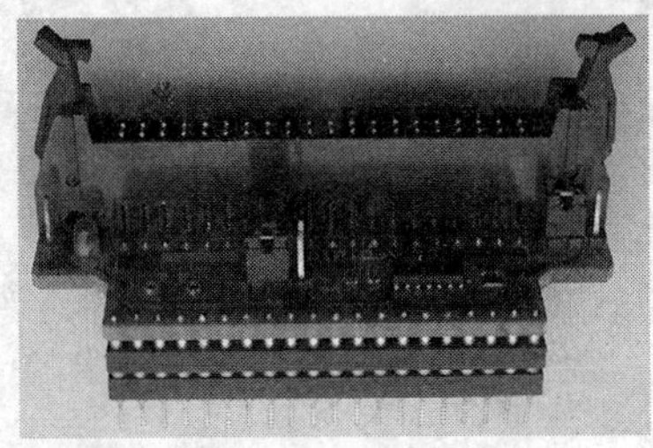

图1-2 仿真头外形图

在进行调试工作时，仿真机的主机通过串行口或者USB接口与上位机连接，仿真头与主机连接，将目标电路板上的MCU从插座上取下来，把仿真头插入这个插座中，如图1-3所示。这时，整个仿真机所起的作用，就如同那块目标电路板上的MCU一样。不过，花了这么大的代价用仿真头来替代这个MCU，并非仅仅就是要让其如同MCU那样运行。

MCU的工作是不断地从ROM中取出一条一条的指令，然后根据指令的要求进行相应的操作。指令的执行是一刻也不会停的，因此，当程序代码写入芯片以后，只能观察到运行的结果是否与设计相符。如果运行结果与设计不相符，问题出在哪里却无法确切知道。也许是程序中某个变量赋了不当的初值，也许运算的算式写错了一个符号，也许是某个应该送出的高/低电平信号没有送出，也许是某一串送出的序列信号不正确。但究竟是什么原因，凭猜测是不够的。这时，就要借助于仿真机强大的调试能力了。

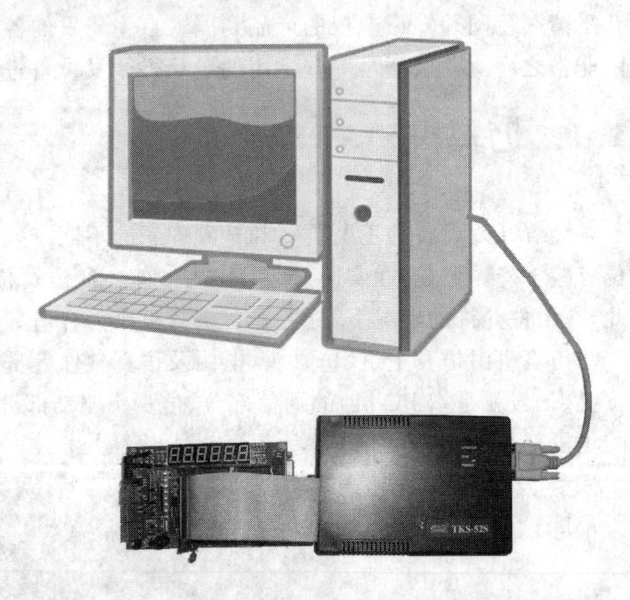

图1-3 仿真机与电路板和上位机的连接示意图

仿真机之所以能够查找错误，是因为它有这样一些功能：单步执行、过程单步执行、观察代码执行的历史、设定断点等。通过这些功能，能够将动态变化的信号变成静态的信号，便于开发者观察信号变化过程中出现的种种问题。

1.2 编程器

编程器又称“烧写器”，是将目标代码或其他数据写入MCU或者其他可编程芯片的一种工具。

在程序代码编写并调试完成以后，就形成功能完整的目标代码。这时，必须将仿真机从目标电路板上取下来，将已写好代码的 MCU 芯片插入电路板，得到可以交付用户的电路板。将目标代码写入 MCU 的过程称为“编程”或者“烧写”，用来进行编程或者烧写的工具称为“编程器”或者“烧写器”。如图 1－4 所示是市场上常见的一些编程器，既有成千上万元的生产型编程器，也有仅几百元的业余爱好者使用的编程器。

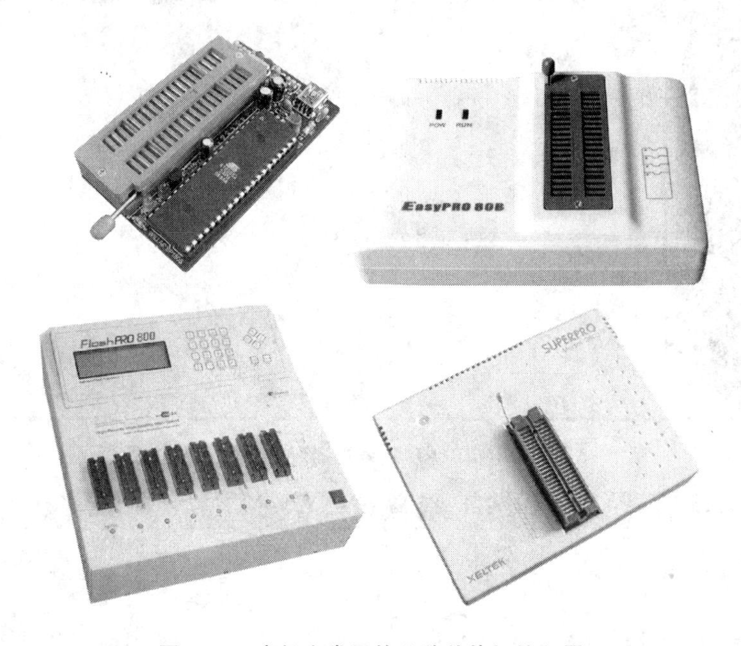

图 1－4　市场上常见的几种单片机编程器

这里以西尔特公司的 SUPERPRO 系列编程器为例进行介绍。SUPERPRO 是一种性价比高、可靠、快速的通用编程器系列，适用于 Intel 586 或基于奔腾处理器的 IBM 兼容台式机或笔记本电脑，工作时直接与计算机并行口或 USB 端口(依型号而定)通信。

与单片机仿真机相同，单片机编程器也是一个软、硬件一体的工具。除了需要硬件外，还需要有配套的软件。如图 1－5 所示是 SUPERPRO 系列编程器配套软件的工作主界面，通过 USB 接口与计算机相连的是 SUPERPRO 280U 型编程器。

从图 1－5 中可以看到，软件已识别到主机，并控制主机处于准备好状态。通过软件可以选择器件、打开待写入芯片的代码文件、设定器件的配置字、设定编程参数等。如图 1－6 所示是选择器件的对话框，从图中可以看到，该编程器支持的芯片种类很多，包括各种 EEPROM、PLD、MCU 等。通过查询其网站说明，可以看到 SUPROPRO 280U 编程器支持的芯片可达 20000 多种。

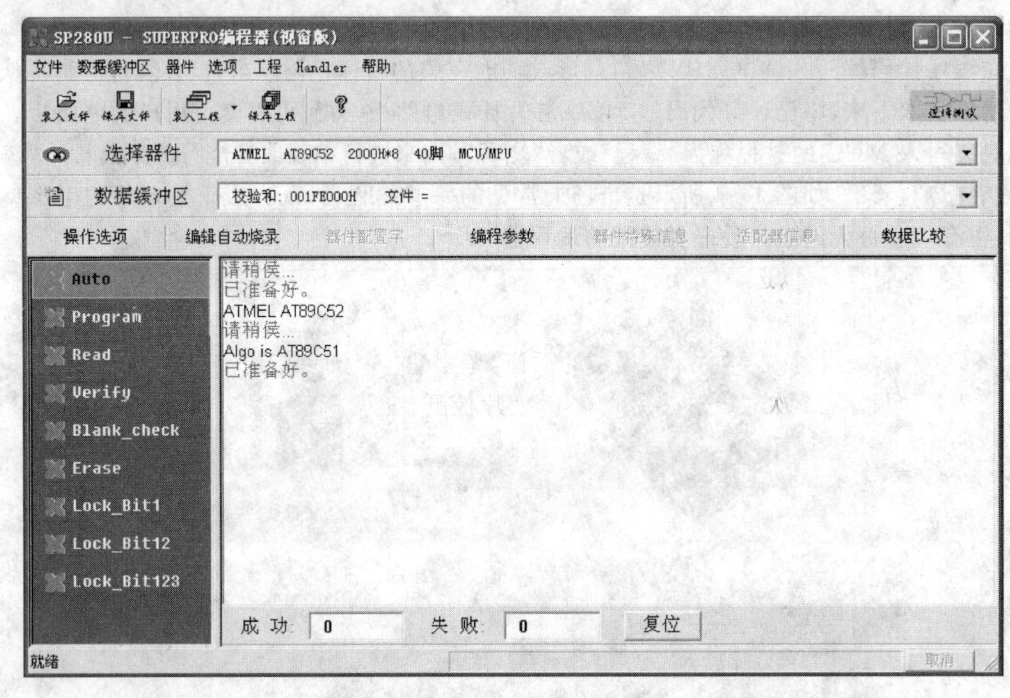

图1-5 SUPROPRO系列编程器配套软件工作主界面

图1-6 选择器件

选择好器件以后，即可以通过如图1-5所示左侧边的工具按钮进行操作。选择不同的芯片时，这个工具按钮也不相同。以选择AT89C52芯片为例，各种操作为：Program（将目标代码写入空白的芯片中）；Read（读出未加密的芯片中的内容）；Verify（校验）；Blank_Check（空片检查）；Erase（擦除芯片中的内容及保密位）；Lock Bit（写锁定位）。对于一块新的芯片，可以直接进行Program操作，否则一般需要先进行Erase和Blank_Check操作，才能进行Program操作。而在Program之后，一般要进行Verify和Lock Bit操作。

为了方便操作，可以选择"编缉自动烧录方式"，如图1-7所示。根据编程的需要选择各种功能依次加入到右侧的列表框中，然后单击"确定"按钮，即可编缉完成自动烧录方式。在编缉好自动烧录方式后，将芯片插入编程器的插座，单击Auto，即可依次完成预设的各种操作。如按图1-7所示，将依次完成对芯片的操作、空片检测、编程、检验、写3个锁定位的操作。

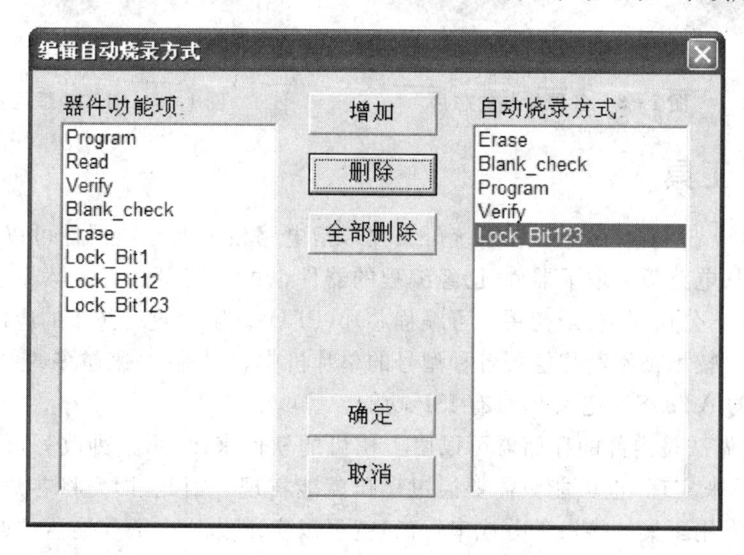

图1-7　编缉自动烧录方式

1.3　其他开发工具

随着技术的不断发展，新型的单片机层出不穷，新的技术也在不断应用。近年来，有代表性的、被普遍应用的技术有ISP、JTAG等技术。

当使用仿真机进行开发时，要求将仿真头插入到芯片插座中，这就要求目标电路板采用双列直插封装的芯片，或者采用PLCC封装的芯片。但是目前芯片的发展趋势是使用越来越轻、薄、小的封装形式，如SOP、TQFP等，如图1-8所示。

在生产中这些芯片大都是被直接焊接在目标电路板上，这就无法使用仿真机来进行调试。为解决这一问题，有一些折衷方案，例如，可以专门做一块用于开发的电路板，这块电路板使用双列直插的芯片。使用这块开发板进行调试，最终生产时，使用相同型号的其他封装类芯片。但这样做有很多不方便，不仅要另外制作印刷线路板，而且还要使用专用的编程器附件来写芯片，如图1-9所示。有时，对于时序、EMC等要求严格的产品，重新设计印刷线路板将付出重大的代价。随着技术的不断发展，这一问题在不断地得到解决。

图1-8　各种封装的芯片

图1-9　QFN32适配器

1.3.1　ISP工具

ISP(In System Programmer，在系统可编程)，指电路板上的空白器件可以编程写入目标代码，而不需要从电路板上取下器件，已经编程的器件也可以用ISP方式擦除或再编程。ISP技术最早由Lattic公司提出，最初用于可编程芯片(PLD)。随着这一技术的应用，人们发现其便利性，于是这一技术被不断移植到各种型号的单片机中。目前，越来越多的单片机芯片具有ISP功能，常用的AT89S52芯片即具有ISP功能。

ISP的通用做法是内部的存储器可以由上位机的软件来改写，这种改写可能必须通过使用一个专用工具来实现，也可能只需要通过串口就能实现。因此，即使将芯片焊接在电路板上，只要留出与专用工具的接口部分或串行口，就可以实现芯片内部存储器的改写，而无须再取下芯片。

ISP技术的优势是不需要编程器就可以进行单片机的实验和开发，单片机芯片可以直接焊接到电路板上，调试结束即为成品，避免了调试时由于频繁地插入、取出芯片而对芯片和电路板带来的不便。

如图1-10所示是一个ISP编程器与单片机应用电路板连接的例子。图的下方是一个具有ISP编程功能的编程器，它通过10芯扁平电缆与目标电路板连接。

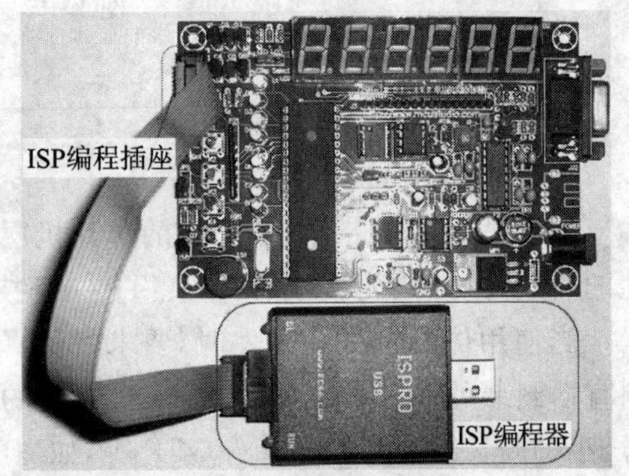

图1-10　使用ISP编程器对目标电路板编程

目标电路板预留了一个10芯的电缆接口，该接口与单片机的连接关系如图1-11所示，这是ATMEL公司定义的标准接口。

具有ISP编程功能的编程器与上位机通信，从上位机获得目标代码，然后通过10芯扁平电缆送到目标电路板上，直接对电路板上的芯片进行编程。这样，电路板上的芯片不需要拿下，就可以重新编程。每块芯片重复编程的次数可以达上千次。因此，在产品的开发阶段可以利用这一方式进行调试工作。而在生产过程中，如果发现有必要升级，也可以通过这种方式来更改产品的功能。

除了这种ISP接口外，还有一些单片机采用其他的接口方式。如图1-12所示是用一个RS232接口电路对具有ISP功能的芯片进行编程的实际电路，图中下方机壳中装的是一个用MAX232芯片自制的RS232转TTL电路，上方电路板上引出了4根线，即V_{CC}、Rxd、Txd、GND，通过这4根线接到自制工具上即可实现ISP功能。

图1-11 ISP接口定义

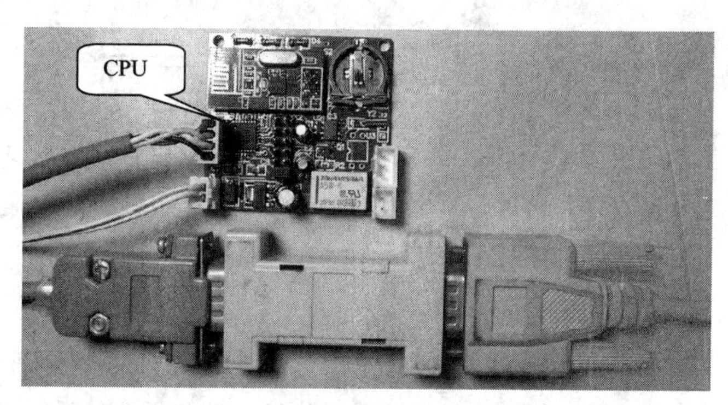

图1-12 使用串行口对带有ISP功能的芯片进行编程

1.3.2 JTAG工具

ISP功能可以方便地在线将代码写到芯片内部，因此，很多人采用这种方式进行程序的开发工作。但是其不便之处在于ISP只能烧写程序，却不具备控制能力。也就是说，程序代码一旦被写入芯片后，就会全速运行，不可能逐步执行。当需要以单步或其他方式调试程序时，ISP功能就无能为力了。随着技术的发展，JTAG技术开始逐渐成熟起来。

JTAG(Joint Test Action Group，联合测试行动小组)是一种国际标准测试协议，它与IEEE 1149.1兼容，主要用于芯片内部测试。现在越来越多的器件都支持JTAG协议，如DSP、FPGA器件等。支持JTAG协议的80C51兼容类单片机并不多，当前市场上主要是C8051F系列。

标准的JTAG接口是4根信号线：TMS、TCK、TDI、TDO，分别为模式选择、时钟、数据输入和数据输出线。

TCK——测试时钟输入；

TDI——测试数据输入，数据通过TDI输入JTAG口；

TDO——测试数据输出，数据通过 TDO 从 JTAG 口输出；

TMS——测试模式选择，TMS 用来设置 JTAG 口处于某种特定的测试模式。

可选引脚 TRST 用于测试复位，为输入引脚，低电平有效。

含有 JTAG 口的芯片种类较多，如 CPU、DSP、CPLD 等各类芯片。80C51 类单片机中的 C8051F 系列就带有 JTAG 接口。如图 1-13 所示是市场上一款用于 C8051F 芯片的 JTAG 主机。

该机通过 USB 接口与上位机相连，通过 10 芯 JTAG 连接端子与目标电路板相连，如图 1-14 所示。

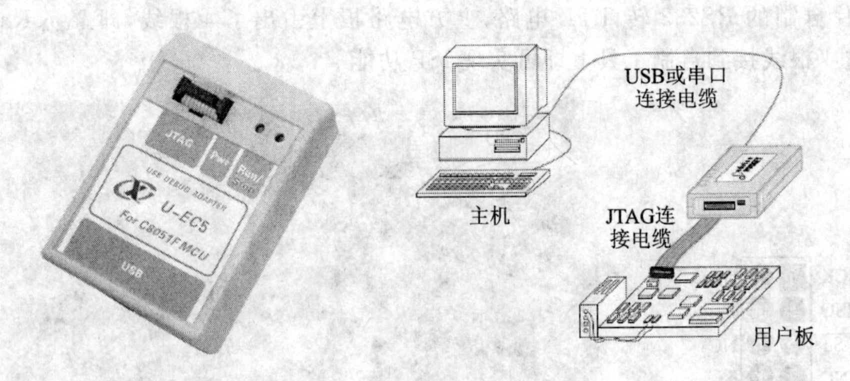

图 1-13　JTAG 主机　　　图 1-14　JTAG 调试器与目标电路板连接

JTAG 连接完成后，可以通过上位机来控制程序的运行、停止、单步和过程单步执行，可以设置硬件断点，可以查看和修改存储器和寄存器。在调试完成后，能够将代码下载到 Flash 程序存储器，从而完成一个完整的开发过程。

第2章

测速表的制作

测速是工农业生产中经常遇到的问题，学会使用单片机技术设计测速仪表具有很重要的意义。

要测速，首先要解决的是采样问题。在使用模拟技术制作测速表时，常用测速发电机的方法，即将测速发电机的转轴与待测轴相连，测速发电机的电压高低反映了转速的高低。使用单片机进行测速，可以使用简单的脉冲计数法。转轴每旋转一周，产生一个或固定的多个脉冲信号，将脉冲信号送入单片机中进行计数，即可获得转速的信息。

2.1 脉冲信号的获得

获得脉冲信号的方法有多种，这些方法有各自的应用场合，下面逐一进行分析。

2.1.1 霍尔传感器

霍尔传感器是对磁敏感的传感元件，常用于开关信号采集的有 CS3020、CS3040 等。其内部为由电压调整器、霍尔电压发生器、差分放大器、史密特触发器和集电极开路的输出级组成的磁敏传感电路，如图 2-1 所示。

这类器件有 3 种封装形式：TO-92UA、TO-92T 和 TO-92U，与小功率三极管 9013 形状类似，如图 2-2 所示。将有字的一面对准自己，3 根引脚从左向右分别是 V_{CC}、地和输出。

表 2-1 是此类器件的电特性参数表。

可以看到，该器件能够工作于 4.5～24 V 的宽电压范围，而其输出信号的上升、下降时间都很短，可以工作于很高的频率。

这些器件只有 3 个引脚，使用时，只要接上电源、地即可。此类器件工作电压范围宽，为集电极开路(OC)门输出，因此不论与何种 CPU 接口都很方便。

使用霍尔传感器获得脉冲信号，其机械结构也较为简单，只要在转轴的圆周上粘上一粒磁

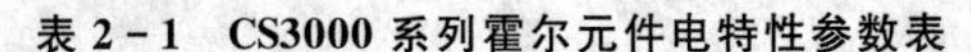
表 2-1　CS3000系列霍尔元件电特性参数表

参　数	符　号	测试条件	型号及量值						单　位
			CS3020			CS3040			
			最小	典型	最大	最小	典型	最大	
电源电压	V_{CC}		4.5	—	24	4.5	—	24	V
输出低电平电压	V_{OL}	$V_{CC}=4.5\,V$ $V_O=V_{CCMAX}$ $B=50mT, I_O=25\,mA$	—	200	400	—	200	400	mV
输出漏电流	I_{OH}	$V_O=V_{CCMAX}$ V_{CC}开路	—	0.05	10	—	0.05	10	μA
电源电流	I_{CC}	$V_O=V_{CCMAX}$ V_{CC}开路	—	8	12	—	8	12	mA
输出上升时间	t_r	$V_{CC}=12\,V$ $R_L=480\,\Omega$ $C_L=20\,pF$	—	0.12	1.2	—	0.12	1.2	μs
输出下降时间	t_f		—	0.14	1.4	—	0.14	1.4	μs

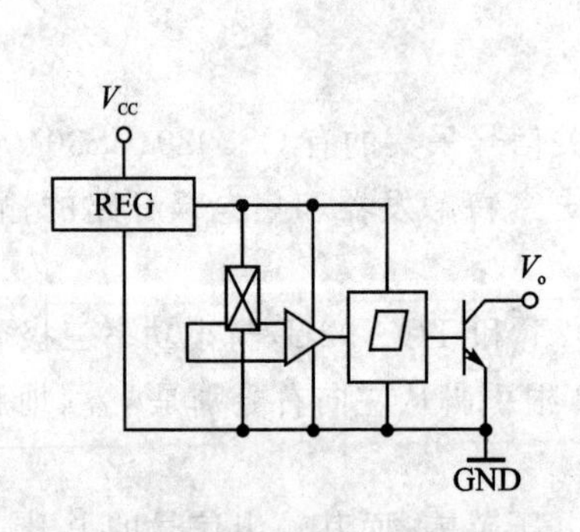

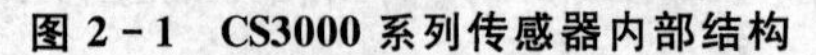
图 2-1　CS3000系列传感器内部结构

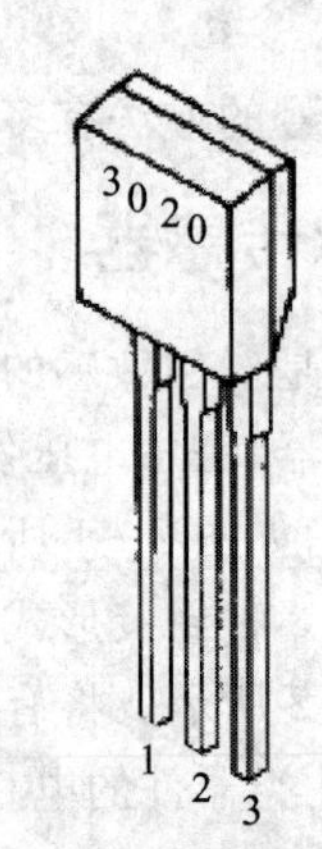

图 2-2　CS3020外形图

钢，让霍尔开关靠近磁钢，就有信号输出，转轴旋转时，就会不断地产生脉冲信号。如果在圆周上粘上多粒磁钢，可以实现旋转一周获得多个脉冲输出。在粘磁钢时要注意，霍尔传感器对磁场方向敏感，不要搞错。一个简单的方法是给传感器通电，在没有磁钢接近时传感器输出高电平，将磁钢的一个极接近传感器，如果传感器的输出没有变低，就要另换一极接近传感器。如

图 2-3 所示是这种传感器的安装示意图。

这种传感器不怕灰尘、油污，在工业现场应用广泛。

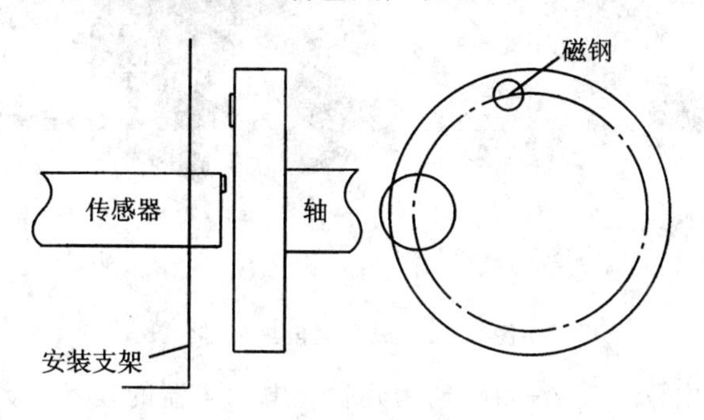

图 2-3 传感器的安装

2.1.2 光电传感器

光电传感器是应用非常广泛的一种器件，有各种各样的形式，如透射式、反射式等，其基本原理就是当发光管发射的光照射到光电接收管时，接收管导通，反之关断。以透射式为例，如图 2-4 所示，当不透光的物体挡住发射与接收之间的间隙时，开关管关断，否则打开。为此，可以制作一个遮光叶片，如图 2-5 所示，安装在转轴上，当扇叶经过时，产生脉冲信号。当叶片数较多时，旋转一周可以获得多个脉冲信号。

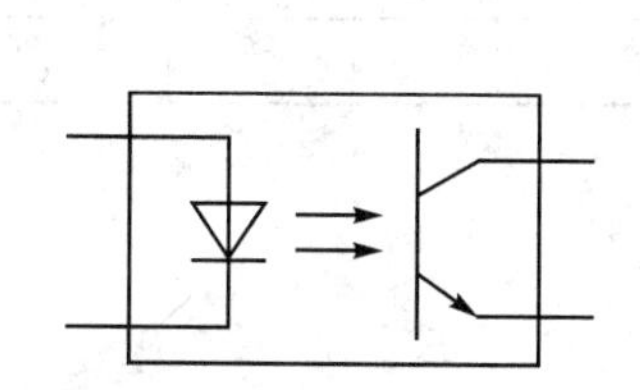

图 2-4 透射式光电传感器的原理图

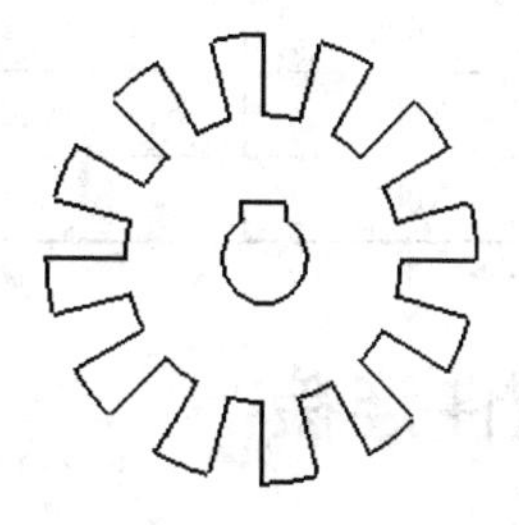

图 2-5 遮光叶片

2.1.3 光电编码器

光电编码器的工作原理与光电传感器一样，不过它已将光电传感器、电子电路、码盘等做成一个整体，只要用连轴器将光电传感器的轴与转轴相连，就能获得多种输出信号。它广泛应用于数控机床、回转台、伺服传动、机器人、雷达、军事目标测定等需要检测角度的装置和设备中。如图 2-6 所示是一些光电编码器的外形。

光电编码器的参数较多，主要有：允许最高转速、工作电源、消耗电流、响应频率、输出信号

图2-6 成品光电编码器

路数、每转输出脉冲路数等。表2-2所列为几种光电编码器的技术参数。

表中型号一栏所列是类别,在此类别下根据工作电压、输出路数、每转脉冲数的不同细分出不同的具体型号。

表中每转脉冲数表示旋转一周送出的脉冲个数,表中所列10～5400的意思是,根据型号的不同,某些型号的光电编码器,其轴转一圈送出10个脉冲,而另一些型号则可送出高达5400个脉冲。

表2-2 光电编码器的技术参数

型 号	允许最高转速/(r·min^{-1})	工作电源/V(直流)	消耗电流/mA	响应频率/kHz	输出路数	每转脉冲数/(p·r^{-1})
LSC	5000	5、12、15、24	150～250	100	1～6	10～5400
LMA	5000	5、12、15、24	150～250	100	1～6	10～5400
LH-S4	3000	5	250	100	6	500～2500

2.2 硬件连接

测速的方法决定了测速信号的硬件连接,测速实际上就是测频,因此,频率测量的一些原则同样适用于测速。

通常,可以用计数法、测脉宽法和等精度法来进行测试。所谓计数法,就是给定一个闸门时间,在闸门时间内计算输入的脉冲个数;测脉宽法是利用待测信号的脉宽来控制计数门,对一个高精度的高频计数信号进行计数。由于不能保证闸门信号与被测信号的同步,因此,这两种方法都存在±1个字的误差问题,第一种方法适用于高信号频率,第二种方法适用于低信号频率。等精度法则对高、低频信号都有很好的适应性。

这里为简化讨论,仅采用计数法。

图2-7所示是测速器的电路图,由6位数码管和测速接口组成。其中T0处所连接部分

只画了一只 CS3020 组成的霍尔传感器接线图，如果采用光电传感器接口也是一样的，读者可自行画出接线图。

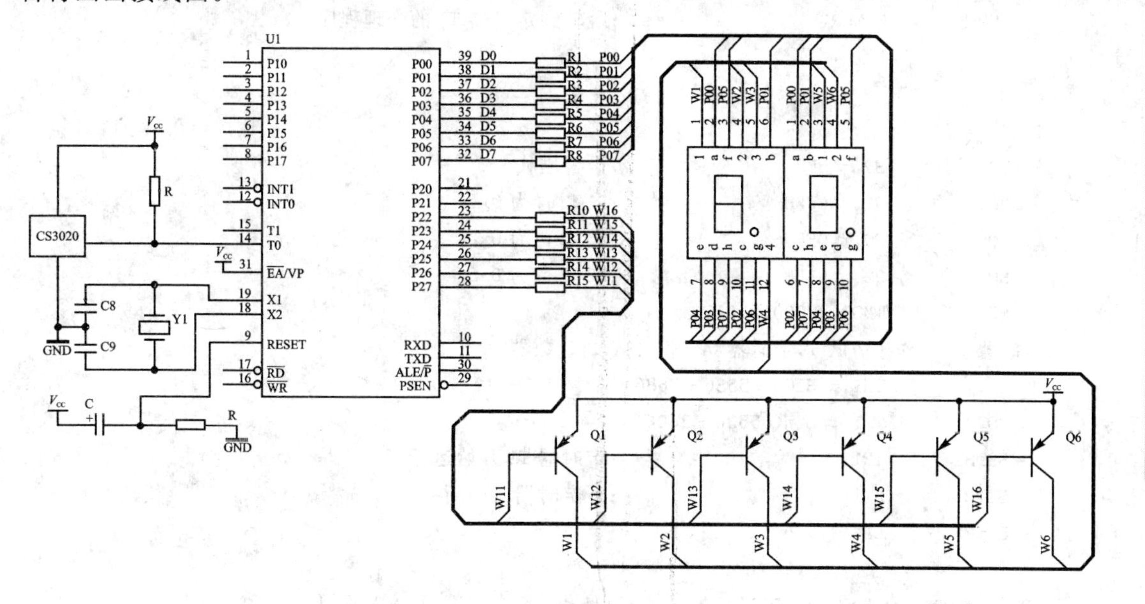

图 2-7　测速器电路原理图

2.3　软件编程

测量转速使用霍尔传感器，传感器安装方法可参考图 2-3。但这里轴上安装有 12 只磁钢，即转轴每转一周，产生 12 个脉冲，将转速值(r/min)显示在数码管上。

使用汇编语言编写的程序如下：

```
;******************************************************
;测速程序
;******************************************************
    DISPBUF    EQU    59H          ;显示缓冲区从 59H 开始
    SecCoun    EQU    58H          ;秒计数器
    SpCoun     EQU    56H          ;速度计时器单元 56H 和 57H,高位在前(56H 单元中)
    Count      EQU    55H          ;显示时的计数器
    SpCalc     bit    00H
;要求计算速度的标志,该位为 1 则主程序进行速度计算,然后清该位
    Hidden     EQU    16           ;消隐码

    ORG        0000H               ;复位后的地址
```

```
    AJMP      START                ;跳转到真正的程序入口
    ORG       1BH                  ;定时中断1入口
    JMP       TIMER1               ;跳转到定时器T1的处理程序

    ORG    30H
START:
    MOV       SP,#5FH              ;设置堆栈
    MOV       P1,#0FFH             ;P1口置为0xff
    MOV       P0,#0FFH             ;P0口置为0xff
    MOV       P2,#0FFH             ;P2口置为0xff
    MOV       TMOD,#00010101B
;定时器T1工作于方式1,定时器0工作方式1,计数器
    MOV       TH1,#HIGH(65536-3686)
    MOV       TL1,#LOW(65536-3686)
    SETB      TR1                  ;定时器T1开始运行
    SETB      ET1                  ;开定时器1中断
    SETB      EA

LOOP:  JNB      SpCalc,LOOP        ;如果未要求计算,转本身循环

;标号:MULD
;功能:双字节二进制无符号数乘法
;入口条件:被乘数在R2、R3中,乘数在R6、R7中
;出口信息:乘积在R2、R3、R4、R5中
;影响资源:PSW、A、B、R2~R7
;堆栈需求:2字节
    MOV       R2,SpCoun            ;将SpCoun单元中的数送入R2
    MOV       R3,SpCoun+1          ;将SpCoun+1单元中的数送入R3
    MOV       R6,#0                ;R6中送入0
    MOV       R7,#5
;测得的数值是每秒计数值,转为每分计数值(每一转产生12个脉冲,所以乘以5而非乘以60)
    CALL      MULD                 ;调用MULD程序

;标号: HB2
;功能:双字节十六进制整数转换成双字节BCD码整数
;入口条件:待转换的双字节十六进制整数在R6、R7中
;出口信息:转换后的三字节BCD码整数在R3、R4、R5中
;影响资源:PS、W、A、R2~R7
;堆栈需求:2字节
```

```
        MOV     A,R4                ;将 R4 中的值送入 A
        MOV     R6,A                ;将 A 中的值送入 R6
        MOV     A,R5                ;将 R5 中的值送入 A
        MOV     R7,A                ;将 A 中的值送入 R7
        CALL    HB2                 ;调用 HB2 程序
;这里是将乘得的结果送 R6R7 准备转换,结果不可能超过 2 字节

        MOV     DISPBUF,R3          ;将得到的值 R3 送入显示缓冲区的最低位
        MOV     A,R4                ;将所得数值的次低位送入 A 中
        ANL     A,#0F0H             ;去掉低 4 位
        SWAP    A                   ;将高 4 位切换到低 4 位
        MOV     DISPBUF+1,A         ;送入显示缓冲区的次低位

        MOV     A,R4                ;将所得数值的次低位送入 A 中
        ANL     A,#0FH              ;去掉高 4 位
        MOV     DISPBUF+2,A         ;将结果送入显示缓冲区的第四位

        MOV     A,R5                ;将所得结果的最低位送 A
        ANL     A,#0F0H             ;去掉低 4 位
        SWAP    A                   ;将高 4 位切换到低 4 位
        MOV     DISPBUF+3,A         ;将其送入显示缓冲区的第 3 位

        MOV     A,R5                ;将所得结果的最低位送 A
        ANL     A,#0FH              ;去掉高 4 位
        MOV     DISPBUF+4,A         ;将结果送到显示缓冲区的第 2 位

        CLR     SpCalc              ;清计算标志
        JMP     LOOP                ;循环

;主程序到此结束
TIMER1:
        PUSH    ACC                 ;ACC 入栈
        PUSH    PSW                 ;PSW 入栈
        SETB    RS0                 ;工作区 1
        ORL     P2,#11111100B       ;关断前次的显示
        JNB     TR0,SETTR0          ;如果 T0 未运行,则开启 T0
        JMP     GO1                 ;转到 GO1
SETTR0:
        SETB    TR0                 ;开启 T0 开始运行
```

```
G01:
    INC     SecCoun                 ;秒计数器加 1
    MOV     A,SecCoun               ;秒计数器值送入 A 中
    CJNE    A,#251,Go2              ;如果未到 1s,则转(每到 1s 停 1 次,故数值为 251)
    CLR     TR0                     ;1s 到了,则停止 T0 的运行
    MOV     SpCoun,TH0              ;将 TH0 的值送入 SpCoun 单元
    MOV     SpCoun+1,TL0
;将 TL0 的值送入 SpCoun 单元,即读取这一时间段所得的计数值
    CLR     A                       ;清 A
    MOV     TH0,A                   ;清计数器 T0 高 8 位
    MOV     TL0,A                   ;清计数器 T0 低 8 位
    SETB    SpCalc                  ;设置标志要求主程序计算速度
    MOV     SecCoun,#0              ;清秒计数器
Go2:
    INC     COUNT                   ;用于显示的计数器
    MOV     A,COUNT                 ;将计数值送入 A 中
    CLR     C                       ;准备减之前清 C
    SUBB    A,#6                    ;减去 6
    JZ      N1                      ;如果等于 0,说明 Count 中的值正好是 6,转 N1
    JMP     N2                      ;否则转 N2
N1: MOV     COUNT,#0
;Count 中的值只能是 0~5,因此,当 Count=6 后,将 Count 清 0
N2:
    MOV     A,COUNT                 ;取 Count 的值
    MOV     DPTR,#BitTab            ;字位表首地址
    MOVC    A,@A+DPTR               ;查位码表
    ANL     P2,A                    ;和 P2 相“与”,将某引脚置低
    MOV     A,#DISPBUF              ;取显示缓冲区的地址值(注意不是取显示缓冲区中的值)
    ADD     A,COUNT                 ;加上计数值,即指向当前待显示的单元
    MOV     R0,A                    ;将该值送入 R0,准备间址寻址
    MOV     A,@R0                   ;取待显示数
    MOV     DPTR,#DISPTAB           ;字形表首地址
    MOVC    A,@A+DPTR               ;取字形码
    MOV     P0,A                    ;将字形码送 P0 位(段口)
    MOV     TH1,#HIGH(65536-3686)   ;重置定时初值的高 8 位
    MOV     TL1,#LOW(65536-3686)    ;重置定时初值的低 8 位
    POP     PSW                     ;弹出 PSW 值
    POP     ACC                     ;弹出 ACC
    RETI                            ;返回
```

```
BitTab:     DB 7Fh,0BFH,0DFH,0EFH,0F7H,0FBH                    ;位码表
DISPTAB:DB 0C0H,0F9H,0A4H,0B0H,99H,92H,82H,0F8H,80H,90H,88H,83H,0C6H,0A1H,86H,8EH,0FFH
                                                               ;字形码表
```

【程序分析】

主程序的流程图如图 2-8 所示。在对定时器、计数器、堆栈等进行初始化后即判断标志 SpCalc 是否为 1。如果为 1,说明要求对数据进行计算处理,首先将 SpCalc 标志清零,以保证下次能正常判断,然后进入数据处理程序。由于这里的闸门时间为 1 s,即计数器中记录到的是 1 s 中的脉冲个数,而显示的要求是 r/min,即要求每分钟有多少转,因此,要将测到的数据进行转换。如果每转得到一个脉冲,那么转换的方法是将测得的数据乘以 60,但这里转轴上安装有 12 只磁钢,每旋转一周可以得到 12 个脉冲,所以综合起来,将测得的数据乘以 5 即可得到转速。

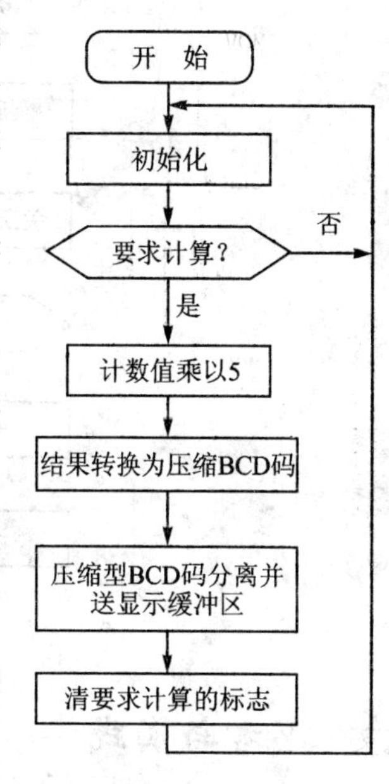

图 2-8　主程序流程图

由于所获得的数据已超过 1 字节所能表达的范围(0～255),因此,不能直接使用 80C51 提供的 MUL 指令来进行乘法运算,而应该编写一段程序来实现多字节的乘法。这段程序可以自行编写,也可以使用现成的子程序。参考文献[6]提供了非常全面、优秀的 80C51 算术运算子程序库,因此,通常没有必要再自行编写子程序,会使用这些子程序即可。这里使用了其中的 MULD 子程序。按该子程序的说明,只要将被乘数放在 R2、R3 中,而将乘数放在 R6、R7 中,调用该子程序,即可获得运算结果。运算结果保存在 R2、R3、R4、R5 中。

通过这个计算得到的结果是二进制的整数,但要将该数显示出来,还要将其转化为 BCD 码。这里同样采用同一子程序库中的二进制整数到 BCD 码的现成转换子程序。只要将待转换的双字节十六进制整数放在 R6、R7 中,然后调用 HB2 子程序,即可获得 3 字节的压缩 BCD 码,结果被保存在 R3、R4、R5 中。

由于运算结果得到的是压缩 BCD 码,而要将其送入显示缓冲区还要将其转换成为非压缩 BCD 码,这段程序是上述子程序库中所没有的,所以需要自己编写一段将压缩 BCD 码转换成为非压缩 BCD 码的程序,从标号 CBCD 开始的一段程序即作了这样的处理。需要说明的是,如果自行编写双字节整数直接转换为非压缩 BCD 码的子程序,看似程序会精简一些,其实未必。这里的运算所采用的是经过多年实践检验非常成熟的子程序,节省了这部分程序调试的时间,确保了程序的可靠运行,对于保证程序的质量很有好处。建议读者尽量采用这种成熟的子程序进行编程。

定时器 T1 用做 4 ms 定时发生器,定时中断的流程图如图 2-9 所示。在定时中断程序中进行数码管的动态扫描,同时产生 1 s 的闸门信号。1 s 闸门信号是通过一个计数器 Count 产

生的，每次中断时间为4 ms，每计250次即为1 s。到了1 s后，即清除计数器Count，然后关闭作为计数器用的T0，读出TH0、TL0中的数值，分别送入SpCoun和SpCoun＋1单元，将T0中的值清空，置SpCalc标志为1，要求主程序进行速度值的计算。

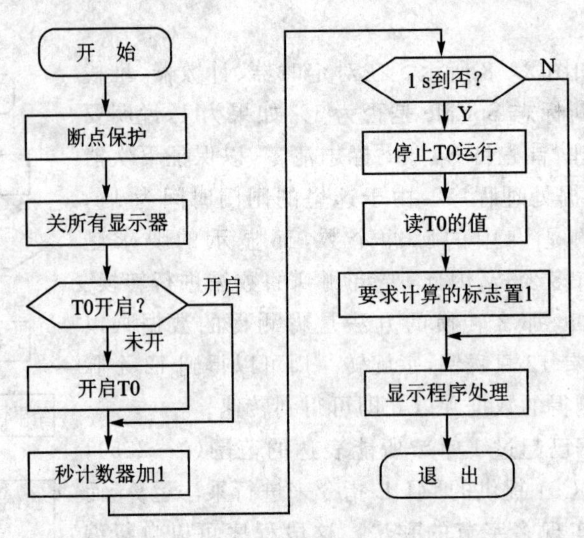

图2-9　定时中断流程图

思考与实践

1. 试用测脉宽法测量速度（提示：80C51单片机内部有高精度信号源，而其计数器又具有门控特性），注意硬件设计要略加更改。

2. 查找等精度测量原理，试设计等精度测量的硬件并编写相应软件。

第3章

多路输入电压表的制作

在工业控制和智能化仪表中，常由单片机进行实时控制及实时数据处理。单片机所加工的信息都是数字量，而被控制或测量对象的有关参量往往是连续变化的模拟量，如温度、速度、压力等，与此对应的电信号是模拟信号。单片机要处理这种信号，首先必须将模拟量转换成数字量，这一转换过程就是模/数转换，实现模/数转换的设备称为 A/D 转换器或 ADC。

A/D 转换器是单片机应用中常见的接口，从事单片机开发的人员通常都会遇到使用 A/D 转换器的要求。本章通过一个典型的例子来学习一种常用 A/D 转换器的用法。

3.1 模/数转换简介

A/D 转换电路种类很多，在选择 A/D 转换器时，主要考虑以下一些技术指标：转换时间、转换频率、量化误差与分辨率、转换精度、接口形式等。目前，较为流行的 A/D 转换器件有很多都采用了串行接口，这使得这类芯片与单片机的硬件连接非常简单，而软件编程相对要复杂一些。下面以 TI 公司的 TLC1543 为例，制作一个多路输入的电压表，了解一下这类芯片的使用特点。

3.2 TLC1543 特性简介

TLC1543 是由 TI 公司开发的开关电容式 A/D 转换器，该芯片具有如下特点：具有 10 位精度、11 通道、3 种内建的自测模式，提供 EOC（转换完成）信号等。该芯片与单片机之间采用串行接口方式，引线很少，与单片机连接简单。

图 3-1 是 TLC1543 的引脚示意图，其中 A0～A10 是 11 路输入，V_{CC}和 GND 分别是电源和地引脚，REF+和 REF-分别是参考电源的正负引脚，使用时一般将 REF-接到系统的地，达到一点接地的要求，以减少干扰。其余的引脚是 TLC1543 与 CPU 的接口，其中$\overline{CS}$为片选端。I/O CLOCK 是芯片的时钟端，ADRESS 是地址选择端，DATA OUT 是数据输出端，这 3 根引脚分别接到 CPU 的 3 个 I/O 端即可。EOC 用于指示一次 A/D 转换已完成，CPU 可以读取数据，该引脚是低电平有效。根据需要，该引脚可接入 CPU 的中断引脚，一旦数据转换

完成，即向 CPU 提出中断请求；此外，也可将该引脚接入一个普通的 I/O 引脚，CPU 通过查询该引脚的状态来了解当前 A/D 是否转换完成，甚至该引脚也可以不接，在 CPU 向 TLC1543 发出转换命令后，过一段固定的时间去读取数据即可。

TLC1543 共有 11 条输入通道，其编号为 0～10，读取时，根据编号来获得相应通道的数据。此外，内部还有 3 条用于测试的通道，分别是接 $\frac{V_{REF+}-V_{REF}}{2}$、$V_{REF-}$ 和 V_{REF+}，其通道编号分别是 11、12 和 13。

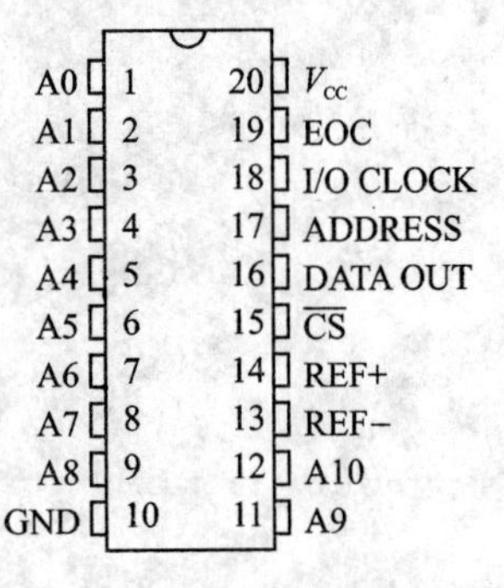

图 3－1 TLC1543 引脚示意图

3.3 单片机与 TLC1543 芯片的接口

图 3－2 是用 TLC1543 制作的多路输入电压表的电路图，从图中可以看出，这里使用了 TLC1543 作为基准电压源，将 REF－直接接地，P1.0、P1.1、P1.2、P1.3 和 P1.4 分别与 EOC、时钟、地址、数据、片选端相连。制作时，应在 TLC1543 第 20 引脚和第 10 引脚之间加上滤波电容。滤波电容可以由 10 μF/16 V 电解电容与 0.1 μF/63 V 电容并联组成，安装时尽量接近第 20 引脚和第 10 引脚。输入端可根据需要，接入相应的信号。

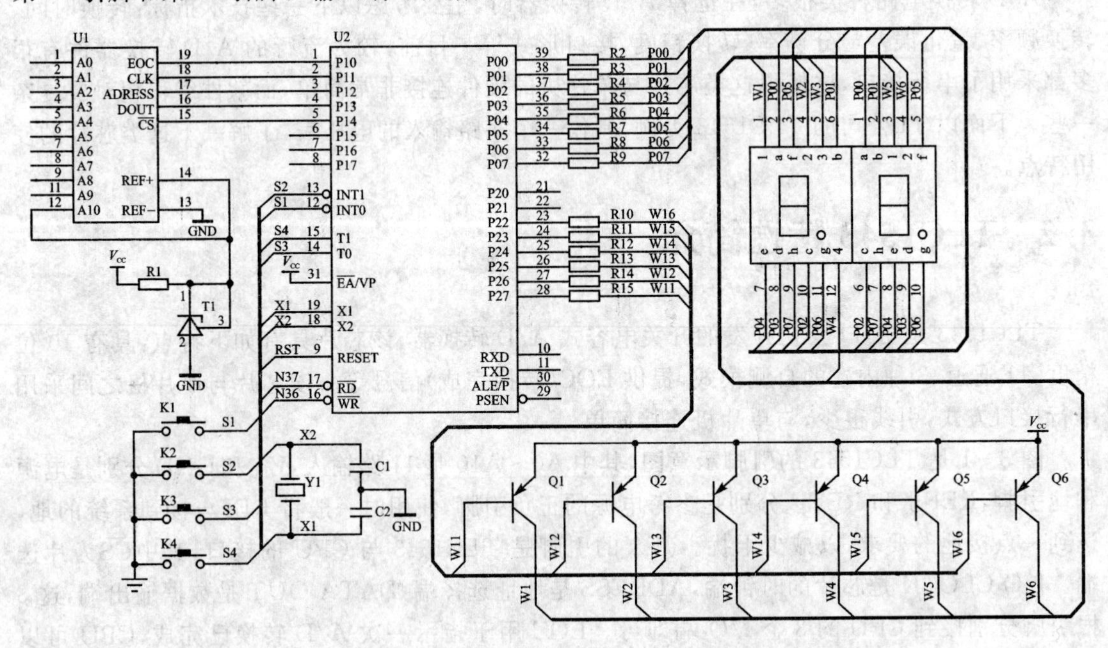

图 3－2 用单片机制作的多路输入电压表电路图

编程的要求是在6位数码管的后4位数码管上轮流显示TLC1543各通道的测量值，同时用十六进制表示的通道号显示在第1位数码管上。

3.4　TLC1543驱动程序编写

由于采用串行接口，使硬件电路变得简单的同时，带来了软件编制的复杂性。因此，很多学习者希望进一步提高时，遇到的第一个困难就是难以编写硬件驱动程序，因而不敢应用一些新器件。接触一种新的器件，首先要下载这个器件的数据手册。通常器件的数据手册都可以从其生产商网站上免费下载，读者也可以登录一些专门提供数据手册的网站，如 http://www.datasheetcatalog.com，http://www.21ic.com，http://www.alldatasheet.cn 等，查找所需要的数据手册，通过阅读数据手册来了解器件的特性及编程接口。

通常在进行接口编程时要阅读该接口时序图，看时序图主要是了解在不同的工作状态时，各引脚的电平高低、各引脚电平的配合状况等信息。了解了这些信息，就不难写出驱动程序。

以图3-3为例，这是TLC1543的编程接口时序图，从图中可以看到这样一些信息：

① 整个数据传送期间，$\overline{CS}$一直为低电平。

② 数据在时钟的上升沿出现。

③ 接收数据或者发送地址信息时，都是高位在前，低位在后。

④ 在数据传送期间可以接收上一次转换的结果。

⑤ 每次转换时，先送出4个时钟，同时送出地址信号；送完以后再补6个时钟脉冲，完成一次数据传递过程，在此过程中可以接收上一次转换获得的数据。

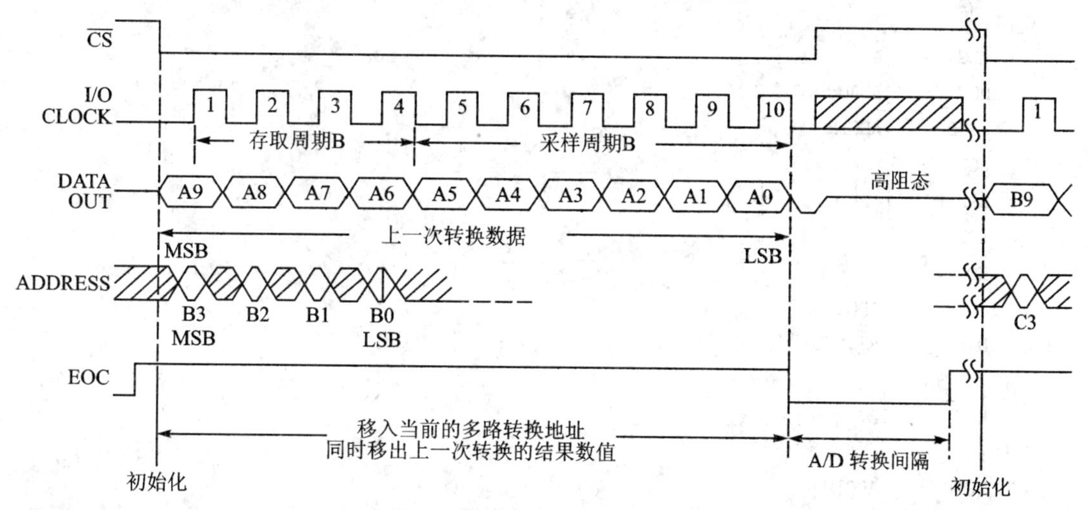

图3-3　TLC1543的编程接口时序图

⑥ 10个脉冲传送完毕,在第10个脉冲的下降沿,EOC变为低电平,表示TLC1543内部新的一次A/D转换开始,当EOC再次变为高电平时,说明转换完成。

……

有了这样一些信息,加上阅读数据手册的其他部分,就可以编写驱动程序了。

下面所编写的驱动程序,没有使用EOC引脚,只是在送完10个脉冲后,延时一段时间等待转换结束,然后再送10个时钟脉冲,同时读入数据。

所编写驱动程序如下:

```
;定义各引脚
ADCLK       EQU     P1.1        ;时钟
ADaddr      EQU     P1.2        ;地址引脚
ADDout      EQU     P1.3        ;数据端
ADCS        EQU     P1.4        ;片选端
;命令:ADConver
;参数:r2  通道号,转换前存入,转换结束后数据放在r0、r1中,高位在前
;资源占用:r0、r1、r7、A
ADConver:
    CLR     ADClk
    CLR     ADCS
    MOV     A,R2
    RLC     A
;送出地址信号
    MOV     R7,#4
C_L1:
    RLC     A
    MOV     ADAddr,C
    SETB    ADClk
    NOP
    NOP
    NOP
    NOP
    CLR     ADClk
    DJNZ    R7,C_L1
;补6个脉冲
    MOV     R7,#6
C_L2:
    SETB    ADClk
    NOP
    NOP
```

```
    NOP
    NOP
    CLR     ADClk
    DJNZ    R7,C_L2
;等待转换结束
    SETB    ADCS
    NOP
    NOP
    NOP
    NOP
    CLR     ADCS
;取高 2 位
    NOP
    NOP
    NOP
    NOP
    SETB    ADDout
    SETB    ADClk
    MOV     C,ADDout
    MOV     ACC.1,C
    CLR     ADClk
    NOP
    NOP
    NOP
    NOP
    SETB    ADDout
    SETB    ADClk
    MOV     C,ADDout
    MOV     ACC.0,C
    CLR     ADClk
    ANL     A,#00000011B            ;清 A 的高 6 位
    MOV     R0,A                    ;保存数据

    MOV     R7,#8
C_L3:
    NOP
    NOP
    NOP
    NOP
```

```
        SETB    ADDout
        SETB    ADClk
        MOV     C,ADDout
        MOV     ACC.0,C
        RLC     A
        CLR     ADClk
        DJNZ    R7,C_L3
        SETB    ADCS
        MOV     R1,A
        RET
```


3.5 多路输入电压表程序的编写

该驱动程序中用到了4个标记符号：

ADClk　　与TLC1543的Clk引脚相连的单片机引脚；

ADaddr　　与TLC1543的Address引脚相连的单片机引脚；

ADDout　　与TLC1543的AdDout引脚相连的单片机引脚；

ADCS　　与TLC1543的$\overline{CS}$引脚相连的单片机引脚。

实际使用时，根据接线的情况定义好ADclk、ADaddr、ADDout、ADCS，将通道号送入R2，调用ADConver，即可从R0、R1中得到转换后的数据，使用非常简单。

```
;*****************************************************
;文件名:ad.asm
;功能简介:每隔1s轮流将一个通道的值显示在数码管后4位,首位显示通道号
;*****************************************************
    gCoun       DATA    22H             ;通道计数器

;以下定义各引脚
    ADCLK       EQU     P1.1            ;时钟
    ADaddr      EQU     P1.2            ;地址引脚
    ADDout      EQU     P1.3            ;数据端
    ADCS        EQU     P1.4            ;片选端

    Hidden      DATA    10H             ;消隐码
    Counter     DATA    57H             ;显示程序用计数器
    DISPBUF     DATA    58H             ;显示缓冲区首地址

    ORG         0000H
```

```
    JMP     START
    ORG     000BH                       ;定时中断使用 T0
    JMP     DISP                        ;定时中断程序
    ORG     30H
START:
    MOV     SP,#5FH                     ;初始化
    MOV     P1,#0FFH
    MOV     P0,#0FFH
    MOV     P2,#0FFH                    ;关所有 LED 及数码管
    MOV     TMOD,#00000001B
    MOV     TH0,#HIGH(65536-3000)
    MOV     TL0,#LOW(65536-3000)
    SETB    TR0
    SETB    EA
    SETB    ET0
    MOV     Counter,#0                  ;计数器清零
    MOV     DISPBUF+1,#Hidden           ;第 2 位显示器消隐
    MOV     gCoun,#0                    ;通道计数器清零,指向通道 0
LOOP:
    CALL    Delay                       ;延时 1 s
    MOV     R2,gCoun                    ;送通道号
    CALL    ADConver
    MOV     A,R0
    MOV     R6,A
    MOV     A,R1
    MOV     R7,A
    CALL    HB2
;调用二-十进制转换程序
;入口:待转换的双字节十六进制数放在 R6 和 R7 中
;出口:转换结束的结果放在 R3、R4 和 R5 中,压缩 BCD 码方式存储
    MOV     A,R4
    ANL     A,#0F0H
    SWAP    A                           ;高低 4 位互换
    MOV     DispBuf+2,A                 ;最高位
    MOV     A,R4
    ANL     A,#0FH
    MOV     DispBuf+3,A
    MOV     A,R5
    ANL     A,#0F0H
```

```
    SWAP    A
    MOV     DispBuf + 4,A
    MOV     A,R5
    ANL     A,＃0FH
    MOV     DispBuf + 5,A
;以上程序段将压缩 BCD 码转换成非压缩 BCD 码并送显示缓冲区
    MOV     DispBuf,gCoun          ;将通道号送第 1 个显示器的显示缓冲区
    INC     gCoun                  ;通道号加 1
    MOV     A,gCoun
    CJNE    A,＃11,LOOP            ;判断是否到 11 了
    MOV     gCoun,＃0              ;到则回零
    JMP     LOOP

;命令:ADConver
;参数:r2  通道号,转换前存入,转换结束后数据放在 r0、r1 中,高位在前
;资源占用:r0、r1、r7、A
ADConver:
 ⋮                                 ;见前面的驱动程序
    RET
;*************************************************************
;以下是显示程序,使用定时器 T1 作定时中断
;*************************************************************
DISP:                              ;定时器 T0 的中断响应程序
    PUSH    ACC                    ;ACC 入栈
    PUSH    PSW                    ;PSW 入栈
    MOV     TH0,＃HIGH(65536 - 3000) ;定时时间为 3000 个周期
    MOV     TL0,＃LOW(65536 - 3000)
    MOV     A,＃DISPBUF            ;显示缓冲区首地址
    ADD     A,Counter
    MOV     R0,A
    MOV     A,@R0                  ;根据计数器的值取相应的显示缓冲区的值
    MOV     DPTR,＃DISPTAB         ;字形表首地址
    MOVC    A,@A + DPTR            ;取字形码
    MOV     P0,A                   ;将字形码送 P0 位(段口)
    MOV     A,Counter              ;取计数器的值
    MOV     R0,A
    MOV     DPTR,＃BitTab
    MOVC    A,@A + DPTR            ;取位
    ORL     P2,＃11111100B
    ANL     P2,A
```

```
    INC         Counter                ;计数器加 1
    MOV         A,Counter
    CJNE        A,#6,DISPEXIT
    MOV         Counter,#0             ;如果计数器计到 6,则让它回 0
DISPEXIT:
    POP         PSW
    POP         ACC
    RETI
BitTab:     DB 7Fh,0BFH,0DFH,0EFH,0F7H,0FBH
DISPTAB:DB 0C0H,0F9H,0A4H,0B0H,99H,92H,82H,0F8H,80H,90H,88H,83H,0C6H,0A1H,86H,8EH,0FFH

HB2:
CLR             A
    MOV         R3,A
    MOV         R4,A
    MOV         R5,A
    MOV         R2,#10H
HB3:
    MOV         A,R7
    RLC         A
    MOV         R7,A
    MOV         A,R6
    RLC         A
    MOV         R6,A
    MOV         A,R5
    ADDC        A,R5
    DA          A
    MOV         R5,A
    MOV         A,R4
    ADDC        A,R4
    DA          A
    MOV         R4,A
    MOV         A,R3
    ADDC        A,R3
    MOV         R3,A
    DJNZ        R2,HB3
    RET
Delay:
    MOV         R7,#10
D1: MOV         R6,#250
```

```
D2：MOV     R5,#200
    DJNZ    R5,$
    DJNZ    R6,D2
    DJNZ    R7,D1
    RET
End
```

【程序分析】

如图3-4所示是主程序的流程图，初始化后，延时1s，然后设置通道号，调用A/D转换程序，将结果转换成为BCD码，并送入显示缓冲区，然后回到延时程序不断循环。这样，11个通道每个通道转换后在数码管上显示约1s时间，然后转到显示下一通道的测量值。

关于数据处理部分的知识，在第1章已进行过介绍，这里不再重复。

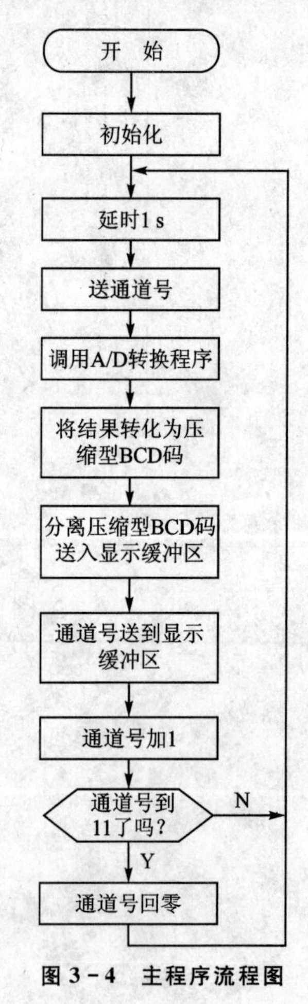

图3-4　主程序流程图

第4章 步进电机驱动

步进电机是机电控制中一种常用的执行机构，它的用途是将电脉冲转化为角位移。通俗地说：当步进电机驱动器接收到一个脉冲信号时，它就驱动步进电机按设定的方向转动一个固定的角度（即步进角）。通过控制脉冲个数即可以控制角位移量，从而达到准确定位的目的；通过控制脉冲频率可以控制电机转动的速度和加速度，从而达到调速的目的。

4.1 步进电机常识

常见的步进电机分3种：永磁式（PM）、反应式（VR）和混合式（HB），如图4-1所示。永

图4-1 各种各样的步进电机

磁式步进电机一般为两相,转矩和体积较小,步进角一般为7.5°或15°;反应式步进电机一般为三相,可实现大转矩输出,步进角一般为1.5°,但噪声和振动都很大,在欧美等发达国家已被淘汰;混合式步进电机是指混合了永磁式和反应式的优点,它又分为两相和五相:两相步进角一般为1.8°,而五相步进角一般为0.72°,这种步进电机的应用最为广泛。

4.2　永磁式步进电机的控制

下面以电子爱好者业余制作中常用的永磁式步进电机为例,介绍如何用单片机控制步进电机。

图4-2是35BY48S03型永磁步式进电机的外形图,图4-3是该电机的接线图。从图4-3中可以看出,电机共有4组线圈,A、$\overline{A}$线圈的一个端点连在一起作为一个COM端引出,B、$\overline{B}$线圈的一个端点连在一起作为另一个COM端引出,这样一共有6根引出线。实际上很多电机在内部将这两根线连在一起了,也有一些电机则干脆只有5根线引出。要使步进电机转动,只要轮流给各引出端通电即可。将COM端标识为C,只要AC、$\overline{A}$C、BC、$\overline{B}$C轮流加电,就能驱动步进电机运转。加电的方式可以有多种,如果将COM端接正电源,那么只要用开关元件(如三极管),将A、$\overline{A}$、B、$\overline{B}$轮流接地即可。

图4-2　35BY48S03型永磁式步进电机外形图

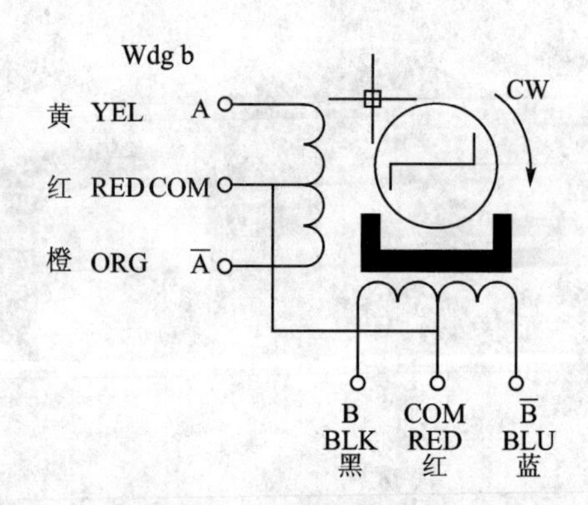

图4-3　35BY48S03型永磁式步进电机的接线图

表4-1列出了该电机的一些典型参数。

表4-1　35BY48S03型永磁式步机电机典型参数

步距角/(°)	相　数	电压/V	电流/A	电阻/Ω	最大静转距/(g·cm)	定位转距/(g·cm)	转动惯量/(g·cm²)
7.5	4	12	0.26	47	180	65	2.5

有了这些参数,不难设计出控制电路。因其工作电压为12V,最大工作电流为0.26A,因此用一块开路输出达林顿驱动器(ULN2003)作为驱动,通过P1.4～P1.7来控制各线圈的接

通与切断，电路如图4-4所示。

开机时，P1.4～P1.7均为高电平，依次将P1.4～P1.7切换为低电平即可驱动步进电机运行，注意在切换之前将上一次输出引脚变为高电平。如表4-2所列，其中状态0表示停止运行，当有运行要求时切换到状态1，随后切换到状态2、3、4，切换到状态4后又切换回状态1。每次状态切换后并不立即切换到下一状态，而是要延时一段时间。显然，延时时间的长短决定了步进电机的旋转速度。

表4-2 步进电机驱动时的工作状态

状态	引脚电平				状态	引脚电平			
	P1.7	P1.6	P1.5	P1.4		P1.7	P1.6	P1.5	P1.4
0	1	1	1	1	3	1	1	0	1
1	0	1	1	1	4	1	1	1	0
2	1	0	1	1	1	0	1	1	1

要改变电机的转动方向，只要改变各线圈接通的顺序即可。

如果上述状态的变化是顺时针方向旋转，那么逆时针方向旋转只要在状态0后变为状态4，随后是3、2、1、4循环即可。

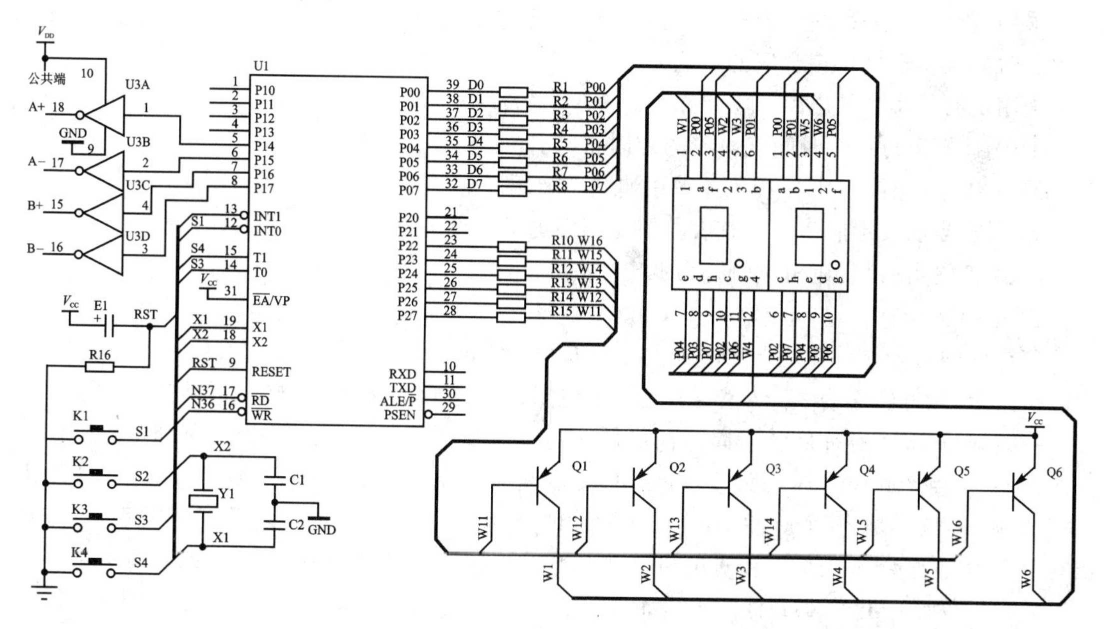

图4-4 单片机控制35BY48S03型永磁式步进电机的电路原理图

4.3 步进电机的驱动实例

要求：控制电路如图4-4所示，开机后，电机不转，按下S1键，电机旋转，转速为25 r/min；按下S3键，转速增加；按下S4键，转速降低，最高转速为100 r/min，最低转速为25 r/min；按下S2键，电机停转，转速值要在数码管上显示出来。

4.3.1 要求分析

根据4.2节步进电机的有关知识可知，依次改变P1.7、P1.6、P1.5、P1.4各引脚即可让步进电机旋转；而要改变转速，只要改变这些引脚切换的速度即可实现。最简单的做法就是采用延时程序，思路如下：

① 置P1.4为低电平，其他引脚均为高电平，延时一段时间；

② 置P1.5为低电平，其他引脚均为高电平，延时一段时间；

③ 置P1.6为低电平，其他引脚均为高电平，延时一段时间；

④ 置P1.7为低电平，其他引脚均为高电平，延时一段时间。

⑤ 转到①循环。

采用这种方法编程固然方便，但是它占用了大量的时间，使得其他功能难以实现。为此，采用定时器来实现是比较合适的方法。

采用定时器实现的思路如下：

① 先计算出每一个时间点对应的定时常数；

② 进入中断后让P1.7～P1.4各引脚均为高电平；

③ 根据当前设定的速度值查表获得定时器时间常数并送入TH1、TL1；

④ 切换输出引脚，让相应引脚为低电平；

⑤ 退出。

这样处理首先要计算一下定时器的定时常数。

按要求，最低转速为25 r/min，上述步进电机的步距角为7.5°，旋转一周为360°，则360/7.5=48，即每48个脉冲旋转1周。在最低转速下，要求每分钟发出1200个脉冲，也就是20个脉冲/s，相当于脉冲的周期为50 ms。而在最高转速下，要求为100 r/min，即每分钟发出4800个脉冲，也就是80个脉冲/s，相当于脉冲的周期为12.5 ms。有了这些时间关系，不难算出定时常数。表4-3列出了步进电机转速与脉冲周期、定时器定时常数之间的对应关系。

表中不仅计算出了TH1和TL1，而且还计算出了在这个定时常数下，真实的定时时间，可以根据这个计算值来估算真实转速与理论转速的误差值。这里的定时时间常数是按晶振频率为11.0592 MHz来设计的，这是因为作者制作的电路板上使用了这一频率的晶振。

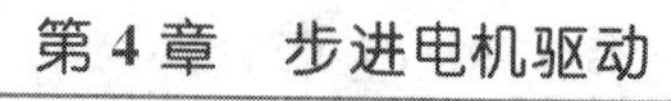

表 4-3　步进电机转速与定时器定时常数的关系

转速/(r・min^{-1})	单步时间/μs	TH1	TL1	实际定时/μs
25	50000	76	0	49996.8
26	48077	82	236	48074.18
27	46296	89	86	46292.61
28	44643	95	73	44640.155
⋮	⋮	⋮	⋮	⋮
100	12500	211	0	12499.2

4.3.2　程序实现

定义S1为启动键,S2为停止键,S3为加1键,S4为减1键,程序如下:

```
;*****************************************************
;步进电机控制
;*****************************************************
StartEnd    bit     01H         ;启动及停止标志
MinSpd      EQU     25          ;起始转速
MaxSpd      EQU     100         ;最高转速
Speed       DATA    23H         ;流动转速计数
DjCnt       DATA    24H         ;控制电机输出的一个值,初始为1110 1111
Hidden      EQU     10H         ;消隐码
Counter     DATA    57H         ;显示计数器
DISPBUF     DATA    58H         ;显示缓冲区

    ORG     0000H               ;复位地址
    AJMP    MAIN                ;跳转到真正的程序入口
    ORG     000BH               ;定时器T0的入口
    JMP     DISP                ;转到定时器T0的处理程序
    ORG     001BH               ;定时器T1的入口
    JMP     DJZD                ;转到定时器T1的处理程序

    ORG     30H                 ;主程序的程序入口
MAIN:
    MOV     SP,#5FH             ;设置堆栈指针
    MOV     P1,#0FFH            ;将数0xff送P1,即让P1口各引脚均为高电平
    MOV     A,#Hidden           ;将数Hidden(10H)送到A中
    MOV     DispBuf,A           ;将这个数送到显示缓冲区的第1个单元
```

```
    MOV     DispBuf + 1,A                ;将这个数送到显示缓冲区的第 2 个单元
    MOV     DispBuf + 2,A                ;将这个数送到显示缓冲区的第 3 个单元

    MOV     DjCnt,#11110111B             ;将数据 11110111B 送到 DjCnt 变量中
    MOV     SPEED,#MinSpd                ;起始转速送入计数器
    CLR     StartEnd                     ;启动时处于停止状态
    MOV     TMOD,#00010001B
;设置定时器的工作模式,T0 和 T1 均为定时方式,工作方式 1
    MOV     TH0,#HIGH(65536 - 3000)
;预置 T0 的定时初值,定时时间为 3000 个机器周期,这是高 8 位数,送入 TH0
    MOV     TL0,#LOW(65536 - 3000)
;预置 T0 的定时初值,定时时间为 3000 个机器周期,这是低 8 位数,送入 TL0
    MOV     TH1,#0FFH;                   ;TH1 送入定时初值
    MOV     TL1,#0FFH                    ;TL1 送入定时初值
    SETB    TR0                          ;开启定时器 T0
    SETB    EA                           ;总中断 EA 允许
    SETB    ET0                          ;定时器 T0 中断允许
    SETB    ET1                          ;定时器 T1 中断允许

LOOP:
    ACALL   KEY                          ;键盘程序
    JNB     F0,m_NEXT1                   ;无键按下继续
    ACALL   KEYPROC                      ;否则调用键盘处理程序
m_NEXT1:
    MOV     A,Speed                      ;将变量 Speed 中的值送入 A 中
    MOV     B,#10                        ;B 中送入数 10
    DIV     AB                           ;进行一次除法
    MOV     DispBuf + 5,B                ;将 B 中的值即余数送入显示缓冲区的最低单元中
    MOV     B,#10                        ;B 中送入数 10
    DIV     AB                           ;A 中的数除以 10
    MOV     DispBuf + 4,B                ;余数送入显示缓冲区的次低位单元中
    MOV     DispBuf + 3,A                ;除数送入显示缓冲区的第 4 单元中
    JB      StartEnd,m_Next2             ;如果标志位 StartEnd = 1,转 m_Next2
    CLR     TR1                          ;否则关闭定时器 T1,以便停止电机运转
    ORL     P1,#11110000B
;将 P1 用于电机线圈控制的引脚全部置 1,以便任一个线圈都不得电
    JMP     LOOP                         ;转到 Loop 循环
m_Next2:
    SETB    TR1                          ;开启定时器 T1,以便使电机运转
```

```
    AJMP      LOOP                    ;反复循环,主程序到此结束
;-----------------------------------------
D10ms:                                ;延时 10ms 的延时程序
    PUSH      PSW                     ;将 PSW 保护起来
    SETB      RS0                     ;选择工作寄存器 2
    MOV       R7,#10                  ;数 10 送入 R7 中
D1: MOV       R6,#100                 ;数 100 送入 R6 中
    DJNZ      R6,$                    ;R6 减 1 判零,没到零,继续执行本语句
    DJNZ      R7,D1                   ;R7 减 1 判零,没到零,转到 D1 继续执行
    POP       PSW                     ;循环结束,弹回原 PSW 值
    RET                               ;返回
;延时程序,键盘处理中调用
KEYPROC:
    MOV       A,B                     ;从 B 寄存器中获取键值
    JB        ACC.2,Start             ;如果 Acc.2 为 1,对应 S1 键被按下,转到 Start 处
    JB        ACC.3,Stop              ;如果 Acc.3 为 1,对应 S2 键被按下,转到 Stop 处
    JB        ACC.4,UpSpd             ;如果 Acc.4 为 1,对应 S3 键被按下,转到 UpSpd 处
    JB        ACC.5,DowSpd            ;如果 Acc.5 为 1,对应 S4 键被按下,转到 DowSpd 处
    AJMP      KEY_RET                 ;如果以上条件都不满足,转返回
Start:
    SETB      StartEnd                ;将标志位 StartEnd 置位,启动电机运行
    AJMP      KEY_RET                 ;返回
Stop:
    CLR       StartEnd;               ;将标志位 StartEnd 清零,停止电机运行
    AJMP      KEY_RET                 ;返回
UpSpd:
    MOV       A,SPEED
    CJNE      A,#MaxSpd,K1            ;是否到了预定的转速值
    AJMP      KEY_RET                 ;是的,直接返回
K1:
    INC       SPEED;                  ;还没有到,则让转速变量加 1
    AJMP      KEY_RET                 ;返回
DowSpd:
    MOV       A,SPEED
    CJNE      A,#MinSpd,K2            ;是否到了预定的最小转速值
    AJMP      KEY_RET                 ;是的,直接返回
K2:
    DEC       SPEED                   ;没有到,转速变量减 1
KEY_RET:
```

```
    RET                                 ;返回
;以下是键值处理程序

KEY:
    CLR     F0                          ;清 F0,表示无键按下
    ORL     P3,#00111100B               ;将连接 P3 口 4 个键的位置 1
    MOV     A,P3                        ;取 P3 的值
    ORL     A,#11000011B                ;将其余 4 位置 1
    CPL     A                           ;取反
    JZ      K_RET                       ;如果为 0 则一定无键按下,返回
    CALL    D10ms                       ;否则延时去键抖
    ORL     P3,#00111100B               ;将连接 P3 口 4 个键的位置 1
    MOV     A,P3                        ;取 P3 的值
    ORL     A,#11000011B                ;将其余 4 位置 1
    CPL     A                           ;取反
    JZ      K_RET                       ;如果为 0 则一定无键按下,返回
    MOV     B,A                         ;确实有键按下,将键值存入 B 中
    SETB    F0                          ;设置有键按下的标志
K_RET:
    MOV     A,P3                        ;取 P3 的值
    ORL     A,#11000011B                ;将其余 4 位置 1
    CPL     A                           ;取反
    JZ      K_RET1
    AJMP    K_RET                       ;否则转到 K_RET 处,循环等待键的释放
K_RET1:                                 ;返回
    RET

DjZd:                                   ;定时器 T1 用于电机转速控制
    PUSH    ACC                         ;中断保护 ACC
    PUSH    PSW                         ;保护 PSW 的值
    MOV     A,Speed                     ;取转速值
    SUBB    A,#MinSpd                   ;减基准数
    MOV     DPTR,#DjH                   ;将存放定时器 T1 高 8 位数值的表格地址送到 DPTR 中
    MOVC    A,@A+DPTR                   ;查表
    MOV     TH1,A                       ;将查到的值送到 TH1 中
    MOV     A,Speed                     ;取转速值
    SUBB    A,#MinSpd                   ;减基准数
    MOV     DPTR,#DjL                   ;将存放定时器 T1 低 8 位数值的表格地址送到 DPTR 中
    MOVC    A,@A+DPTR                   ;查表
```

```
        MOV     TL1,A                   ;将查到的值送到 TH1 中
        MOV     A,#11110000b            ;将常数 11110000B 送入 A 中
        ORL     P1,A                    ;与 P1 相"或",保证 4 根电机控制线均为高电平
        MOV     A,DjCnt                 ;将 DjCnt 数值送入 A 中
        JNB     ACC.7,d_Next1           ;如果最高位是 0,转 D_Next1
        JMP     d_Next2                 ;否则转 D_Next2
d_Next1:
        MOV     DjCnt,#11110111B        ;重新将数 11110111B 送到变量 DjCnt 中
        MOV     A,DjCnt                 ;将 DjCnt 的值送入 A 中
d_Next2:
        RL      A                       ;左移 1 次
        MOV     DjCnt,A                 ;回存到 DjCnt 中
        ANL     P1,A                    ;该值与 P1 相"或",将某一引脚置为低电平
        POP     PSW                     ;弹出 PSW
        POP     ACC                     ;弹出 ACC
        RETI                            ;返回

DjH:                                    ;用于置定时器 T1 高 8 位的定时初值
DB   76,82,89,95,100,106,110,115,119,123,127,131,134,137
DB   140,143,146,148,151,153,155,158,160,162,165,166,167
DB   169,171,172,174,175,177,178,179,181,182,183,184,185
DB   186,187,188,189,190,191,192,193,194,195,196,196,197
DB   198,199,199,200,201,201,202,203,203,204,204,205,206
DB   206,207,207,208,208,209,209,210,210,211
DjL:                                    ;用于置定时器 T1 低 8 位的定时初值
DB   0,236,86,73,212,0,214,96,163,165,110,0,97,148,158
DB   128,62,219,89,186,0,44,65,64,42,0,196,119,24,171,47
DB   165,13,106,187,0,59,108,147,176,197,210,214,211,200
DB   183,158,128,91,48,0,202,143,78,10,192,114,31,201,110
DB   15,173,70,221,112,0,141,22,157,33,162,32,155,21,140,0

DISP:
;定时器 T0 做显示用
        PUSH    ACC                     ;ACC 入栈
        PUSH    PSW                     ;PSW 入栈
        MOV     TH0,#HIGH(65536-3000)   ;定时时间为 3000 个周期
        MOV     TL0,#LOW(65536-3000)
        ORL     P2,#11111100B           ;将 P2 高 6 位置 1,关断前次的显示
        MOV     A,Counter               ;取计数器的值
```

```
    MOV     DPTR,#BitTab          ;查位表
    MOVC    A,@A+DPTR             ;取位值
    ANL     P2,A                  ;与P2相“与”,使某一引线为低电平
    MOV     A,#DISPBUF            ;取显示缓冲区首地址
    ADD     A,Counter             ;加上计数值
    MOV     R0,A                  ;存于R0
    MOV     A,@R0                 ;根据计数器的值取相应的显示缓冲区的值
    MOV     DPTR,#DISPTAB         ;字形表首地址
    MOVC    A,@A+DPTR             ;取字形码
    MOV     P0,A                  ;将字形码送入P0位(段口)
    INC     Counter               ;计数器加1
    MOV     A,Counter             ;计数值送入A中
    CJNE    A,#6,DISPEXIT         ;如果不等于6(未到6),转DISPEXIT返回
    MOV     Counter,#0            ;如果计数器计到6,则让它回0
DISPEXIT:
    POP     PSW                   ;弹出PSW
    POP     ACC                   ;弹出ACC
    RETI
BitTab:   DB    7Fh,0BFH,0DFH,0EFH,0F7H,0FBH              ;位表
DISPTAB:DB 0C0H,0F9H,0A4H,0B0H,99H,92H,82H,0F8H,80H,90H,88H,83H,0C6H,0A1H,86H,8EH,0FFH
                                                          ;字形码表
END
```

【程序分析】

程序主要由键盘程序、显示器程序、步进电机驱动程序3部份组成。如图4-5所示是主程序流程图。主程序中首先初始化各变量,将显示器的高3位消隐,步进电机驱动的各引脚均输出高电平;然后调用键盘程序,并作判断。如果有键按下,则调用键盘处理程序,否则直接转下一步。下一步是将当前的转速值转换为BCD码,送入显示缓冲区;接着判断StartEnd这个位变量,是1还是0;如果是1,则开启定时器T1,否则关闭定时器T1;为防止关闭定时器T1时某一相线圈长期通电,将P1.7～P1.4均置高。至此,主程序的工作即结束。为简便起见,这里没有做高位0消隐的工作,即如果速度为30 r/min,则显示值“030”,读者可以自行加入相关的代码来处理这一工作。

键盘处理程序分成两部分,分别是获取键值的部分和对键值处理的部分。获取键值部分是将P3口的值读入A中,屏蔽掉与按键无关的高2位和低2位,将值取反后送入B中;而对键值处理部分将B中的键值送入A中,然后对键值进行判断,根据键按下的情况分别处理。其流程如图4-6所示。

如果Acc.2=1,说明是S1键按下,要求启动电机旋转,只要将标志StartEnd置1即可;如果Acc.3=1,说明是S2键按下,要求电机停止旋转,只要将标志StartEnd清0即可;如果

Acc.4=1，说明是S3键按下，要求加速，先对变量Speed进行判断，如果该值已到设定的最大值，不进行处理直接返回，否则让Speed加1；如果Acc.5=1，说明是S4键按下，要求减速，同样先对Speed判断，如果该变量到了最小值，不进行处理直接返回，否则让Speed减1。

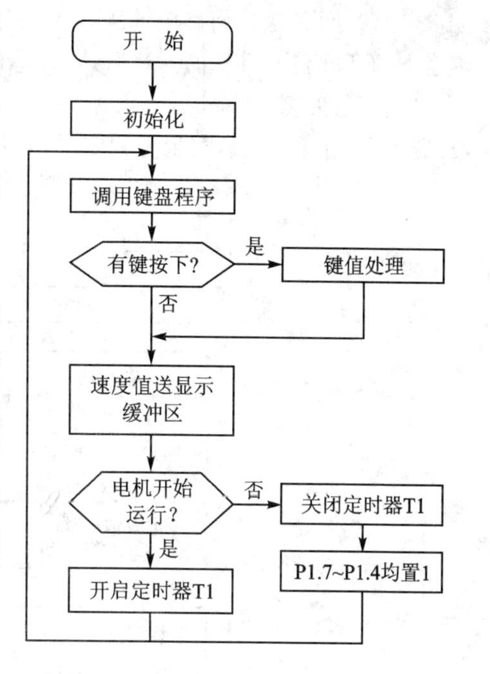

图4-5 主程序流程图

步进电机的驱动工作是在定时器T1的中断服务程序中实现的，其流程图如图4-7所示。由上述分析可知，每次定时时间到达以后，需要将P1.7～P1.4依次接通，程序中用了一个变量DjCntr来实现这一功能。在主程序初始化时，该变量被赋予初值11110111B。进入定时中断以后，将该变量取出送ACC累加器，并在累加器中进行左移，这样，该数值就变为11101111B；然后将该数与P1相“与”，此时，P1.4输出低电平。第2次进入中断时，先将该数取反，成为00010000B，然后将该数与P1相“或”，这样，P1.4即输出高电平，关断了相应的线圈。再将该数重新取出，并进行左移，即11101111B左移成为11011111B，将该数与P1相“与”，这样P1.5即输出低电平。依次类推，P1.7～P1.4即循环输出低电平。当这一数据变为01111111B后，需要进行适当的改动，将数据重新变回11110111B，进行第2次循环，相关代码请读者自行分析。

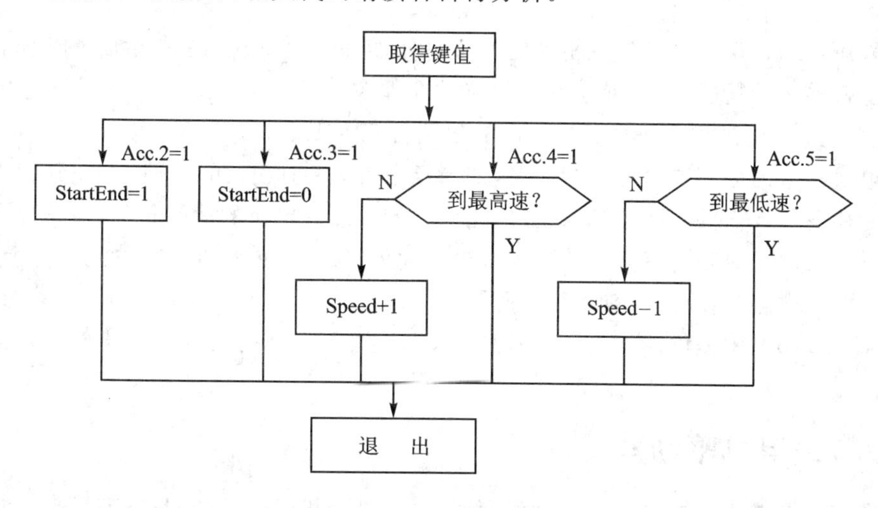

图4-6 键盘处理流程图

定时时间又是如何确定的呢？这里用的是查表的方法。首先用 Excel 计算得出在每一种转速下的 TH 值和 TL 值。然后，将这些值分别放入 DjH 和 DjL 表中，在进入 T1 中断程序之后，将速度值变量 Speed 送入累加器 ACC。最后减去基数 25，使基数从 0 开始计数，再分别查表，送入 TH1 和 TL1，实现重置定时初值的目的。

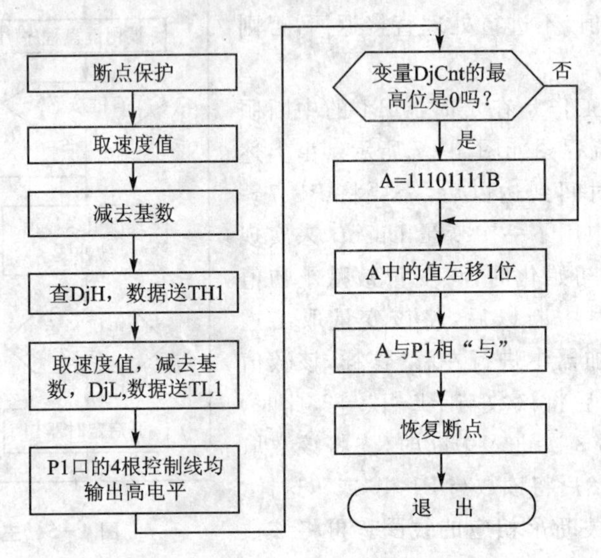

图 4-7 定时中断程序流程图

4.4 使用步进电机驱动器

除了采用前面讨论的步进电机驱动的方法以外，实际工作中往往采用细分技术来进一步提高步进电机的运转精度，减弱或消除步进电机的低频振动。以前述 7.5°的步距角为例，如果将细分数设为 4，则理论上每个脉冲转动的角度将变为 1.875°。

步进电机细分的原理这里不进行介绍，如果读者有兴趣研究，可以在网上找到相当多的资料及相关专用芯片。需要说明的是，细分的主要目的是改善电机的运行状态，而获得更高的分辨率(即所谓的细分)只是附带获得的一个好处。此外，细分后的精度能否达到理论上的要求，还要取决于驱动电路的设计和生产工艺等因素。

如果 4.3.2 小节中提供的方法不能满足驱动步进电机的要求，那么可以选购成品步进电机驱动器。

4.4.1 步进电机驱动器

目前生产和制造步进电机驱动器的厂商很多，步进电机驱动器的规格/型号也非常多。这里以某两相混合式步进电机驱动器为例来介绍驱动器连接方式及使用中的一些注意事项，该电机驱动器的外形如图 4－8 所示。

1. 电源及输出接线

该步进电机驱动器用以驱动两相混合式步进电机，共有 4 个输出端，分别接 A、$\overline{\mathrm{A}}$和 B、$\overline{\mathrm{B}}$。有两个电源端，分别接电源＋和电源－，外接电源可以为 24～40 V，供电电流视所驱动电机而定，驱动器本身可以控制不小于 3 A 的电流。

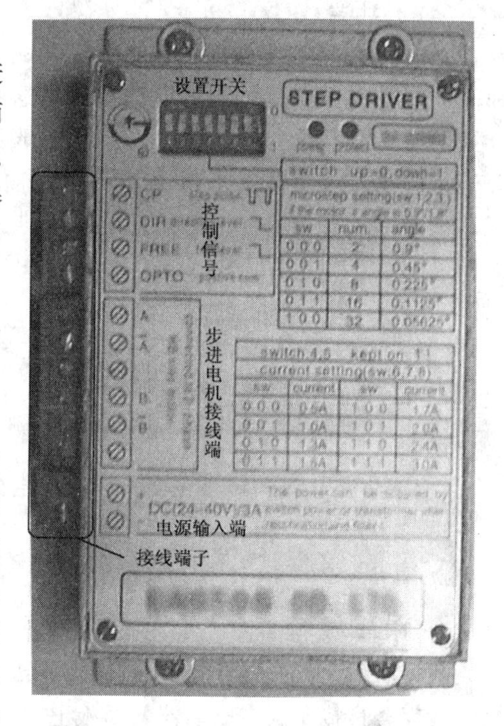

图 4－8　某步进电机驱动器的外形

2. 控制端

该步进电机驱动器一共有 3 个控制输入端和一个公共端。

(1) 步进脉冲信号 CP 端

步进脉冲信号 CP 用于控制步进电机的位置和速度，也就是说，驱动器每接受一个 CP 脉冲就驱动步进电机旋转一个步距角（细分时为一个细分步距角）。CP 脉冲的频率改变同时使步进电机的转速改变，控制 CP 脉冲的个数，则可以使步进电机精确定位。这样就可以很方便地达到步进电机调速和定位的目的。本驱动器的 CP 信号为低电平有效，要求 CP 信号的驱动电流为 8～15 mA。对 CP 的脉冲宽度也有一定的要求，一般不小于 5 μs。

(2) 方向电平信号 DIR 端

方向电平信号 DIR 用于控制步进电机的旋转方向。此端为高电平时，电机为某一个转向；此端为低电平时，电机为另一个转向。电机换向必须在电机停止后再进行，并且换向信号一定要在前一个方向的最后一个 CP 脉冲结束后以及下一个方向的第一个 CP 脉冲前发出，如图 4－9 所示。

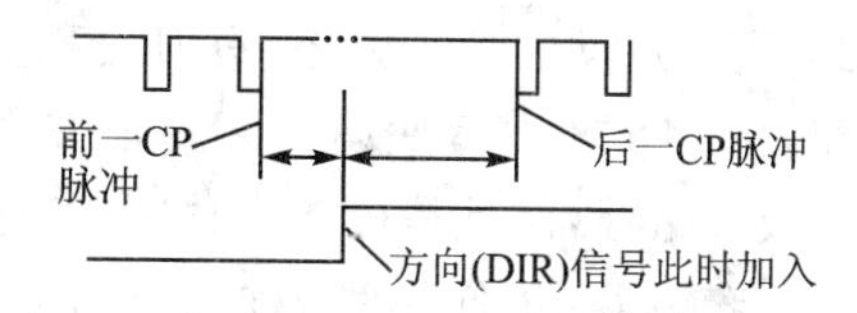

图 4－9　方向信号的加入时机

(3) 脱机电平信号 FREE

当驱动器上电后，步进电机处于锁定状态（未施加 CP 脉冲时）或运行状态（施加 CP 脉冲时)。但若用户想手动调整电机而又不想关闭驱动器电源,可以用脱机电平信号。当此控制端为低电平时,电机处于自由无力矩状态;当此控制端为高电平或悬空不接时,取消脱机状态。

(4) 公共端 OPTO

步进脉冲 CP 端、方向电平信号 DIR 端、脱机电平信号 FREE 端均为光耦隔离输入端,其内部电路均如图 4-10 所示,OPTO 就是这些控制端的公共阳极。根据控制器的不同,OPTO 外接的电压也不同。如与单片机配合,一般会接+5 V,此时,驱动器内部的限流电阻可以保证当信号输入端为低电平时电流不超过额定值,因此,将 OPTO 直接连接到+5 V 就可以了。如果 OPTO 接 12 V 或者 24 V 的正电源端,必须在信号输入端加上一定的限流电阻,如图 4-10 中的 R。否则,当 CP、DIR、FREE 等控制端为低电平时,流过光耦的电流就会超过限制。

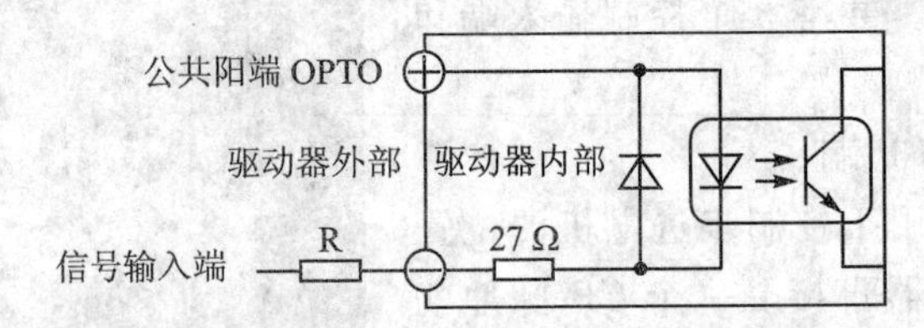

图 4-10 步进电机驱动器控制端的内部电路原理图

3. 设置开关

通过面板上的设置开关,可以设定步进电机驱动器的细分数、驱动电流等参数。设定的方法一般都会直接印刷在驱动器的面板上,按开发项目要求和所选用的步进电机来设定即可。

4.4.2 用步进电机驱动器驱动步进电机

步进电机速度控制是靠输入的脉冲信号的变化来实现的,从理论上说,只需给驱动器脉冲信号即可,每给驱动器一个脉冲(CP),步进电机就旋转一个步距角,如果使用细分功能,则每个脉冲旋转一个细分步距角。但是实际上,如果脉冲 CP 信号变化太快,步进电机由于惯性将跟随不上电信号的变化,这时会产生堵转和丢步现象。

步进电机有一个参数称之为最大空载启动频率,它是指电机在某种驱动形式、电压及额定电流情况下,在不加负载时,能够直接启动的最大频率,有时也称这个频率为突跳频率。此频率不可太大,否则会产生堵转和丢步。这个频率究竟是多少很难说清楚,从前面的定义就可以看出,这是在特定条件下的一个技术指标,而且是指空载时的启动频率。而实际工作中步进电机一般是带负载启动的,因此,其启动频率更低一些。通常依靠经验来初定启动频率,然后通过反复的试验来确定。如某系统中,根据经验将步进电机加上负载后的启动转速设定为 2 r/s。以前述步距角为 7.5°的电机为例,每旋转一周需要 48 个脉冲。因此,如果没有细分驱动,那么其启动频率不高于 48 Hz×2=96 Hz;如果进行了 4 细分,那么其启动频率不高于 96 Hz×4=

384 Hz,依次类推。在初定该频率后,可以在实际安装好的设备上进行调试,以确定该频率是否可行,通过实验,获得最高启动频率。在获得当前系统的最高启动频率后,还要考虑批量生产时的机械加工精度、安装精度等因素适当降额使用,这样才能获得编程时可用的最高启动频率。

通常步进电机正常运行时的转速要高于启动时的转速,否则会影响系统的工作效率。因此,从电机开始以较低速度启动到正常运转,就有一个加速的过程,而从电机全速运转到完全停止也要有一个减速的过程。加速和减速的过程一般是使用升/降速曲线来实现。

升/降速曲线一般为指数曲线或经过修调的指数曲线,当然也可采用直线或正弦曲线等。如图 4-11 所示是理论上的升速曲线。但实际工作中,用户须根据自己的负载选择合适的突跳频率和升降速曲线。找到一条理想的曲线并不容易,一般要经过反复的测试才行。

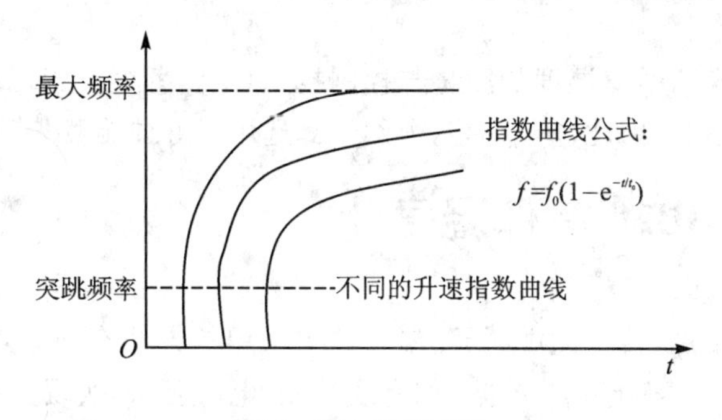

图 4-11 升速曲线

步进电机的升/降速设计是控制软件的主要工作量,其设计水平将直接影响电机运行的平稳性、升/降速快慢、电机运行声音、最高转速与定位精度。

☞ 思考与实践

1. 更改程序,将 S1 定义为“启动/停止”,S2 定义为“方向”,按下 S2,切换电机旋转方向。
2. 更改程序,要求转速为 1～100 r/min。
3. 更改程序,实现首位无效零消隐。

第5章

温度的测量与控制

智能仪器是单片机应用的一个很广泛的领域，其中温度的测量与控制又是其中非常重要的部分。根据被测对象的不同，所使用的传感器有热敏电阻、各种半导体温度传感器、热电偶等。

本章通过两个例子来学习温度的测量与控制技术，从读者容易实现的角度来考虑，选择低温区的温度测控较为适宜，因此，本章的两个例子都选用半导体温度传感器。

5.1 使用 DS18B20 制作温度计

随着技术的不断发展，传统的中、低测温领域中采用的方法有热敏电阻、半导体温度传感器等各种方法。这些方法都有一些缺陷，如有线性差，电路复杂，实现数字化需用 A/D 转换器等。这会导致工程应用中的一系列问题，如造价高、互换性差、调试不方便等。人们迫切希望能有一种高性能、低价格、数字化的温度测量传感器。DS18B20 就是这样一种数字化的温度传感器。

5.1.1 1-Wire 总线介绍

美国 DALLAS 公司的 1-Wire 总线采用一种简单的信号交换方式，它是在主机与外围器件之间通过一条线路进行双向通信。所有的 1-Wire 总线器件都具有一个共同的特征：每个器件在出厂时都有一个与其它任何器件互不重复的固定序列号。也就是说，每一器件都是唯一的，故可在众多连到同一总线的器件中选择出任意一个器件。

5.1.2 DS18B20 器件

单线数字温度传感器 DS18B20 就是这样一个 1-wire 器件，该器件可把温度直接转换成串行数字信号供计算机处理。由于每片 DS18B20 含有唯一的序列号，所以在一条总线上可挂接任意多个 DS18B20 芯片。从 DS18B20 读出信息或向 DS18B20 写入信息，仅需要一根端口线，该端口线同时也可以向 DS18B20 供电，从而无需额外电源。DS18B20 提供 9～12 位温度读数，构成多点温度检测系统而无需任何外围硬件。

1. DS18B20 的特性

- 单线接口：仅需一根接口线与 MCU 连接；
- 无需外围元件；
- 可由接口线提供能量，也可由 5 V 电源供电；
- 温度测量范围为－55～＋125 ℃，在－10～＋85 ℃范围内精度为±0.5 ℃；
- 9～12 位温度读数；
- 在使用 12 位分辨率时，A/D 转换时间最长为 750 ms，而使用 9 位分辨率时，转换时间为 93.75 ms；
- 用户自设定温度报警上下限，其值在断电后仍可保存；
- 报警搜索命令可识别哪片 DS18B20 超温度限。

2. DS18B20 引脚及功能

DS18B20 的引脚见图 5－1(PR35 封装)。其中 GND 为地引脚；DQ 为数据输入/输出引脚(单线接口，可作寄生供电)；V_{DD}为电源电压引脚。

3. DS18B20 的工作原理

DS18B20 内部由温度传感器、单线制接口逻辑电路、存储器控制部分、64 位的 Flash ROM 等部分组成。通过接口逻辑部分与 MCU 通信，将传感器测得的温度传送出去。

(1) DS18B20 的内部结构

DS18B20 的内部结构如图 5－2 所示。

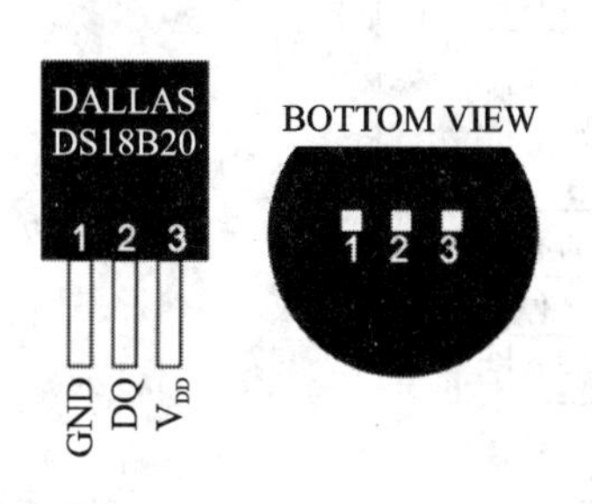

图 5－1　DS18B20 的一种封装形式

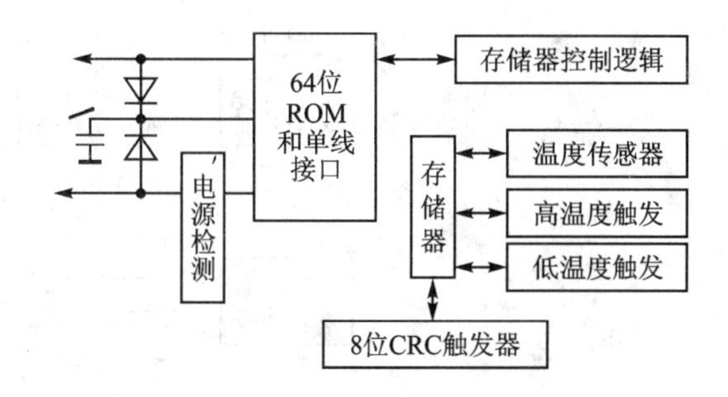

图 5－2　DS18B20 的内部结构图

由图可知，DS18B20 由 3 个主要数字器件组成：

① 64 位闪速 ROM；

② 温度传感器；

③ 非易失性温度报警触发器 TH 和 TL。

64 位闪速 ROM 的结构如图 5－3 所示。

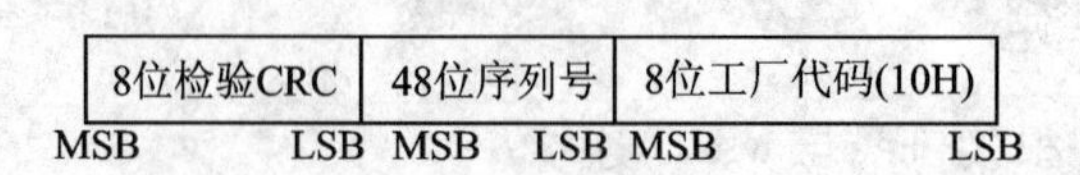

图 5-3 DS18B20 内部 ROM 结构

(2) DS18B20 的测温原理

DS18B20 的测温原理如图 5-4 所示,图中低温度系数晶振的振荡频率受温度的影响很小,用于产生固定频率的脉冲信号送给减法计数器 1。高温度系数晶振随温度变化其振荡频率明显改变,所产生的信号作为减法计数器 2 的脉冲输入。图中还隐含计数门,当计数门打开时,DS18B20 就对低温度系数振荡器产生的时钟脉冲进行计数,进而完成温度测量。计数门的开启时间由高温度系数振荡器来决定,每次测量前,首先将 -55 ℃所对应的基数分别置入减法计数器 1 和温度寄存器中,减法计数器 1 和温度寄存器被预置在 -55 ℃所对应的一个基数值。减法计数器 1 对低温度系数晶振产生的脉冲信号进行减法计数,当减法计数器 1 的预置值减到 0 时,温度寄存器的值将加 1。减法计数器 1 的预置将重新被装入,减法计数器 1 重新开始对低温度系数晶振产生的脉冲信号进行计数,如此循环,直到减法计数器 2 计数到 0 时,停止温度寄存器值的累加,此时温度寄存器中的数值即为所测温度。图 5-4 中的斜率累加器用于补偿和修正测温过程中的非线性,其输出用于修正减法计数器的预置值。只要计数门仍未关闭就重复上述过程,直至温度寄存器值达到被测温度值,这就是 DS18B20 的测温原理。

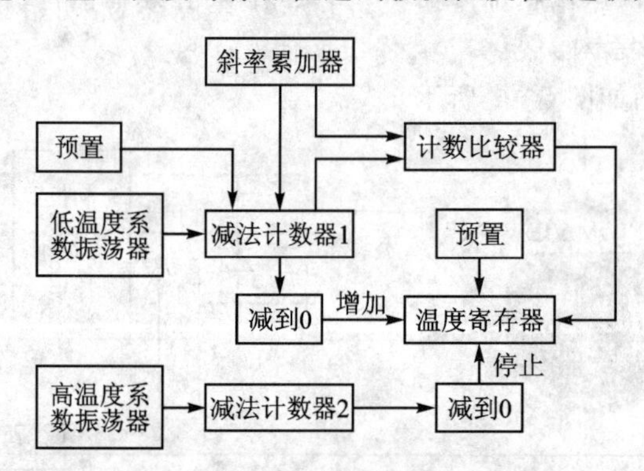

图 5-4 DS18B20 测温原理图

表 5-1 所列是温度与输出数值之间的关系。

表 5-1 温度值与输出的数字量

温度值/℃	数字输出(二进制形式)	数字数出(十六进制形式)
+125	0000 0111 1101 0000B	07D0h
+85	0000 0101 0101 0000B	0550h
+25.0625	0000 0001 1001 0001B	0191h

续表 5-1

温度值/℃	数字输出(二进制形式)	数字数出(十六进制形式)
+10.125	0000 0000 1010 0010B	00A2h
+0.5	0000 0000 0000 1000B	0008h
0	0000 0000 0000 0000B	0000h
−0.5	1111 1111 1111 1000B	FFF8h
−10.125	1111 1111 0101 1110B	FF5Eh
−25.0625	1111 1110 0110 1111B	FF6Fh
−55	1111 1100 1001 0000B	FC90h

从表中可以看出,输出一共是2字节。对于高于0℃的温度输出数字量而言,低8位字节中的低4位表示小数点部分,低位字节的高4位和高位字节的低4位合成1字节,表示温度的整数部分。对于低于0℃的温度输出数字量而言,低字节的低4位仍表示小数部分,整数部分则由数值的反码表示。

(3) 操作时序

由于DS18B20单线通信功能是分时完成的,有着严格的时隙概念,因此读/写时序很重要。系统对DS18B20的各种操作必须按协议进行。操作协议为:初始化DS18B20(发复位脉冲)→发ROM功能命令→发存储器操作命令→处理数据。

① 初始化

单总线上的所有处理均从初始化序列开始。初始化序列包括总线主机发出一个复位脉冲,接着由从属器件送出存在脉冲。存在脉冲通知总线控制器DS18B20在总线上且已准备好操作。

② ROM操作命令

一旦总线主机检测到从属器件的存在,它便可以发出器件ROM操作命令之一。所有ROM操作命令均为8位长。这些命令如下:

(a) Read ROM(读ROM)[33h]

此命令允许总线主机读DS18B20的8位产品系列编码、唯一的48位序列号及8位CRC。此命令只能在总线上仅有一个DS18B20的情况下使用。如果总线上存在多于一个的从属器件,那么当所有从属器件企图同时发送时将发生数据冲突的现象(漏极开路会产生线“与”的结果)。

(b) Match ROM(符合ROM)[55h]

此命令后继以64位的ROM数据序列,允许总线主机对多点总线上特定的DS18B20寻址。只有与64位ROM序列严格相符的DS18B20才能对后继的存储器操作命令作出响应。所有与64位ROM序列不符的从属器件将等待复位脉冲。此命令在总线上有单个或多个器件的情况下均可使用。

(c) Skip ROM(跳过 ROM)[CCh]

在单点总线系统中，此命令通过允许总线主机不提供 64 位 ROM 编码而访问存储器操作来节省时间。如果在总线上存在多于一个的从属器件而且在 Skip ROM 命令之后发出读命令，那么由于多个从属器件同时发送数据，会在总线上发生数据冲突(漏极开路下拉会产生线“与”的效果)。

(d) Search ROM(搜索 ROM)[F0h]

当系统开始工作时，总线主机可能不知道单线总线上的器件个数，或者不知道其 64 位 ROM 编码。搜索 ROM 命令允许总线控制器用排除法识别总线上所有从机的 64 位编码。

(e) Alarm Search(告警搜索)[ECh]

此命令的流程与搜索 ROM 命令相同。但是，仅在最近一次温度测量出现告警的情况下，DS18B20 才对此命令作出响应。告警的条件定义为温度高于 TH 或低于 TL。只要 DS18B20 一上电，告警条件就保持在设置状态，直到另一次温度测量显示出非告警值或者改变 TH 或 TL 的设置，使得测量值再一次位于允许的范围之内。储存在 EEPROM 内的触发器值用于告警。

③ 存储器操作命令

(a) Write Scratchpad(写暂存存储器)[4Eh]

这个命令向 DS18B20 的暂存器中写入数据，开始位置在地址位置 2。接下来写入的两字节将被存储到暂存器中的地址位置 2 和 3。可以在任何时刻发出复位命令来中止写入。

(b) Read Scratchpad(读暂存存储器)[BEh]

这个命令读取暂存器的内容。读取将从字节 0 开始，一直进行下去，直到第 9(字节 8，CRC)字节读完。如果不想读完所有字节，控制器可以在任何时刻发出复位命令来中止读取。

(c) Copy Scratchpad(复制暂存存储器)[48h]

这条命令把暂存器的内容拷贝到 DS18B20 的 E2 存储器里，即把温度报警触发字节存入非易失性存储器里。如果总线控制器在这条命令之后跟着发出读时间隙，而 DS18B20 又正在忙于把暂存器的内容拷贝到 E2 存储器，DS18B20 就会输出 0；如果拷贝结束，DS18B20 则输出 1。如果使用寄生电源，总线控制器必须在这条命令发出后立即启动强上拉，并最少保持 10 ms。

(d) Convert T(温度变换)[44h]

这条命令启动一次温度转换而无需其他数据。温度转换命令被执行，而后 DS18B20 保持等待状态。如果总线控制器在这条命令之后跟着发出读时间隙，而 DS18B20 又忙于进行温度转换，则将在总线上输出 0；若温度转换完成，则输出 1。如果使用寄生电源，总线控制器必须在发出这条命令后立即启动强上拉，并保持 500 ms。

(e) Recall E2(重新调整 E2)[B8h]

这条命令把储存在 E2 中温度触发器的值重新调至暂存存储器。这种重新调出的操作在对 DS18B20 上电时也自动发生,因此只要器件一上电,暂存存储器内就有了有效的数据。在这条命令发出之后,对于所发出的第一个读数据时间片,器件会输出温度转换忙的标识:0=忙,1=准备就绪。

(f) Read Power Supply(读电源)[B4h]

对于在此命令发送至 DS18B20 之后所发出的第一个读数据时间片,器件都会给出其电源方式的信号:0=寄生电源供电,1=外部电源供电。

④ 处理数据

DS18B20 的暂存存储器由 9 字节组成,在进行温度转换以后,所得的温度值以 2 字节补码形式存放在高速暂存存储器的第 0 和第 1 字节。单片机可通过单线接口读到该数据,读取时低位在前,高位在后。

5.1.3 用单片机控制 DS18B20 制作温度计

DS18B20 可以采用两种方式供电,一种是电源供电方式;另一种是寄生电源供电方式。单片机端口接单线总线,为保证在有效的 DS18B20 时钟周期内提供足够的电流,可用一个 MOSFET 管来完成对总线的上拉,如图 5-5 所示。

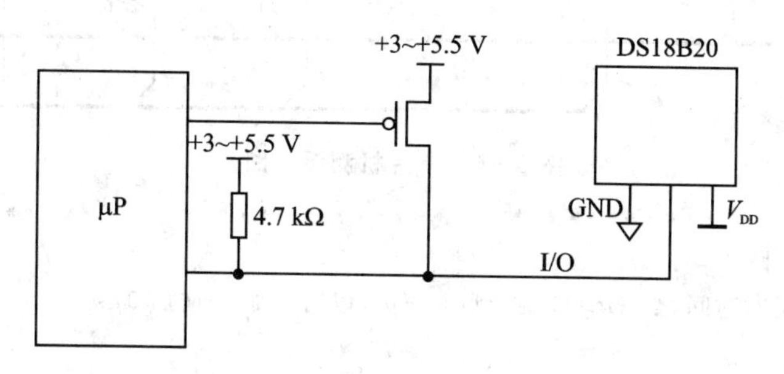

图 5-5 使用 MOSFET 上拉总线

这里使用第一种供电方式设计一个温度计,完整的电路如图 5-6 所示。

系统程序主要包括 C 程序主函数、DS18B20 相关函数、显示函数等部分。对于 DS18B20,本书给出一个现成的驱动程序,该驱动程序只要定义一下引脚,然后直接调用该驱动程序即可实现测温。函数有详细的注释,通过对注释的阅读可以掌握 DS18B20 的时序关系。

```
uchar DispBuf[6] = {16,16,16,16,16,16,16,16};
uchar DispTab[] - {0xC0,0xF9,0xA4,0xB0,0x99,0x92,0x82,0xF8,0x80,0x90,0x88,0x83,0xC6,0xA1,
0x86,0x8E,0xFF,0x8c,0xbb};

uchar BitTab[] = {0x7f,0xbf,0xdf,0xef,0xf7,0xfb};
```

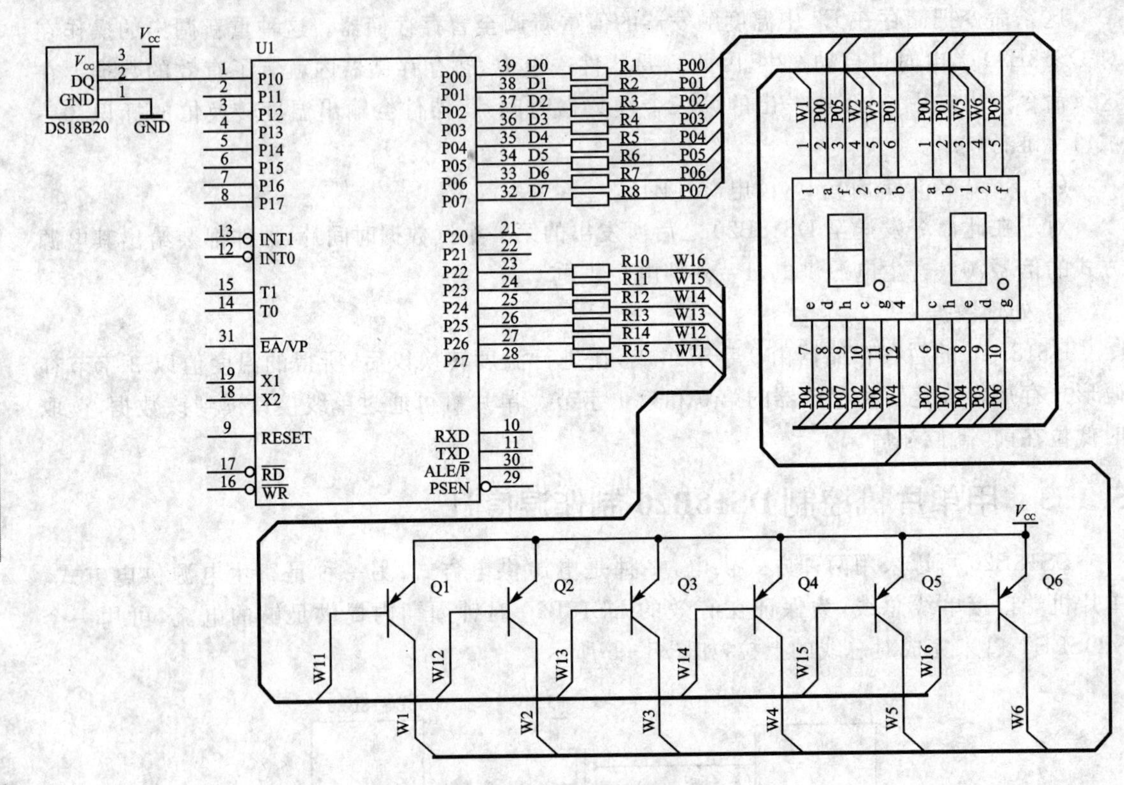

图5-6　单片机测温电路

```
/*****************************************************************
函数功能:精确延时
入口参数:Tim 为延时时间,当 Tim = 1 时,延时 18μs,以后每加 1,增加 8μs
返    回:无
备    注:无
*****************************************************************/
void uDelay(uchar Tim)
{   for(;Tim>0;Tim--)   {;}
}
void Display()                                   //显示程序
{    uchar Counter;
    uchar cTmp1,cTmp2;
    for(Counter = 0;Counter<6;Counter ++ )
    {     P0 = 0xff;
    P2| = 0xfc;                                  //熄灭所有灯
        cTmp1 = DispBuf[Counter];
        cTmp2 = DispTab[cTmp1];
```

```
        if(Counter == 2)                  //在第 3 位数码管显示时
            cTmp2& = 0x07f;               //点亮小数点
        P0 = cTmp2;
        cTmp2 = BitTab[Counter];
        P2& = cTmp2;
            uDelay(100);
        }
}
//写 DS18B20 的程序
void Write1820(unsigned char SendDat)
{    unsigned char i;
    for(i = 0;i<8;i++)
    {    DQ = 0;
        _nop_();_nop_();_nop_();_nop_();  //4 μs
        if((SendDat&0x01) == 0)
            DQ = 0;
        else
            DQ = 1;
        SendDat = SendDat>>1;             //右移
        uDelay(5);                        //延时 18 μs + 32 μs = 50 μs
        DQ = 1;
    }
}
//DS18B20 初始化程序
uchar Init1820()
{    uchar i;
    DQ = 0;
    uDelay(61);                           //延时 18 μs + 69 μs × 8 = 498 μs
    DQ = 1;
    uDelay(8);                            //延时 18 μs + 7 μs × 8 = 74 μs
    for(i = 0;i<100;i++)
    {        if(DQ)
            break;
    }
    DQ = 1;
    uDelay(11);                           //延时 18 μs + 10 μs × 8 = 98 μs
    return 0xff;
}
uchar Read1820()
```

```
{   uchar tmp = 0;
    uchar i;
    for(i = 0;i<8;i++)
    {   tmp = tmp>>1;
        DQ = 0;
        _nop_();_nop_();_nop_();
        _nop_();_nop_();_nop_();                //6μs
        DQ = 1;
        uDelay(1);                              //延时 18μs
        if(DQ)                                  //如果输入线是高电平
            tmp| = 0x80;
        uDelay(4);                              //延时 18μs + 24μs = 42μs
        DQ = 1;
        _nop_();_nop_();_nop_();
        _nop_();_nop_();_nop_();                //6μs
    }
    return(tmp);
}
//读 DS18B20 的程序,从 DS1820 中读出两个字节的温度数据
uint Read1820w()
{   union {uint Data;
    uchar tmp[2];
    }temp;
    temp.tmp[1] = Read1820();                   //低 8 位
    temp.tmp[0] = Read1820();                   //高 8 位
    return(temp.Data);
}

uint GetTemper()
{   uint Temper;
    DQ = 1;
    Init1820();
    Write1820(0xcc);
    Write1820(0x44);                            //启动温度转换
    DQ = 1;
    Init1820();
    Write1820(0xcc);                            //跳过 ROM 匹配
    Write1820(0xbe);                            //发出读温度命令
    Temper = Read1820w();                       //读出温度值
```

```
    return Temper;
}
uchar TmpTab[] = {00,06,13,19,25,31,38,44,50,56,62,69,75,81,88,94};
void main()
{    uint iTmp1;
     uchar cTmp1,cTmp2;
     uchar i;
     for(;;)
     {
          iTmp1 = GetTemper();              //获得温度值
          //以下为处理小数点部分
          cTmp1 = iTmp1 % 256;
          cTmp1& = 0x0f;                    //去掉高 4 位
          cTmp2 = TmpTab[cTmp1];            //查找小数部分
          DispBuf[3] = cTmp2/10;
          DispBuf[4] = cTmp2 % 10;
          //以下为处理小数前面的部分
          cTmp1 = iTmp1 % 256;              //取所获得数据的低 8 位
          cTmp1>> = 4;                      //右移 4 位
          cTmp2 = iTmp1/256;                //取所获得数据的高 8 位
          cTmp2<< = 4;                      //左移 4 位
          cTmp1| = cTmp2;                   //合成后获得温度的整数部分
          DispBuf[0] = cTmp1/100;           //将整数部分显示在 3 位数码管上
          cTmp1 % = 100;
          DispBuf[1] = cTmp1/10;
          DispBuf[2] = cTmp1 % 10;
          for(i = 0;i<20;i++)
               Display();
     }
}
```


【程序分析】

主程序在获得了温度值后，将整数部分在数码管的第 0、1、2 位显示，而小数部分则在第 4 和第 5 位显示，注意在第 3 位数码管上点亮小数点。代码如下：

```
if(Counter = = 2)          //在第 3 位数码管显示时
    cTmp2& = 0x07f;        //点亮小数点
```

在从 DS18B20 中读取 2 字节的数据时，程序使用了 union 来定义变量，如下所示：

```
union {uint Data;
    uchar tmp[2];
    }temp;
```

union 称为联合或者共用体，其意义是 union 体内的变量共用变量空间。这里 Data 是一个 unsigned int 型数据，占用 2 字节空间，而 tmp 是 unsigned char 型变量，定义了 2 字节的数组，因此其所占用的空间恰好与 Data 变量相同。这样在读取温度值时，分 2 次读入单字节的温度值，自然就合成了一个 int 型变量的值。

最后还是要加以说明的是，DS18B20 的时序要求相当严格，如果程序中有较多中断处理，操作芯片时产生中断后会破坏时序从而造成测量结果混乱；如果硬件连接时不注意连接线，当连接线很长时，会造成 DS18B20 波形的畸变，同样会造成测量结果混乱。这一点在使用 DS18B20 芯片时必须注意，这也使得该芯片的使用受到一定的限制。

5.2 使用数字 PID 控制温度

实际工作中，很多场合不仅需要测量温度，还需要对温度进行控制。由于温升的热惯性，如果我们仅在控温点进行开关方式切换，是无法准确控温的。在模拟电路中进行温度控制一般采用 PID 控制技术。在数字系统中，同样可以使用数字 PID 控制方法对温度进行控制。

5.2.1 数字 PID 的原理

PID 控制器是一种线性调节器，其框图如图 5－7 所示。PID 控制器把设定值 $r(t)$ 与实际输出值 $c(t)$ 相减，得到控制偏差 $e(t)$，偏差值 $e(t)$ 经比例(P)、积分(I)和微分(D)运算后，通过线性组合构成控制量 $u(t)$，然后用 $u(t)$ 对被控对象进行控制。

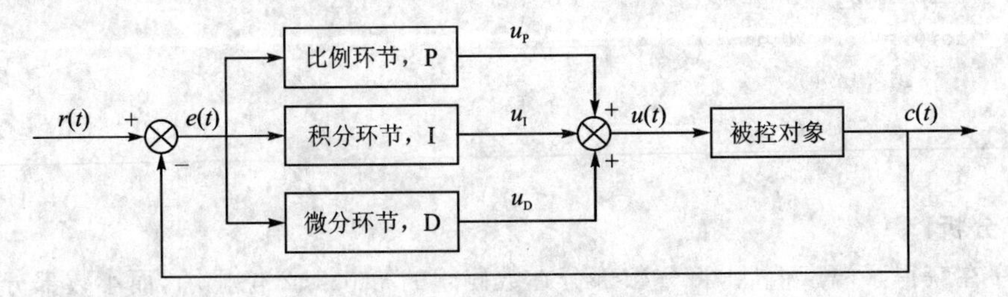

图 5－7 PID 控制器框图

1. 比例调节器的作用

比例调节器的控制规律为：

$$u(t) = K_P \times e(t) + u_0$$

式中，K_P 为比例系数；u_0 为控制常量，即误差为 0 时的控制变量。比例调节器对误差 $e(t)$ 是即时响应的，误差一旦产生，调节器立即产生控制作用，使被控制的过程变量向减小误差的方向变化。

比例调节器的问题在于控制量与设定值之间始终存在误差，因为只有误差 $e(t)$ 存在，才有误差调节量的输出，所以仅用比例调节器是不可能消除静差的。加大比例系数 K_P 可以减小静差，但是当比例系数过大时，会引起系统的不稳定。

2. 比例积分调节器的作用

为了消除比例调节器中残存的静差，在比例调节器的基础上加入积分调节器，组成比例积分(PI)调节器，其控制规律为：

$$u(t) = K_P \times \left[e(t) + \frac{1}{T_I}\int_0^t e(t)\mathrm{d}t \right] + u_0$$

其中，T_I 为积分常数，T_I 越大积分作用越弱。

积分器的输出值取决于对误差的累积结果，虽然误差不变，但是积分器输出还在增大，直到误差 $e(t)=0$。因此，积分器的加入能自动调节控制常量 u_0，消除静差，使系统趋于稳定。

3. 比例积分微分(PID)调节器

积分器虽然能消除静差，但使系统的响应速度变慢。进一步改进控制器的方法是通过检测误差的变化率来预报误差，并对误差的变化作出响应，于是在PI调节器的基础上再加上微分调节器，组成比例、积分、微分(PID)调节器，其控制规律为：

$$u(t) = K_P \times \left[e(t) + \frac{1}{T_I}\int_0^t e(t)\mathrm{d}t + T_D \frac{\mathrm{d}e(t)}{\mathrm{d}t} \right] + u_0$$

式中，T_D 为微分常数，T_D 越大微分作用越强。

4. PID 控制算法的数字实现

使用单片机来对系统进行测控时，模拟PID控制算法公式中的积分项和微分项是不能直接准确计算的，只能用数值计算的方法来逼近。

按模拟PID控制算法，以一系列采样时刻点 kT 代表连续时间 t，以矩形法数值积分近似代替积分，以一阶后向差分近似代替微分，可以得到下面的离散PID表达式：

$$\begin{aligned} u(k) &= K_P \left\{ e(k) + \frac{T}{T_I}\sum_{j=0}^{k} e(j) + \frac{T_D}{T}[e(k) - e(k-1)] \right\} + u_0 \\ &= K_P e(k) + K_I \sum_{j=0}^{k} e(j)T + K_D \frac{e(k) - e(k-1)}{T} + u_0 \end{aligned}$$

式中，$K_I = \frac{K_P}{T_I}$；$K_D = K_P T_D$；T 为采样周期；k 为采样序号，$k=1,2,\cdots$；$e(k-1)$ 和 $e(k)$ 分别第 $(k-1)$ 和第 k 时刻所得的偏差信号。

如果采样周期取得足够小，这种逼近可以相当准确，被控过程与连续过程十分接近。

当执行机构需要的不是控制量的绝对数值，而是其增量(如用于驱动步进电机控制)时，由

上式可以导出增量式 PID 算法，即

$$\Delta u(k) = K_P[e(k) - e(k-1)] + K_I e(k) + K_D[e(k) - 2e(k-1) + e(k-2)]$$

可见，增量式 PID 算法只需要保持当前及前 2 次共 3 个时刻的误差值 $e(k)$、$e(k-1)$ 和 $e(k-2)$ 即可。

增量式 PID 算法与位置式 PID 算法相比，有以下优点：

① 位置式 PID 算法每次输出与整个过去状态有关，计算式中要用到过去误差的累加值，容易引起较大的累积计算误差；而增量式 PID 只需计算增量，计算误差或精度不足对控制量的影响较小。

② 控制从手动切换到自动时，位置式 PID 算法必须首先将计算机的输出值置为当前值，才能实现无冲击的切换。而增量式 PID 中无 u_0 项，易实现无冲击切换。

由于以上原因，实际控制中，增量式 PID 算法比位置式 PID 算法应用更为广泛。但是增量式 PID 对执行机构是有要求的，即要求执行机构的控制变量是"增量"调整的。如果执行机构需要控制变量的绝对值而不是增量值，那么可以采用增量式进行计算，而输出时作一些调整。

$$u(k) = u(k-1) + K_P \times \{[e(k) - e(k-1)] + I \times e(k-1) + D \times [e(k) - 2e(k-1) + e(k-2)]\}$$

式中，$e(k)=W-u(k)$，W 为给定值，而 $u(k)$ 为第 k 次实际输出值；K_P 是比例系数；I 为积为系数，其值为 $I=T/T_D$；D 为微分系数，$D=T_D/T$；T 为采样周期。

5. 采样周期的确定

从上面的算式可以看到，算式中有一个重要的参数，即采样周期，理论上，采样周期越短，数字仿真就越精确。但实际控制中，采样周期受各方面因素的影响，并非越短越好。

① 根据香农采样定理，采样周期应该满足：

$$T \leqslant \frac{1}{2f_{max}}$$

式中，f_{max} 为输入信号的上限频率，这样采样不会丢失任何信息。

② 从执行机构的特性来看，输出信号必须保持一定的值。例如电机转速，从一种转速变化到另一种转速需要一定的时间。如果采样时间间隔过短，电机转速尚未及时变化又进行了下一次的运算，就会导致算式认为"上一次计算结果力度不够"，从而加大调整量，最终造成控制结果的不正确。

③ 从计算机系统的精度来看，不能采用过短的采样周期。通常模拟量通过各种 A/D 转换方式转换成数字量，而这种 A/D 转换可能只有 10 位甚至 8 位，并不能完全反映模拟量的变化，加之运算中往往也会损失一部分精度，因此运算的结果并不能真实地反映实际物理量的变化。如果采样周期过短，前后两次采样的数字之差可能因为精度问题而无法反映出来。虽然被控制的对象不断变化，但是计算出来的 $e(k)$ 却始终为 0，无法进行正常的调节。

④ 从控制系统的随动特性来看，采样周期短一些为宜。这样给定的变化将迅速通过采样得到反映，从而让系统能够快速地跟踪给定的变化。

从以上分析可以看到，各方面因素对采样周期的要求是不同的，有一些是相互矛盾的，因此必须根据具体情况进行选择。

5.2.2　使用数字PID控制加热器

目前流行的各种单片机教学实验设备中，均以单片机的逻辑控制为学习内容，而对于单片机用于运算却很少涉及。其原因之一就是用单片机搭建一个用于PID控制的实验平台代价较高，难以普及到个人使用。如图5-8所示是某学校实验室所使用的过程控制实验设备，图中右侧是控制系统，而左侧是被控对象，这些被控对象包括水位控制、温度控制等。显然，个人要搭建这样一套设备实属不易。但是要理解数字PID控制，尤其是要掌握PID参数的设置方法，没有实验设备是非常困难的。因此，作者设计了一个非常简单的控制系统，读者可以用很少的费用来自行搭建，通过实验来熟悉各种PID算法，摸索PID控制参数的设定方法。

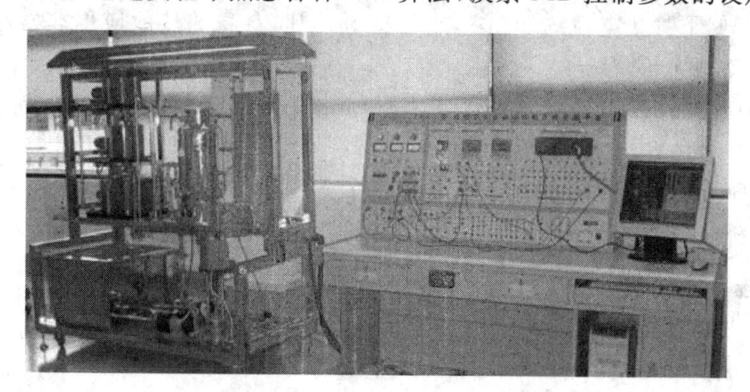

图5-8　某过程控制实验系统

这个例子里要控制的对象是温度，也就是要用到温度传感器。由于DS18B20测温时需要精确的时序，即便是显示中断也会对温度的正确读数产生一定程度的影响，虽可设法消除，但毕竟使用不方便。因此，这里使用一种具有模拟量输出的测温芯片，通过A/D转换获得温度值。

1. 温度传感器LM35

温度传感器LM35是由National Semiconductor公司生产的温度传感器，其输出电压与摄氏温标呈线性关系，0℃时输出为0V，每升高1℃，输出电压增加10mV。在常温下，LM35不需要额外的校准处理即可达到±1/4℃的准确率。其电源供应模式有单电源与正负双电源两种，分别如图5-9和图5-10所示。

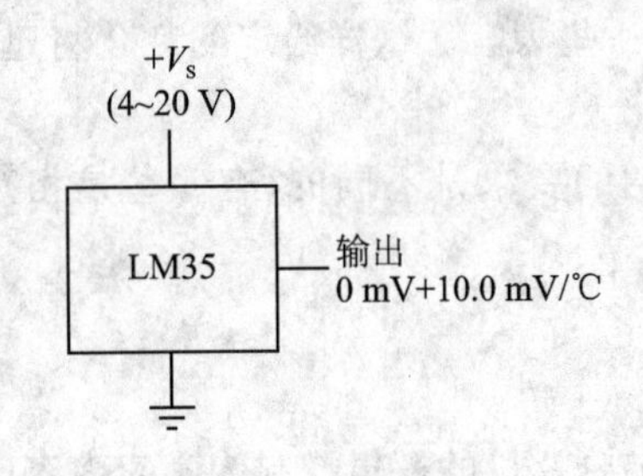

图 5-9 单电源供电

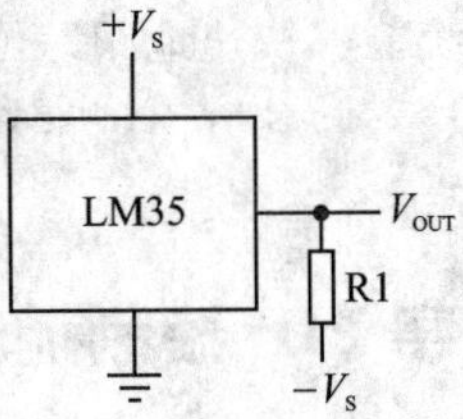

图 5-10 双电源供电

单电源模式可测温度的范围是 2～150℃，每升高 1℃，输出电压增加 10 mV。

双电源可测温度的范围是－55～150℃。选择电阻器 R_1 的阻值为 $R_1=-V_s/50\ \mu A$。当被测温度为 150℃时，输出电压为 1500 mV；当被测温度为－55℃时，输出电压为－550 mV，同样也是每升高 1℃，输出电压增加 10 mV。

LM35 工作电压范围较宽，可在 4～20 V 的供电电压范围内正常工作，使用方便。LM35 的工作电流在 25℃下静止电流约 50 μA，非常省电，同时自身的热效应也非常小，这一点对于温度传感器是非常重要的。

目前有两种后缀的 LM35 可以提供使用。LM35DZ 输入为 0～100℃，而 LM35CZ 测温范围可覆盖－40～110℃，且精度更高。

LM35 的特点如下：

- 直接用摄氏温度校准；
- 线性＋10.0 mV/℃；
- 保证 0.5℃精度(在＋25℃时)；
- －55～＋150℃额定范围；
- 直接输出电压信号；
- 内部已精密微调；
- 电源电压宽(4～30 V)；
- 小于 60 μA 的工作电流；
- 较低自热，在静止空气中为 0.08℃；
- 只有±1/4℃的非线性值；
- 低阻抗输出，1 mA 负载时阻抗为 0.1 Ω。

LM35 提供多种封装形式，如 TO－92、TO－46、SO8、TO－220等，常用的封装形为 TO－92，使用方便，如图 5－11 所示。

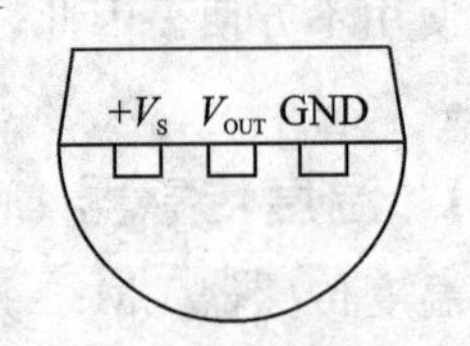

图 5-11 TO-92 封装的 LM35 底视图

2. 电路原理图

如图 5－12 所示是控制器的原理图。从图中可以看到电路由两部分组成，第 1 部分是发热体，由一只继电器来控制；第 2 部分是测试和控制电路，由 80C51 单片机、TLC1543 A/D 转换器、数码管显示电路、LM35 温度传感器等部分组成。

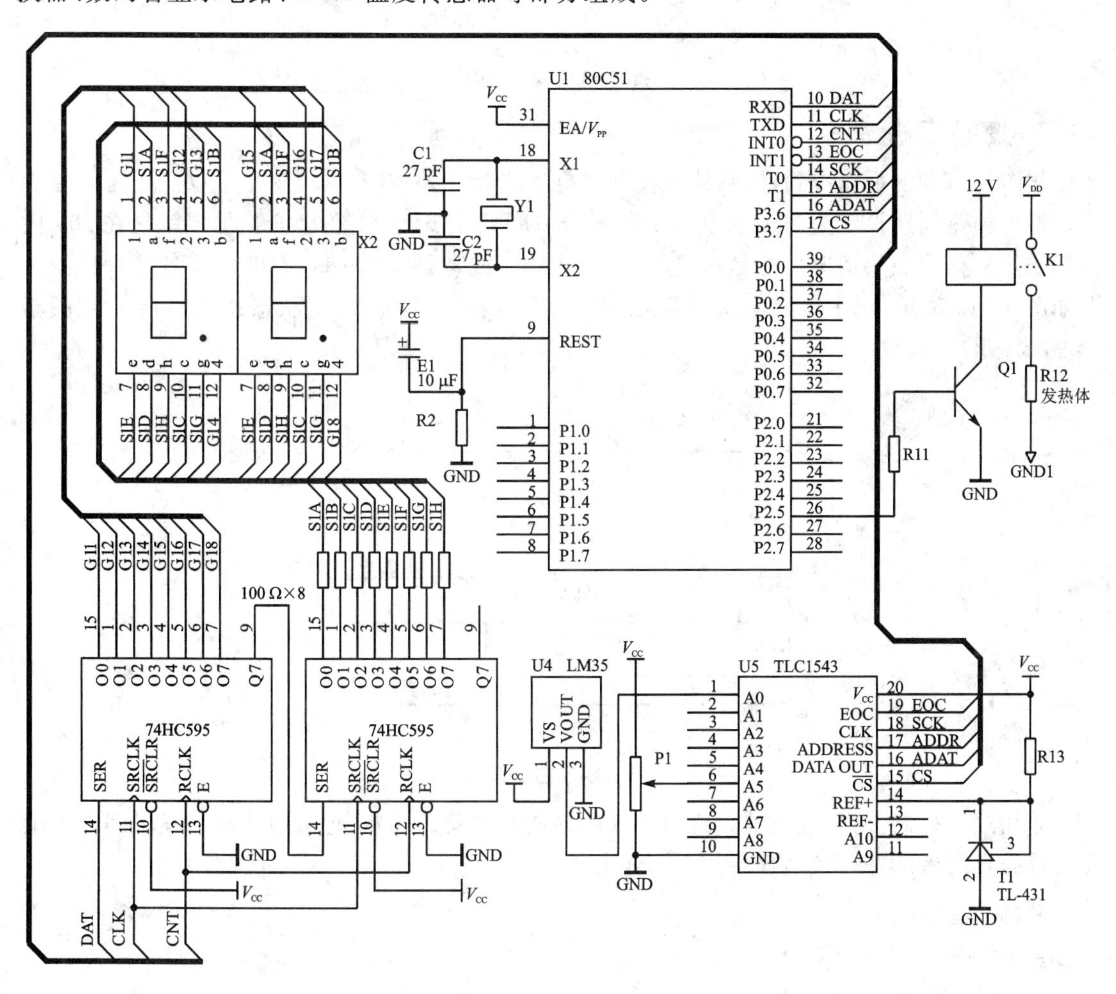

图 5－12　温度测控系统原理图

这里用不到低于 0℃的测温，选择了简单的单电源供电方式。TLC1543 是 10 位 A/D，由 TL431 提供 2.5 V 基准电压，因此 TLC1543 每个数字的变化为 2.5 V/1 024＝0.002 44 V，即 2.44 mV。LM35 的输出是每 1℃变化 10 mV，综合计算，每 1℃的变化将引起 10/2.44＝4.098（约 4 个数字）的变化。

图中所示发热体如图 5－13 所示，使用一个 20 Ω/10 W 的功率电阻。电阻体是中空的陶瓷管，温度传感器放置于这个空腔中。

图 5-13 发热体

3. 控制策略讨论

从图 5-12 中可以看到，发热体仅使用继电器进行开关控制，因此这里可以使用时间控制法。即将加热周期设定为 20s，并将其 200 等分，即每 100ms 为一份。全速加温就是在 20s 内全部加热。其他加热情况可能是加热 10s，停止 10s；或者是加热 18s，停止 2s。这几种控制波形如图 5-14 所示，图中 1 为全部导通状态；2 为导通和关断各 10s 的状态；3 为导通 18s、关断 2s 的状态。

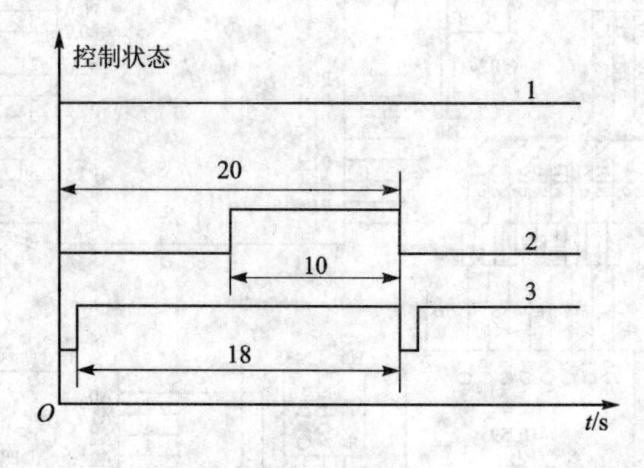

图 5-14 控制波形

采用这种控制方案，继电器始终以 20s 的周期开和关。当然，也有可能在一段时间内继电器始终吸合或者断开。控制程序如下：

```
#include "reg52.h"
#include "intrins.h"
typedef unsigned char uchar;
typedef unsigned int uint;

//以下为A/D转换引脚定义
sbit  Clk       =     P3^4;
sbit  Addr      =     P3^5;
sbit  CS        =     P3^7;
sbit  Dout      =     P3^6;
```

```
//以下为显示模块的引脚定义
sbit  Dat       =     P3^0
sbit  Clk       =     P3^1;
sbit  RCK       =     P3^2;

uchar DispBuf[8] = {16,16,16,16,16,16,16,16};
uchar DispTab[] = {0xC0,0xF9,0xA4,0xB0,0x99,0x92,0x82,0xF8,0x80,0x90,0x88,0x83,0xC6,0xA1,
0x86,0x8E,0xFF,0x8C,0xBB};
uchar BitTab[] = {0x7F,0xbF,0xDF,0xEF,0xF7,0xFD,0xFD,0xFE};
/* 将数据发送往 74HC595 用于显示 */
void SendData(unsigned char SendDat)
{    unsigned char i;
     for(i = 0;i<8;i++)
     {    if((SendDat&0x80) == 0)
               Dat = 0;
          else
               Dat = 1;
          _nop_();
          Clk = 0;_nop_();Clk = 1;
          SendDat = SendDat<<1;
     }
}
void Timer0() interrupt 1
{    uchar tBit = 0,tSeg = 0;
     TH0 = (65536 - 2500)/256;
     TL0 = (65536 - 2500) % 256;                //定时时间为 2500 个周期
     tBit = BitTab[Count];                      //取位值
     tSeg = DispBuf[Count];                     //取出待显示的数
     tSeg = DispTab[tSeg];                      //取字形码
     RCK = 0;
     SendData(tSeg);                            //段驱动
     SendData(tBit);                            //位驱动
     RCK = 1;
     Count++;
     if(++Counter>=8)
          Counter = 0;
}
uint Read1543(uchar Port)                       //从 TLC1543 读取采样值,形参 Port 是采样的通道号
{
```

```
    uint ad;
    uchar i;
    uchar al = 0,ah = 0;
    Clk = 0;CS = 0;
    Port<< = 4;
    for (i = 0;i<4;i ++ )                       //把通道号打入 1543
    {
        Addr = (bit)(Port&0x80);
        Clk = 1;nop4;Clk = 0;
        Port<< = 1;
    }
    for (i = 0;i<6;i ++ )                       //填充 6 个 CLOCK
    {
        Clk = 1;nop4;Clk = 0;
    }
    CS = 1;nop4;nop4;nop4;nop4;nop4;CS = 0;     //等待 A/D 转换
    nop4;
    for (i = 0;i<2;i ++ )                       //取 D9、D8
    {   nop4;Dout = 1;Clk = 1;
        ah<< = 1;
        if (Dout) ah| = 0x01;
            Clk = 0;
    }
    for (i = 0;i<8;i ++ )                       //取 D7～D0
    {   nop4;Dout = 1;Clk = 1;
        al<< = 1;
        if (Dout) al| = 0x01;
            Clk = 0;
    }
    CS = 1;
    ad = (uint)ah;ad<< = 8;ad| = (uint)al;      //得到 A/D 值
    return (ad);
}
//以下是关于软件定时器的代码,这部分程序将在第 6 章详细分析
bit b100ms;
uchar c100ms;
bit T1i,T1o;                                    //定时线圈 1 输入接点和输出接点
uint T1Num;                                     //软件定时器 T1 计数值
```

```
bit T2i,T2o;                                //定时线圈 2 输入接点和输出接点
uint T2Num;                                 //软件定时器 T2 计数值

#define Tmr1Var 55536                       //时间常数,定时时间为 10ms
void Tmr1() interrupt 3
{     ……
}
//以下为初始化定时器
void TimInit()
{
    TMOD = 0x11;                            //定时器 1 工作于方式 2,定时器 T0 工作于方式 1
    TR1 = 1;                                //定时器 1 开始运行
    TR0 = 1;
    ET1 = 1;
    ET0 = 1;
    EA = 1;
}
/*输出为 0～199,共 200 份,每份为 0.1s,即控制周期为 20s*/

sbit RealyOn = P2^3;                        //继电器控制引脚

void main()
{   uint     iTmp;
    uchar    cTmp;
    uchar    tCount,cCount;

    uint     gd = 100;                      //给定
    int      e;                             //读数
    int      ei;                            //ei = gd - e
    int      ei_1;                          //前次 ei
    int      Ui_1;                          //前次输出值
    int      iUi;                           //增量
    int      Ui;                            //本次输出值
    uchar    Kp = 1000;                     //放大倍数
    uchar    Ti = 10;                       //积分常数
    uchar    T = 5;                         //数据采集时间

    TimInit();
    for(;;)
```

```
{
    if(! T1i)
    {   T1i = 1;
        T1Num = 5;                          //0.5 s 定时
    }
    if(T1o)
    {   T1i = 0;T1o = 0;
        iTmp = ReadADValue(0);              //读取输出值
        gd = ReadADValue(1);
        e = cTmp;
        ei_1 = ei;
        ei = gd - e;
        ////////////////
        iTmp = T;
        iTmp * = 256;                       //tmp * = 256
        iTmp/ = Ti;
        iTmp * = ei;
        iTmp/ = 256;                        //计算积分项
        ////////////////
        iUi = Kp * (ei - ei_1 + iTmp);
        iUi/ = 10;                          //先缩小 10 倍,避免计算超差
        Ui_1 = Ui;
        Ui + = iUi;
        if(Ui<0)
            Ui = 0;
        if(Ui>20000)
            Ui = 20000;
        tCount = Ui/100;                    //缩小 100 倍,周期值控制在 200 以内
        DispBuf[5] = cTmp/100;
        cTmp % = 100;
        DispBuf[6] = cTmp/10;
        DispBuf[7] = cTmp % 10;
    }
    if(! T2i)
    {   T2i = 1;
        T2Num = 1;                          //0.1 s
    }
    if(T2o)
    {   T2i = 0;T2o = 0;
```

```
            DispBuf[0] = tCount/16;DispBuf[1] = tCount % 16;
            DispBuf[2] = cCount/16;DispBuf[3] = cCount % 16;
            cCount++;
            if(cCount>tCount)
                RealyOn = 1;                    //关继电器
            else
                RealyOn = 0;                    //开继电器
            if(cCount>=200)
                cCount = 0;
        }
    }
}
```


【程序分析】

① 本程序 main 函数中没有使用 PID 中的 D 控制项，即微分控制项，读者可以自行添加这一控制项。

② 这里使用了 TLC1543 作为 A/D 转换器，在第 3 章已了解过该芯片的用法，因此，这里就直接给出转换程序，不再对其进行分析。

③ 为了将时间分成 0.1 s 的 200 等分，需要一个定时器。为了控制采样时间，同样也需要定时器。此外系统中还需要定时中断用于显示程序，还可能需要定时器用于串口波特率发生，这样定时器的数量就不够了。因此，本程序使用了两个软件定时器。关于这种软件定时器将在第 6 章详细说明，这里仅仅需要知道用法就够了。程序如下：

```
if(! T1i)
    {
        T1i = 1;
        T1Num = 5;                  //500ms 定时
    }
    if(T1o)
    {
        T1i = 0;T1o = 0;
        ⋮                           //定时采集计算的代码
    }
```

上述程序就是每隔 500 ms 进行一次数据的采集和计算，即周期为 0.5 s。如果要更改周期，只需要给 T1Num 赋不同的值就可以了。当然，这里更改以后，用于计算的变量

```
uchar T = 5;                //数据采集时间
```

的值也要随之改变。

④ main 函数中的变量 tCount 是输出变量的控制值，而变量 cCount 则是每 0.1s 加 1，直到加到 200 为止。

程序运行以后，第 1 和第 2 位数码管显示 tCount 的值，第 3 和第 4 位数码管显示 cCount 的值，而第 6、7、8 位数码管则用于显示温度。这样可以很直观地观察温度的变化以及各个变量的变化，能够对 PID 的控制过程有比较清晰的认识。

⑤ 几点建议：如图 5-12 所示，其加热器使用的电源为 V_{DD}，建议使用可调电源供电。使用不同的电源供电，可研究不同升温速率下如何调整 PID 的各项参数；也可以在调试的过程中随机改变电源，以达到控制对象动态变化的目的；还可以在加热器边上加上风扇，并使用另一个 I/O 来控制，达到更复杂的控制目的。

☞ 思考与实践

1. 查找资料，当有多个 DS18B20 并接时，分别编写读/写各芯片的程序。
2. 查找 I^2C 接口测温芯片 LM75 的资料，并使用该芯片来制作数字温度计。

第6章

使用单片机控制机械手

机械手是工业自动化生产中常用的设备。常用的一种机械手以压缩空气为动力，气缸为动作元件，电磁阀为控制元件，PLC或单片机等作为控制器。本章介绍一条自动化生产线教学系统的控制，虽然这是一套教学系统，但却是完全按照工业现场的要求来进行设计与制造的，所有气动元件、机械手、电磁阀等均为工业产品，所采用的单片机控制系统已成功地应用于其他一些工业现场控制中。本章对这个教学系统的工作过程、程序编制进行说明，编程中采用的状态转移法可以广泛地应用于类似的控制系统中。

6.1 外形与结构

图6-1所示是设备的控制面板，面板上共有8个开关和3个指示灯。其中“开始”、“复位”、“特殊”、“停止”、“上电”为按钮，“手/自”和“单/联”为挡位开关。“开始”、“复位”和“上电”按钮是带灯的，灯与按钮本身没有什么关系，仅仅是结构上组合在一起，其亮、灭由电路来控制。其中开始灯、复位灯由单片机的I/O口控制，上电灯由一个继电器电路控制，与单片机控制系统无关。若按下“上电”按钮，并且系统正常得电，则上电灯点亮。如果由于某种故障(如“急停”钮处于按下位置)，强行按下上电钮，系统仍不会得电，则该灯也不会点亮。

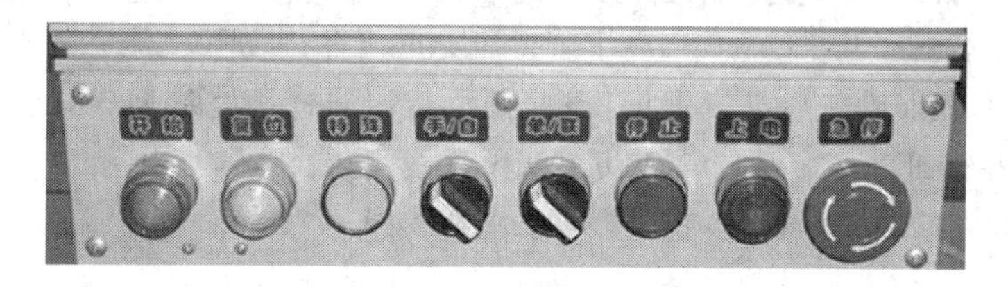

图6-1 控制面板

图6-2所示是机械手的结构及各部分的名称。从图中可以看出，机械手主要由回转臂、纵臂、竖臂和夹爪等几部分构成。每个部分的运动都通过相应的气阀进行控制，而气阀则由电磁线圈控制。机械手的各部位安装有传感器，当运动到位后，传感器上的发光管点亮，传感器有效。电路中传感器连接输入端与接地端，当传感器有效时，相当于输入端接地。图6-2中

标示了部分位置的传感器，其中的 1B2、2B1 等是制造者给传感器编的号。

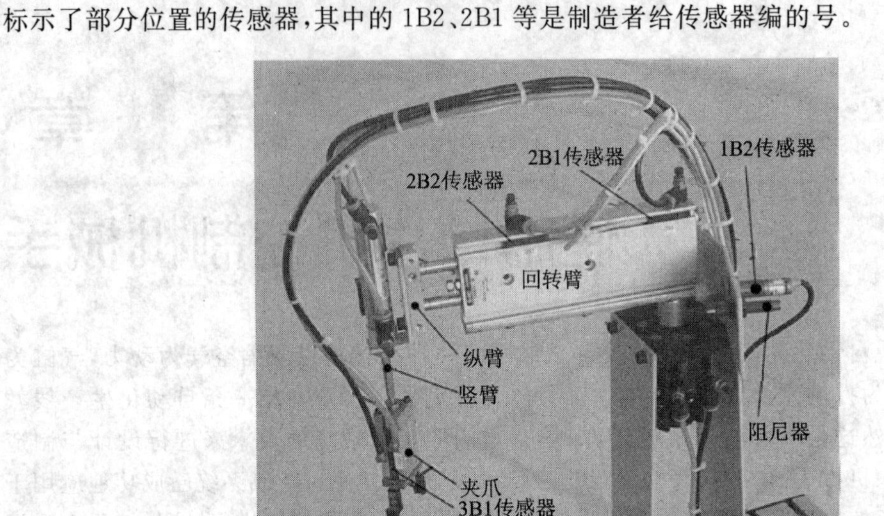

图 6-2　机械手结构示意图

6.2　动作过程描述

本系统使用机械手抓取工件，从一个工位转移到另一个工位，然后将工件放下。机械手有回转、前伸、下降、夹爪夹紧和松开这样的一些动作。

动作过程描述如下：

① 开机后各机械臂回复原始位置，图 6-1 中所示的“开始”灯闪烁；

② 按下“开始”按钮或此时“手/自”按钮处于“自”的位置，回转臂逆时针回转，回转到位后纵臂向前伸出，前伸到位后竖臂向下，向下到位后夹爪闭合，延进 0.5s；

③ 竖臂收回，收回到位后纵臂退回，退回到位后回转臂顺时针回转，回转到位后纵臂前伸，前伸到位后竖臂向下，向下到位后夹爪松开；

④ 夹爪松开到位后竖臂收起，收起到位后纵臂退回；

⑤ 纵臂到位后，转第②步继续。

在各步动作中，前一个动作到位后才能进行下一个动作。除夹爪外，动作到位是依靠传感器来感知的。例如，纵臂前伸到位后 2B2 传感器有效，纵臂退回到位后 2B1 传感器有效。夹爪松开到位后 3B1 传感器有效。但夹爪在夹紧时没有传感器，采用夹紧动作后延时 0.5s 的方式来确保夹紧元件。

6.3 单片机控制电路

用来实现控制的单片机系统如图6-3所示。从图中可以看出，这是一个由若干块板组成的组合控制系统，由1片主控板、1片输入板、2片输出板组成，最后1片是空板，为将来的扩展预留安装位置，各块板通过总线连接在一起。这样组合起来的系统具有16路输入和16路输出。增加输入板，可以获得更多的输入端子；而增加输出板，可以获得更多的输出端子。

下面分别介绍这一系统中的主控板、输入板和输出板。

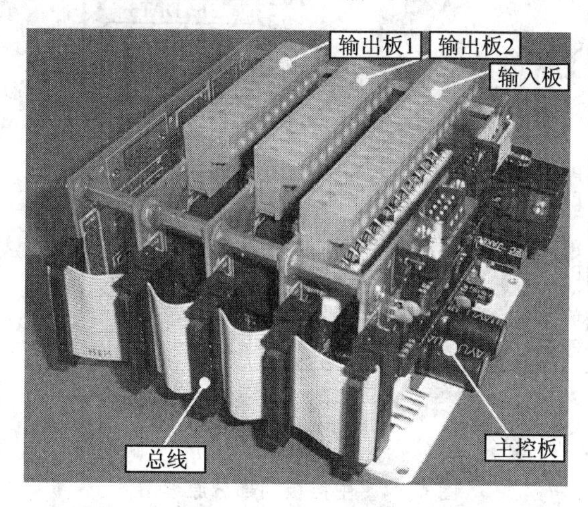

图6-3 组合在一起的控制板

图6-4是主控板的部分原理图，其中J4是连接总线的端子，通过该端子与输入板、输出板相连。U3是CPU，可采用任一种内置ROM的80C51系列单片机，如89S52等。U3单片机的P0口用做数据总线，P2.0～P2.5是6根控制线，用以控制输入、输出等其他电路板。这6根线分成2组，标号为CNT0～CNT2的P2.3、P2.4、P2.5为控制总线，分别用于3类板的控制：输入板、输出板和特殊用途板。标号为AD0～AD2的P2.0、P2.1、P2.2作为地址总线，用于每一块扩展板的地址选择。这样，同一类别的板子最多可以拥有$2^3=8$个地址。

图中其他一些引脚，如P1口被用于扩展，而P3.0和P3.1则连接一片MAX232芯片，使得该板可以直接与PC机通信；T0、T1等引脚则接了一片X5045芯片，使得该板可以储存部分数据。

图6-5是输入板的部分原理图，图中J1是26引脚的总线接口端子，用于与主控板的连接。输入部分使用了光耦隔离输入，每一块输入板上有16路输入，这里仅画出了4路，其他12路与此相同。U2和U3是2片74HC244作为总线接口，光耦的输出分别接到74HC244芯片的输入端，74HC244的输出端接到总线接口端子J1，与主控板的P0口相连。

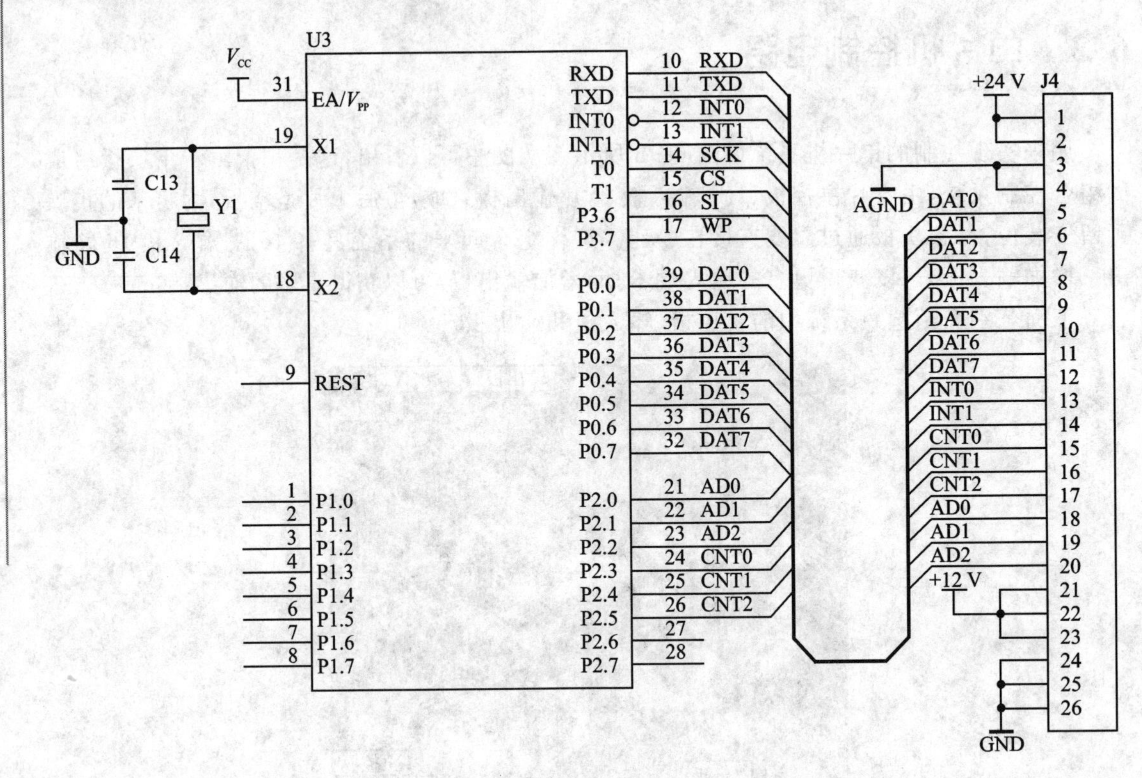

图6-4 主控板的部分原理图

U4是三-八译码器74HC138,该芯片与相关的JP2和J11组成地址译码电路。U4的3个地址输入端分别接AD0、AD1和AD2,其片选端E1和E2接地,此时U4是否工作就由E3决定,E3接在选择端子JP2上(工作时要求使用插针将JP2接于CNT0一侧),这样,只有当CNT0为1时,才有可能选择输入板。如果CNT0为0,则U4所有输出端均为高电平,两片74HC244均为高阻输出,切断与总线的联系。这样不管一个系统中有多少块输入板,主控板上只要置P2.3(CNT0)为0,就能隔断所有输入板与系统的联系。

JP1是8位的插针座,被分为4位一组,分别接U2和U3的片选端,工作时,总是使4位中的1位接通。例如用短路块将JP1的1和2端相连,那么U4的Y0输出端将连接到U2的G1和G2端;又如使用短路块将JP1的9和10端相连,那U4的Y4输出端将连接到U3的G1和G2端。当AD2、AD1、AD0均为低电平时,U4的Y0为低电平,而其余引脚均为高电平。这样,U2被选择,只要主控板上的P2.3置为1,U2输入端的电平状态即出现在总线上,可以被主控板上的CPU所读取。而此时,同一块板的上U3输出端是高电平,其输入端的状态不会影响总线的状态。如果要选中该板的U3,则只需要将AD2、AD1和AD0的状态置为100即可。

如果一个系统中仅使用1块输入板不能满足要求，则可以同时使用多块输入板，只要用JP1选择不同的地址端即可。例如第2块输入板使用短路块将JP1的3和4引脚相连，将JP1中的11和12引脚相连，那么控制第2块输入的U2的AD2、AD1和AD0就分别是001和101。以此类推，同一个系统中最多可以接入4片不同地址的输入板，而每块输入板有16路输入，因此，一个系统中最多可以得到64路输入。

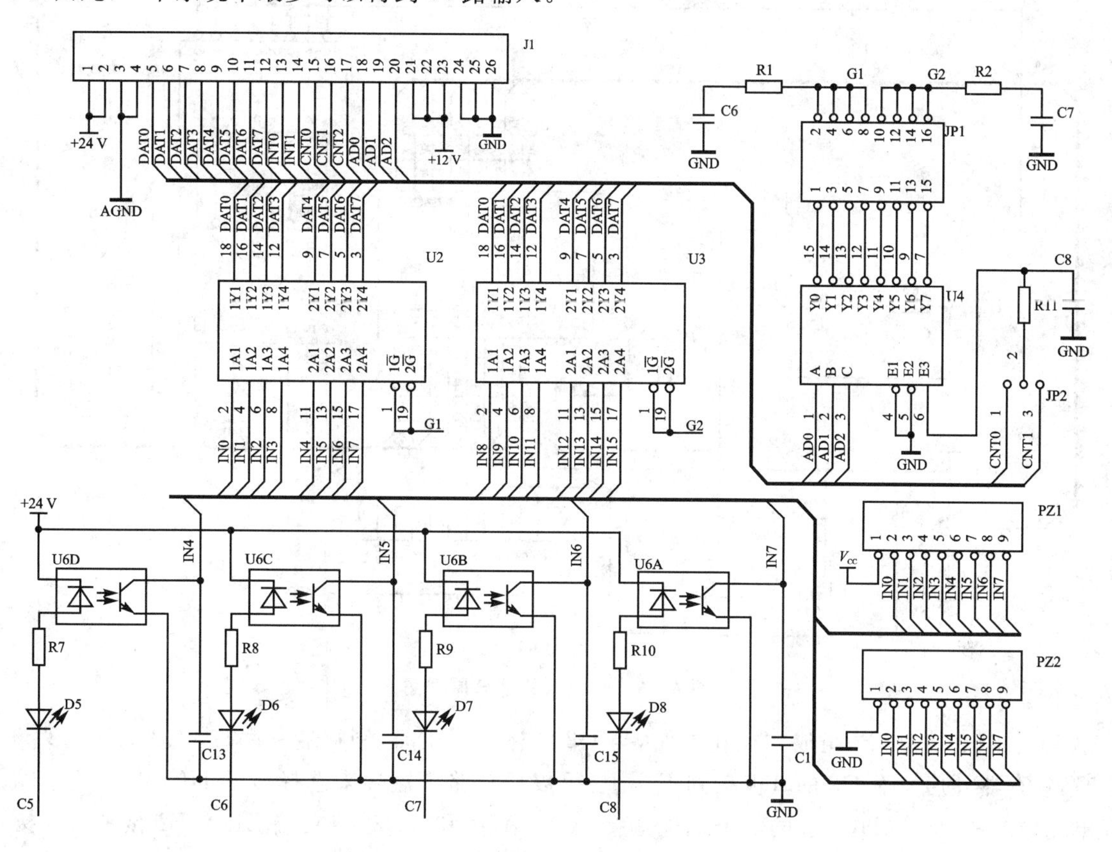

图6-5 输入板的部分原理图

图6-6是输出板的部分原理图，U2是锁存器74HC573，U2的第1引脚是$\overline{\text{OC}}$端，当该端为1时，输出均为高电平。从图中可以看出，电路利用$\overline{\text{OC}}$引脚这一功能制作了开机延时电路。上电后E3通过R4充电，R4两端电压从5V缓慢下降。在这段时间内U2输出一直为高阻态，保证开机时继电器不吸合。如果输出端不使用锁存器，80C51单片机复位期间电平不确定，有可能导致在机器设备上电时，不该吸合的继电器瞬间吸合一次，要能会使一些机械部件产生误动作，造成严重的伤害事故。因此，工业产品中这一设计十分必要。

U2的第11引脚是锁存端，当该引脚为1时，锁存器开启，输出引脚的电平与输入引脚的电平一致；当该引脚为0时，锁存器关闭，输入引脚的电平变化不影响输出电平的变化。U2的

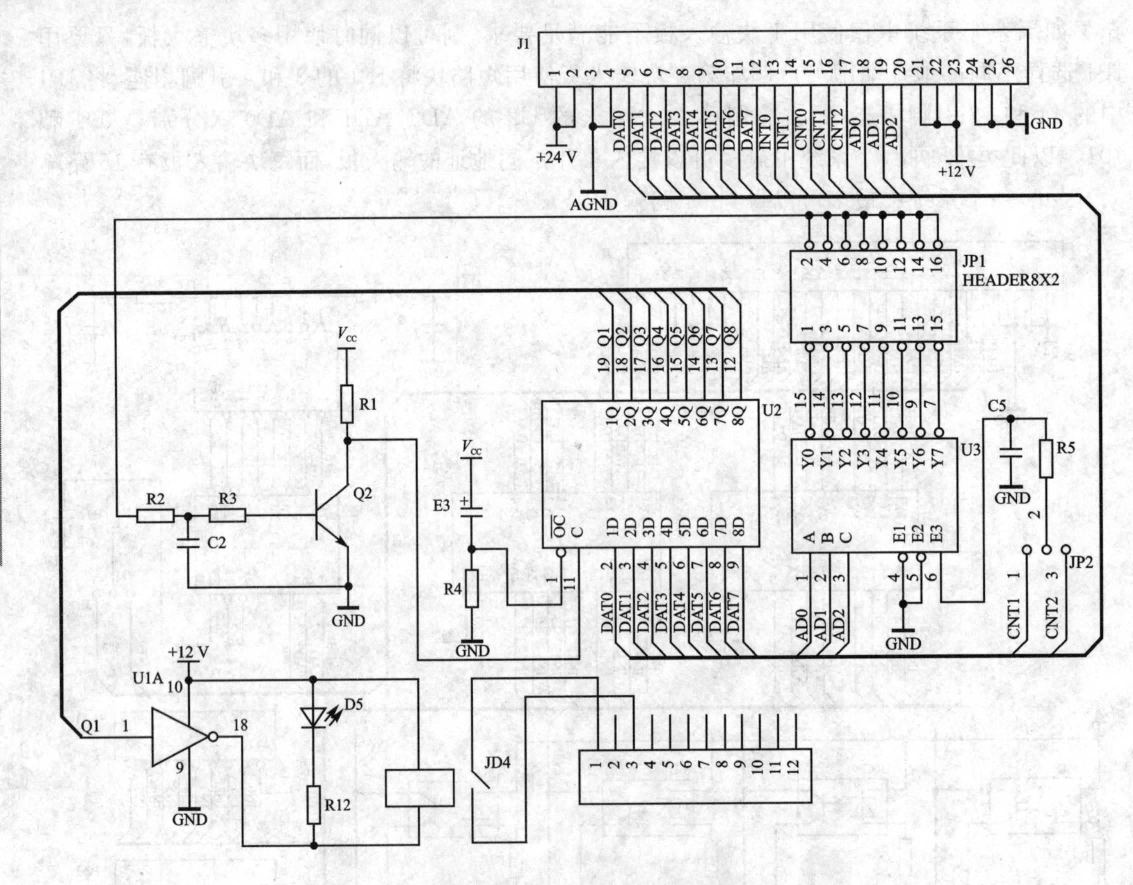

图 6-6　输出板的部分原理图

第 11 引脚上接有 Q2 组成的反相电路，当 Q2 的输入为 1 时，锁存器关闭；当 Q2 的输入为 0 时，锁存器开启。而 Q2 的基极接到 JP1 上，可以用短路子短接来选择接 74HC138 的 8 个输出端中的一个。74HC138 的 3 个地址端接 AD0、AD1 和 AD2，控制端 E1 和 E2 接地，E3 接 JP2，正常工作时，要求用短路子将 CNT1 与 E3 接通。

设某块输出板使用短路块将 1 和 2 相连，即 74HC138 的 Y0 端与 Q2 基极相连。则当 AD2、AD1 和 AD0 为 000 且 CNT1 为高电平时，Y0 输出为低电平，Q2 截止，U2 的 11 引脚为高电平，锁存器开启。虽然当 AD2、AD1 和 AD0 为 000 时，输入板上的 U4(74HC138)也可能导通，但只要 CNT0 为低电平，则输入板上的 U4 所有输出引脚均为高电平，所有 74HC244 的输出端均为高阻状态，不会影响控制板对总线的操作。

当系统中 1 块输出板不够使用时，可以扩展更多的输出板，只要它们的 JP1 中所插短路块位置各不相同即可。系统中最多可以并接 8 片不同地址的输出板，而每块输出板有 8 路输出，最多可以得到 64 路输出。

U1及其后的继电器、发光二极管显示等电路一共有8组，这里仅画了一组，其余各组都具有相同的结构，这里就不画了。

6.4 程序编写

前面介绍了使用单片机控制机械手的硬件部分，接下来介绍程序编写的方法。这里以C语言为例来介绍，但文中介绍的编程思路适用于任何编程语言。

6.4.1 控制板与控制对象的关系

系统中有一块输入板和两块输出板，输入板上的两组输入地址分别为000B和100B，共16路输入；输出板的地址分别为000B和001B，共16路输出。

第1块输出板（地址：000B）用于控制阀门和继电器，输入板中的第1组（地址：000B）用于接各种传感器的输入。表6-1所列是输入板第1组各位与对应的传感器、第1块输出板各位与对应阀门和开关之间的关系。图6-7所示是控制机械手各部位的气阀，可以看见阀两侧的电磁线圈，其中的1Y1、1Y2等为制造者给电磁线圈的编号。

图6-7 气 阀

表6-1 输入板第1组和第1块输出版与其控制对象的关系

位	0	1	2	3	4	5	6
输 入	1B1	1B2	2B1	2B2	3B2	4B1	4B2
输入定义	X00	X01	X02	X03	X04	X05	X06
输 出	1Y1	1Y2	2Y1	2Y2	3Y1	3Y2	4Y1
输出定义	Y00	Y01	Y02	Y03	Y04	Y05	Y06

说明:以下3组阀为乒乓式,即一个阀有两个线圈,当其中一个通电时,另一个必须断电。

1Y1:回转臂逆时针转(到位后1B1有效); 1Y2:回转臂顺时针转(到位后1B2有效);

2Y1:纵臂向后收起(到位后2B1有效); 2Y2:纵臂向前伸出(到位后2B2有效);

3Y1:夹爪松开(到位后3B1有效); 3Y2:夹爪夹紧。

以下的阀是开关式,只有一个电磁线圈,其通电和断电形成两种状态。

4Y1:竖臂向下(到位后4B2亮,断电后自动收回,到位后4B1亮)。

图6-1所示的控制面板由第2块输出板(地址:001B)来控制面板上的指示灯,输入板中的第2组(地址:100B)接受面板上的按钮输入。表6-2列出了它们之间的对应关系。

表6-2 输入板第2组和第2块输出版与其控制对象的关系

位	0	1	2	3	4	5	6
输 入	开始	复位	特殊	手/自	单/联	停止	上电成功
输入定义	X10	X11	X12	X13	X14	X15	X16
输 出	开始灯	复位灯					上电指示灯
输出定义	Y10	Y11					Y16

说明:输入按钮按下时,相应位为0,例如按下“开始”键,X10为0。

6.4.2 工作状态细分

经过对工作过程的分析,我们将系统的工作状态进行细分,共分成13种状态,在同一时刻只可能存在一种状态。表6-3给出了每一种状态下的输出,同时给出了一种状态向另一种状态转移的条件。

表6-3 控制状态转移表

状 态	输出状态	转移条件
S0	① Y00=1,Y01=0 回转臂顺时针到位 ② Y02=1,Y03=0 纵臂收回 ③ Y04=1,Y05=0 夹爪松开 ④ Y06=0 竖臂收起 ⑤“开始”灯闪(Y10控制)	S0→S1条件:按下“开始”按钮(X10=0)或“手/自”键处于“自”的位置(X13=0)
S1	①“开始”灯常亮 ② Y00=0,Y01=1 回转臂逆时针到位	S1→S2条件:X01=0
S2	Y02=0,Y03=1 纵臂向前	S2→S3条件:X03=0
S3	Y06=1,竖臂向下	S3→S4条件:X06=0
S4	Y04=0,Y05=1 夹爪闭合,开启延时	S4→S5条件:延时时间到

续表 6-3

状 态	输出状态	转移条件
S5	Y06=0,竖臂收起	S5→S6 条件:X01=0
S6	Y02=1,Y03=0 纵臂收回	S6→S7 条件:X02=0
S7	Y00=1,Y01=0 横臂顺时针到位	S7→S8 条件:X00=0
S8	Y02=0,Y03=1 纵臂向前	S8→S9 条件:X03=0
S9	Y06=1,竖臂向下	S9→S10 条件:X06=0
S10	Y04=1,Y05=0 夹爪松开	S10→S11 条件:X04=0
S11	Y06=0,竖臂收起	S11→S12 条件:X05=0
S12	Y02=1,Y03=0 纵臂收回	S12→S0 条件:X02=0

输出时,根据所选输出板确定地址,将地址信号送到 AD0、AD1 和 AD2 三根地址线上,然后将数据送到数据线上,最后将控制线 CNT1 置 1,这样,数据进入被选定输出板的 74HC573 锁存器并输出。数据送出后,将 CNT1 清 0,74HC573 锁存数据。

相应的程序如下:

```
⋮                               //送出地址信号
CNT1 = 1;                       //控制线变为高电平,允许输出
nop4;                           //延时,等待控制线上的电平稳定
DPORT = OutData;                //将待发送数据送到数据端口上
nop4;                           //延时,等待数据线上的电平稳定
CNT1 = 0;                       //控制线变为低电平,数据被锁存,数据线上数据的变化不再影响输出
```

读入数据时,必须先确定地址,将地址信号送到 AD0、AD1 和 AD2 三根地址线上,然后将 CNT0 置 1,选中相应的 74HC244 芯片,将外部的输入信号送到数据总线上。读取数据后,将 CNT0 清 0,使 74HC244 的输出为高阻状态,输入端的状态不会对数据总线产生影响。

相应的程序如下:

```
⋮                               //送出地址信号
CNT0 = 1;                       //开启输入板
nop4;
ReadData = DPORT;               //读端口数据
nop4;
CNT0 = 0;                       //关闭输入板
return(ReadData);
⋮
```

6.4.3 控制程序分析

在得到上述控制信号及相应的状态表之后,就可以着手编写程序了。以下是源程序,其中前面部分均为一些定义和公用程序,如输入、输出程序,定时器等。这些程序是通用的,只要是用这块控制板,就都可以使用。对于机械手控制的特定程序实际只在主程序中从描述流程转换开始,到集中输出结束为止。由此可以看出,只要得到待完成任务的流程图,程序就很容易编写。

```
#include "reg52.h"
#include "intrins.h"
#define uchar unsigned char

//以下是外接显示器引脚位设置
sbit    Clk = P2^7;                    //显示的时钟线
sbit    Dat = P2^6;                    //显示的数据线
//以下是总线定义
sbit     Int0 = P3^2;
sbit    CNT0 = P2^3;                   //输入板控制
sbit    CNT1 = P2^4;                   //输出板控制
sbit    CNT2 = P2^5;                   //扩展板控制
sbit    AD0 = P2^0;
sbit    AD1 = P2^1;
sbit    AD2 = P2^2;                    //地址定义
#define DPORT P0                       //数据端口
#define nop4 _nop_();_nop_();_nop_();_nop_()
#define uchar unsigned char
uchar bdata OutDat1,OutDat2,InDat1 = 0xff,InDat2 = 0xff;
//输出各位定义
sbit    Y00 = OutDat1^0;
sbit    Y01 = OutDat1^1;
sbit    Y02 = OutDat1^2;
sbit    Y03 = OutDat1^3;
sbit    Y04 = OutDat1^4;
sbit    Y05 = OutDat1^5;
sbit    Y06 = OutDat1^6;
sbit    Y07 = OutDat1^7;
sbit    Y10 = OutDat2^0;
sbit    Y11 = OutDat2^1;
sbit    Y12 = OutDat2^2;
```

```
sbit    Y13 = OutDat2^3;
sbit    Y14 = OutDat2^4;
sbit    Y15 = OutDat2^5;
sbit    Y16 = OutDat2^6;
sbit    Y17 = OutDat2^7;
//输入各位的定义
sbit    X00 = InDat1^0;
sbit    X01 = InDat1^1;
sbit    X02 = InDat1^2;
sbit    X03 = InDat1^3;
sbit    X04 = InDat1^4;
sbit    X05 = InDat1^5;
sbit    X06 = InDat1^6;
sbit    X07 = InDat1^7;
sbit    X10 = InDat2^0;
sbit    X11 = InDat2^1;
sbit    X12 = InDat2^2;
sbit    X13 = InDat2^3;
sbit    X14 = InDat2^4;
sbit    X15 = InDat2^5;
sbit    X16 = InDat2^6;
sbit    X17 = InDat2^7;

uchar  C100ms,C1s;
bit     b100ms,b1s;
//以下定义 10ms 计数器、100ms 计数器和 1s 计数器
bit   T1i,T1o;                        //定时器 T1 的线包、触点
uchar T1Num;                          //定时器 T1 的预置常数
uchar iTNum = 2;                      //用于输入延时的计数器
/********************************************************************
函数功能:定时器 1 中断处理程序
入口参数:无
返    回:无
备    注:无
********************************************************************/
void Timer1() interrupt 3
{
    TH1 = (65536 - 5000)/256;
    TL1 = (65536 - 5000) % 256;       //重置定时初值 5ms
```

```
    if(b1s)
        b1s = 0;
    if(b100ms)
        b100ms = 0;
        if(iTNum>0)
            iTNum--;
        if(++C100ms == 20)                //100ms时间到
        {   C100ms = 0;
            C1s++;
        b100ms = 1;
        }
    if(c1s == 10)                         //1s时间到
    {     b1s = 1;
    }
        if(T1i)
        {   if(b100ms)
            {   T1Num--;
                if(T1Num == 0)
                    T1o = 1;
            }
            else
                T1Num = 0;
        }
    }
```

定时中断的流程如图6-8所示。其中的iTnum变量用于对输入端数据进行数字滤波，其值在主程序中设定，根据不同应用场合，可以设定该时间为5ms的倍数。

这里还有一个要重点介绍的功能，就是软件定时器的使用。

在很多程序中往往需要使用定时、延时等功能，通常延时功能可以使用无限循环方式。但是采用无限循环方式有个问题，就是一旦进入这个循环当中，CPU就不能再做其他工作（中断处理程序除外），一直要等到循环结束，才能做其他工作，这往往难以满足实际工作需要。为此，可以使用定时器来实现"并行"工作。但是一般80C51芯片中仅有2个或3个定时器，不够使用，故作者在编程中经常使用软件定时器来完成延时、定时等工作。

很多应用中对于定时器的定时精度要求并不很高，只需要10ms、100ms甚至1s就可以，这样就便于扩展软件定时器。本程序借鉴PLC定时器的用法，分别定义了软件定时器的线包（T1i）、定时器的输出触点（T1o）和定时时间设定变量（T1Num）。在需要使用这些软件定时器时，只需要让线包（T1i）接通即置为1，并设定需要定时的时间值。以100ms精度的定时器为例，设定值为0.1s的倍数，如设定为10则定时时间为1s。随后在程序中不断检测T1o，如

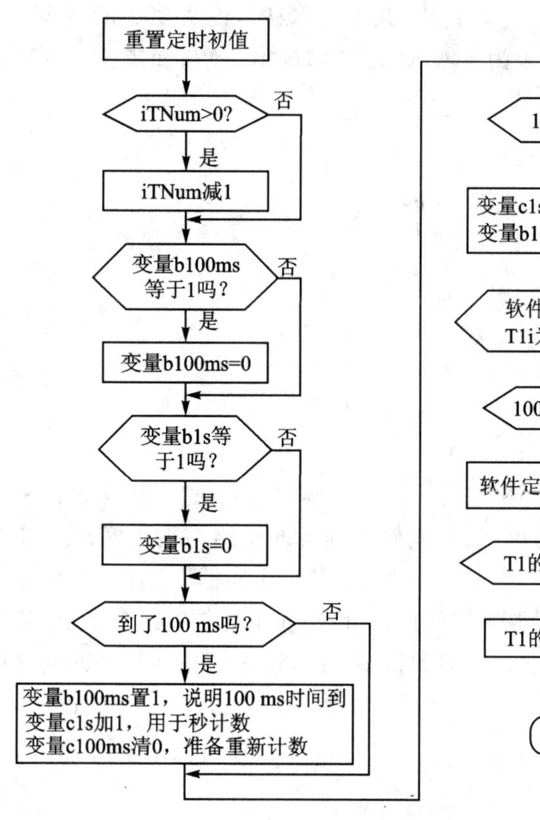

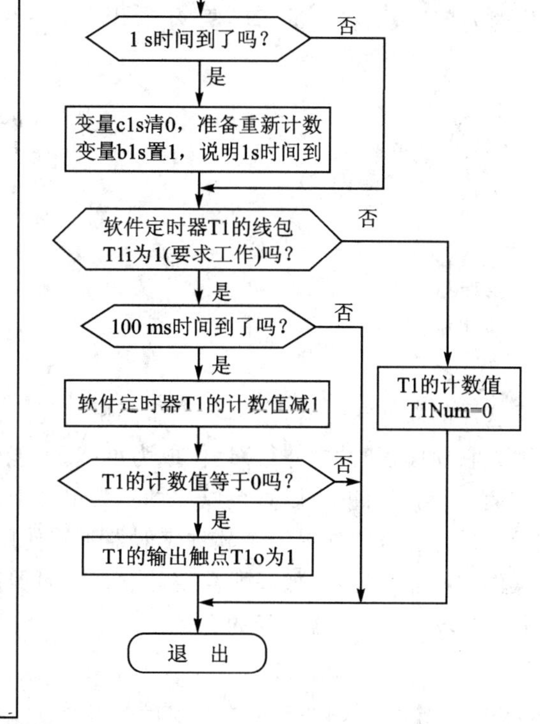

图6-8　定时中断流程图

果T1o为0,说明定时时间未到;如果T1o为1,则说明定时时间已到。这段代码在第5章已有示例,但未作详细说明,以下是这段代码及其说明:

```
if(! T1i)
        {     T1i = 1;
            T1Num = 10;              //延时1s
        }
if(T1o)
{
⋮                                    //这里放需要完成的工作
}
```

上面的程序行是使用软件定时器的代码,有关软件定时器的代码在定时器T1中实现。位变量T1i和T1o、无符号字节型变量T1Num是全局变量,用以在调用软件定时器的函数和软件定时器处理函数之间进行数据传递。变量C100ms用做计数器,由于这里定时器T1每

5 ms产生一次中断,因此当变量C100ms从0计到19共20个数时,说明100 ms时间到,设定变量b100ms为1。判断T1i是否为1,如果为1,则使变量T1Num减1;如果变量T1Num为0,说明定时时间到,则将变量T1o置为1,代码如下。

```
if(T1i)
{    if(b100ms)
     {    T1Num--;
          if(T1Num==0)
               T1o=1;
     }
     else
     T1Num=0;
}
```


有了这样的软件定时器,基本不再需要采用无限循环的延时方式,这会给编程带来很大的方便。因为它使编程时的“并行”运作成为可能,也能使编程者的思路与生产实践更接近。如第5章的例子,编程时就可以直接以“时间”为单位来进行思考,而不是将“时间”转化为一个内部计数量来进行思考。如果一个软件定时器不够使用,可以很简单地扩展出第2个、第3个…第n个软件定时器。当然,如果所需要的软件定时器很多,还可以采用一些其他的编程技巧来缩短代码,减少软件定时器本身的开销。

```
/*********************************************************************
函数功能:将输出映像中的数据送到端口
入口参数:OutData,待输出的数据;Addr,地址值
返    回:无
备    注:无
*********************************************************************/
void OutPut(uchar OutData,uchar Addr)
  { if(Addr&0x01)              // Addr与0x01(00000001B)相“与”
      AD0 = 1;                 //Addr的D0位是1
    else
      AD0 = 0;                 //Addr的D0位是0
    if(Addr&0x02)              //Addr与0x02(00000010B)相“与”
      AD1 = 1;                 //Addr的D1位是1
    else
      AD1 = 0;                 //Addr的D1位是0
    if(Addr&0x04)              //Addr与0x04(00000100B)相“与”
      AD2 = 1;                 //Addr的D2位是1
    else
      AD2 = 0;                 //Addr的D2位是0
```

```
    CNT1 = 1;                    //开启控制端
    nop4;                        //短暂延时
    DPORT = OutData;             //将数据送到数据端口
    nop4;                        //短暂延时
    CNT1 = 0;                    //关闭控制端
}
```

输出函数的流程图如图6-9所示。该函数有两个参数,OutData和Addr。其中Addr参数是待输出的地址端,用以控制某块输出板的地址端。程序中根据Addr的值来设置3根地址线AD0、AD1和AD2,然后开启控制端,经过短暂延时后,将参数OutData送往DPORT(即P0口)。随后再次短暂延时后,关闭控制端。编写这类程序时一定要注意,控制信号送出后,随后马上关闭控制端。


```
/**************************************************************
函数功能:读取输入端口的数据
入口参数:待读取数据的地址
返    回:读取到的数据
备    注:无
**************************************************************/
uchar InPut(uchar Addr)
{   uchar ReadData;
    DPORT = 0xff;
    if(Addr&0x01)              // Addr与0x01(00000001B)相“与”
      AD0 = 1;                 //Addr的D0位是1
    else
      AD0 = 0;                 //Addr的D0位是0
    if(Addr&0x02)              //Addr与0x02(00000010B)相“与”
      AD1 = 1;                 //Addr的D1位是1
    else
      AD1 = 0;                 //Addr的D1位是0
    if(Addr&0x04)              //Addr与0x04(00000100B)相“与”
      AD2 = 1;                 //Addr的D2位是1
    else
      AD2 = 0;                 //Addr的D2位是0
      nop4;                    //短暂延时
    CNT0 = 1;                  //开启输入板控制端
      nop4;                    //短暂延时
    ReadData = DPORT;          //读端口数据
      nop4;                    //短暂延时
    CNT0 = 0;                  //关闭输入板控制端
    return(ReadData);          //返回读到的数据
}
```

图 6-10 是输入程序的流程图。程序首先根据参数 Addr 的值来设置 AD2、AD1 和 AD0 的电平高低，以选中所需要的输入端。其次经短暂延时后，让控制引脚 CNT0 为 1，开启此输入端。最后再次短暂延时后，将端口 DPROT(即 P0 口)的值读入，随后延时并关闭控制引脚 CNT0。

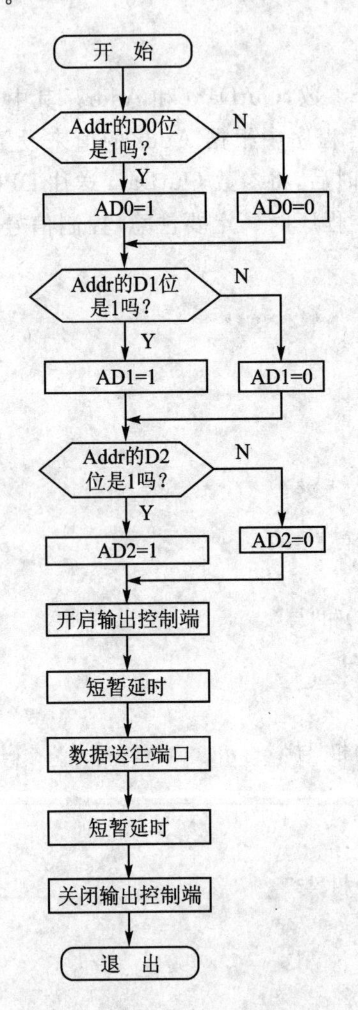

图 6-9 输出程序流程图

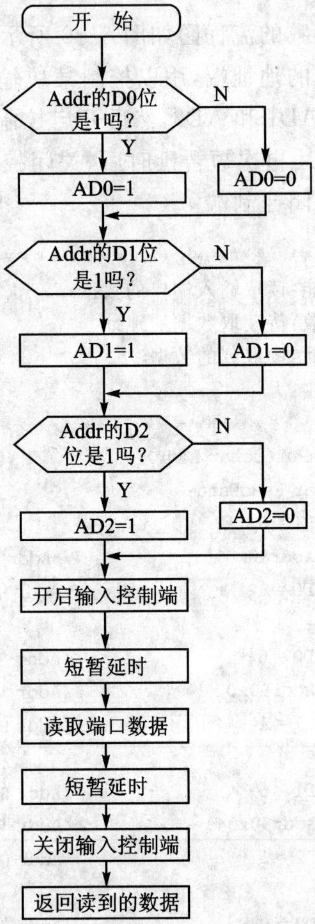

图 6-10 输入程序的流程图

```
void main()
{   bit Flash = 0;                              //控制灯闪烁
    uchar Status = 0;
    uchar tmp;
    static uchar InDat10,InDat20;               //用以保存读到的数据
    TMOD = 0x10;
```

```
TH1 = (65536 - 5000)/256;
TL1 = (65536 - 5000) % 256;
EA = 1;                                  //开总中断
ET1 = 1;                                 //T1 中断允许
TR1 = 1;                                 //定时器 T1 开始运行
AD0 = 0;
AD1 = 0;
AD2 = 0;
CNT0 = 0;
CNT1 = 0;
CNT2 = 0;
for(;;)
{
    /*第1次读取输入状态的数据后,延时5～10ms(取决于 iTNum 的值),再读第2次,如果两次
    数据相同,则赋给 InDat1、InDat2,否则延时后再读,直到两次读到的数据相同*/
    if(iTNum == 0)
    {   tmp = InPut(0);                  //读取第1块输入板的第1组状态
        if(InDat10 == tmp)
            InDat1 = tmp;
        else
            InDat10 = tmp;
        tmp = InPut(4);                  //读取第1块输入板的第2组状态
        if(InDat20 == tmp)
            InDat2 = tmp;
        else
            InDat20 = tmp;
        iTNum = 2;                       //设置读的间隔
    }
    if((!X10||!X13)&&!X00&&!X02&&!X04&&!X05&&(Status == 0))
    //按下"开始"钮或"手/自"处于"自"位置
    {    Status = 1;
        Send(Status,InDat1);
    }
    else if(!X01&&(Status == 1))         //X01 = 0,1B2 有效,即横臂向右到底
        Status = 2;
    else if(!X03&&(Status == 2))         //X03 = 0,2B2 有效,即纵臂向前到位
        Status = 3;
    else if(!X06&&(Status == 3))         //X06 = 0,4B2 有效,即竖臂向下到位
        Status = 4;
```

```
    else if(T1o&&(Status == 4))           //按下"特殊"按钮或处于"自动"位置
        Status = 5;
    else if(! X05&&(Status == 5))         //X05 = 0,4B1 有效,即竖臂向上到位
        Status = 6;
    else if(! X02&&(Status == 6))         //X02 = 0,2B1 有效,即纵臂收缩到位
        Status = 7;
    else if(! X00&&(Status == 7))         //X00 = 0,1B1 有效,即横臂向左到位
        Status = 8;
    else if(! X03&&(Status == 8))         //X03 = 0,2B2 有效,即纵臂向前到位
        Status = 9;
    else if(! X06&&(Status == 9))         //X06 = 0,4B2 有效,即竖臂向下到位
        Status = 10;
    else if(! X04&&(Status == 10))        //X04 = 0,3B1 有效,即夹爪松开有效
        Status = 11;
    else if(! X05&&(Status == 11))        //x05 = 0,4B1 有效,即竖臂向上到位
        Status = 12;
   else if(Status == 12)
       Status = 0;
    //以下统一进行输出
    switch(Status)
    {   case 0:                            //状态为 0,"开始"灯闪
        {   Y11 = 0;                       //"复位"灯灭
            Y00 = 1;
            Y01 = 0;                       //横臂向左到位
            Y02 = 1;
            Y03 = 0;                       //纵臂收回
            Y04 = 1;
            Y05 = 0;                       //夹爪松开
            Y06 = 0;                       //竖臂收起
            if(b1s&&(! Flash))
            {   Y10 = ! KG- * 3Y10;
                Flash = 1;
            }
            if(! b1s)
                Flash = 0;
            break;
        }
        case 1:                            //Status = 1
        {   Y10 = 1;                       //"开始"灯灭
```

```
        Y11 = 0;                    //"复位"灯灭
        Y00 = 0;
        Y01 = 1;                    //横臂向右到位
        break;
    }
    case 2:
    {   Y02 = 0;
        Y03 = 1;                    //纵臂向前
        break;
    }
    case 3:
    {   Y06 = 1;                    //竖臂向下
        break;
    }
    case 4:
    {
        Y04 = 0;
        Y05 = 1;
        if(! T1i)
        {   T1i = 1;
            T1Num = 10;             //延时1s,在设置开始运行后,此数不能再变
        }
        break;
    }
    case 5:
    {
        Y06 = 0;                    //竖臂收起
        T1i = 0;
        T1o = 0;
        break;
    }
    case 6:
    {   Y02 = 1;
        Y03 = 0;                    //纵臂收回
        break;
    }
    case 7:
    {
        Y00 = 1;
```

```
            Y01 = 0;                    //横臂向左到位
            break;
        }
        case 8:
        {
            Y02 = 0;
            Y03 = 1;                    //纵臂向前
            break;
        }
        case 9:
        {   Y06 = 1;                    //竖臂向下
            break;
        }
        case 10:
        {   Y04 = 1;
            Y05 = 0;                    //夹爪松开
            break;
        }
        case 11:
        {
            Y06 = 0;                    //竖臂收起
            Y11 = 0;
            break;
        }
        case 12:
        {   Y02 = 1;
            Y03 = 0;                    //纵臂收回
            break;
        }
        default:
            break;
    }
    OutPut(OutDat1,0);
    OutPut(OutDat2,1);
  }
}
```

【程序分析】

主程序采用了状态转移法来编写，其流程图如图6-11所示。程序的整个工作流程是：

① 读取输入板，集中采集各传感器、按钮的信息。

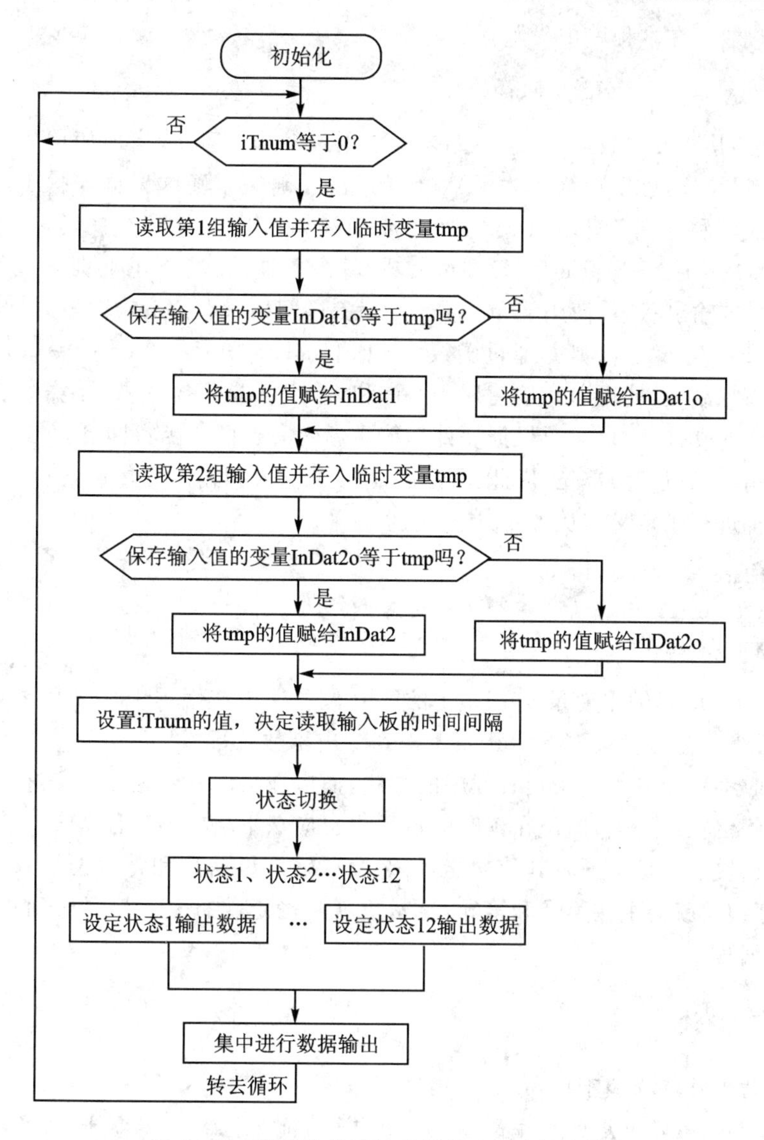

图 6-11　用状态转移法编写的主程序流程图

② 根据当前的状态号及传感、按钮信息决定状态号是否改变。每次状态只能转移到其邻近的状态，如只能从状态 3 转移到状态 4，而不能越过状态 4 直接转移到状态 5；也不可以逆向转移，如不可以由状态 4 转移到状态 3。

③ 根据状态号确定输出数据。

④ 统一进行输出。

其中第①步是通过 InPut(uchar Addr)函数来完成，唯一需要变化的是在主程序中设置读入时的滤波常数。在本程序中设置：

```
iTNum = 2;              //设置读的间隔
```

对这个应用来说，其滤波常数为10ms。如果现场干扰较为严重，或者所使用的传感器机械特性较软，抖动时间较长，可以适当加大iTNum的值，以确保正确读出输入状态。第②步是根据表6-3中的“转移条件”使用if语句来完成。例如由状态1到2的转移通过“else if(!X01&&(Status==1)) Status=2;”即可完成，其余各种状态的转移也是如此。第③步则是通过表6-3中的“输出状态”使用switch语句来完成，例如状态7下的输出为“case 7:{Y00=1;Y01=0;break;}”。第④步则是通过函数OutPut(uchar OutData,uchar Addr)来完成。

只要使用该控制板，就可以直接使用Input和OutPut这两个函数，不需要自行编写。如果用在自己设计的硬件上，也只要根据硬件功能重新编写这两个函数即可。

这里的控制均以“位”为单位，因此，程序在定义了输入和输出变量后，使用sbit对每一个输入和输出位都进行了定义。例如：

```
uchar    bdata    OutDat1  …;
sbit     Y00 = OutDat1^0;           //定义输出位
sbit     X00 = InDat1^0;            //定义输入位
```

定义输出位Y00是输出变量OutDat1的第0位。这样在编程中可以直接对位进行设置和清零，而最后统一输出时只要将OutDat1送到输出函数就行了。

所有的延时都不能采用调用延时程序的方法，而应该采用软件定时器来进行定时，因为程序不允许一直停留在某一点，即便在延时的过程中也应该不断检测各种状态。

如果使用这块工控板来开发其他功能，那么读取输入板信息和将数据写入输出板的函数是通用的，程序编写就集中在第②和第③步上，也就是确定状态表。只要得到了状态表，那么程序就很容易编写。

思考与实践

设机械手的工作流程如下所描述，请编写程序实现。

1. 开机后各机械臂回复原始位置，图6-1中所示的“开始”灯以5Hz频率闪烁。

2. 按下“开始”按钮后回转臂逆时针回转，回转到位后纵臂向前伸出，前伸到位后竖臂向下，向下到位后夹爪闭合，延时0.5s；延时时间到后，竖臂上升收回，收回到位后纵臂退回，退回到位后回转臂顺时针回转，回转到位后纵臂前伸，前伸到位后竖臂向下，向下到位后夹爪松开；夹爪松开到位后竖臂收起，收起到位后纵臂退回。

3. 纵臂收回到位后，转第2步继续，计数1次。如此循环，当计数3次以后，回到第1步等待。

第7章

使用单片机控制加工站

第6章介绍了使用单片机工业控制板对机械手进行控制的方法，本章继续介绍利用该控制板控制加工站的方法，以进一步加深对控制板的了解，同时，也进一步加深对状态转移法的理解。

7.1 加工过程描述

图7-1所示是加工站工作台结构图，从图中可以看到，它由工作底盘、转具、攻丝头、检测头组成。在工作底盘下方安装有两个传感器，其中一个是颜色传感器，用以感知被加工工件是黑色还是白色。这个传感器在本章的介绍中没有被用到，这里不再作介绍。另一个是定位传感器，这是一个霍尔传感器。在底盘的4个工作位置的下方装有4个条形磁铁，旋转到位后即输出低电平信号。除此之外，每个气缸的两端都自带有传感器，当活塞运动到气缸的两端时会给出相应的到位信号。

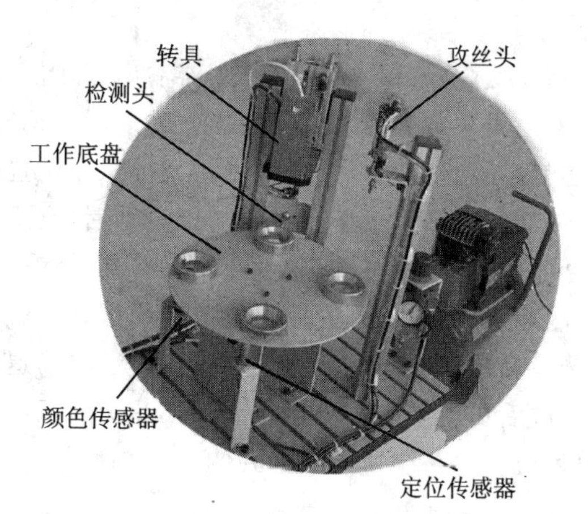

图7-1 加工站工作台结构图

工作底盘的动作是旋转，共有4个工位。转具有两个动作，一个是在气缸的带动下上升和下降；另一个是转具中的电机旋转。攻丝头用气缸模拟，仅有上升和下降两个动作。检测头用气缸模拟，仅有伸出和退回两个动作。

图 7-2 是控制面板的结构图。

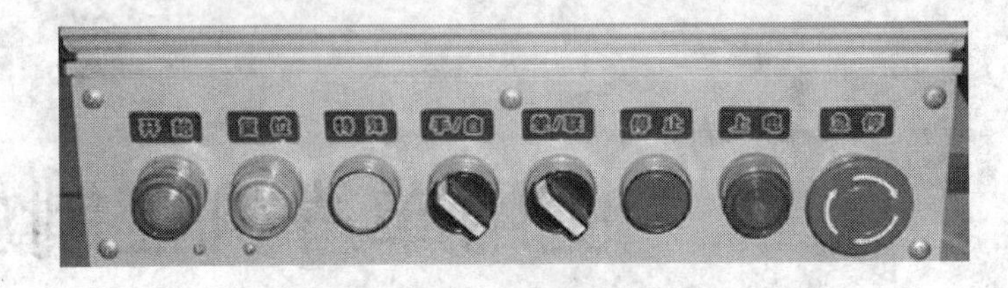

图 7-2　控制面板结构图

加工站的运行过程如下：

① 上电后控制面板上的“开始”灯闪烁。

② 按下“开始”按钮，工作底盘转动，此时，如果“手/自”按钮处于“手”的位置，到下一个工作位置后即停止，“复位”灯闪烁。

③ 按下“特殊”按钮，工作底盘再次转动，到位后停止，延时 1s 等待工作台平稳。延时时间到后，电机开始旋转，动力头下降，攻丝头下降。

④ 转具和攻丝头都下降到位后，电机停转，转具上升，攻丝头上升，检测头升出。

⑤ 检测头到位后延时 0.5s 退回。当检测头回退到位，且转具、攻丝头回复到位后，“复位”灯闪烁。

⑥ 转③继续。

如果在第②步中，“手/自”按钮处于“自”的位置，则没有“复位”灯闪烁的过程，不需要按“特殊”按钮即可循环进行。

在各步运行中，有一些要注意的事项，如定位传感器输出有效信号后不能立即停止工作底盘的旋转，而应延时 0.5s 再停止。这是因为工作底盘上的条形磁钢并非直接安装在加工位置之下，而是安装在加工位之前。因此，检测到传感器信号时，工作位置还未到位，必须再延时一段时间再停止工作底盘的转动。在停止工作底盘的电机转动后，也不能立即启动加工过程，而应延时 1s 待底盘平稳后再动作，这样才符合工业生产中的实际情况。这里所说的 0.5s、1s 等参数均应该能在程序中方便地进行修改，以便在工业现场调试。

在启动加工过程中，转具和攻丝头同时启动，但转具到位较慢，退回也慢，而攻丝头则动作较快，应该在两者均退回到位后再启动下一步动作。诸如此类的问题在编程时必须加以考虑，此类问题也正是一般的单片机训练系统所无法遇到的。

7.2　硬件电路

关于该控制板硬件电路可参考第 6 章，这里不再重复，图 7-3 是组合在一起的工业控制电路板结构图。

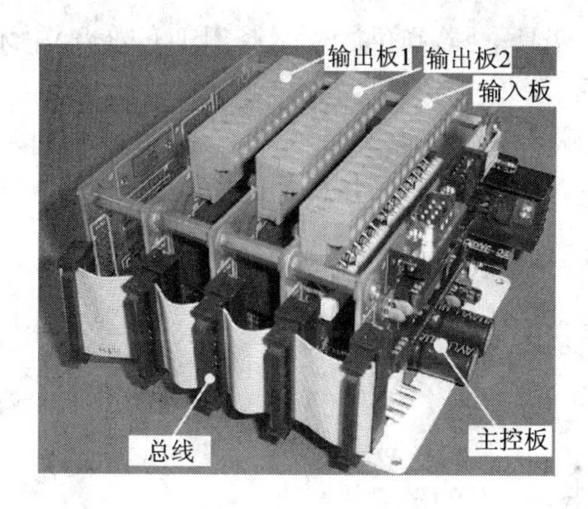

图7-3 组合在一起的工业控制电路板结构图

7.3 控制对象分析

如图7-3所示的系统中有一块输入板和两块输出板，输入板上的两组输入地址分别为000B和100B，共16路输入；输出板的地址分别为000B和001B，共16路输出。

7.3.1 控制板与控制对象的关系

第1块输出板(地址:000B)用于控制阀门和继电器，输入板中的第1组(地址:000B)用于接各种传感器的输入。表7-1所列是第1块输入板各位与对应的传感器，第1块输出板各位与对应阀门、开关之间的关系。

表7-1 输入板第1组和第1块输出版与其控制对象的关系

位	7	6	5	4	3	2	1	0
输入控制编号	3B2	3B1	2B2	2B1	1B2	1B1	B2	B1
输入端口	X07	X06	X05	X04	X03	X02	X01	X00
输出控制编号				3Y1	2Y1	1Y1	K2	K1
输出端口	Y07	Y06	Y05	Y04	Y03	Y02	Y01	Y00

关于编号的说明如下：

1. 输出部分

K1： 圆盘转动继电器，由Y00控制。

K2： 转具中的电机旋转，模拟打孔加工，由Y01控制。

1Y1：转具升降，由 Y02 控制。

1Y1 有输出时，转具下降，到位后传感器 1B1 有效；1Y1 无输出时，转具上升，到位后 1B2 传感器有效。

2Y1：攻丝头升降控制。

2Y1 有输出时，攻丝头下降，到位后传感器 2B2 有效；2Y1 无输出时，攻丝头上升，到位后传感器 2B1 有效。

3Y1：探测头控制。

3Y1 有输出时，探头前伸，到位后 3B2 有效；3Y1 无输出时，探测头退回，到位后传感器 3B1 有效。

2. 输入部分

B1： 颜色识别传感器，由 X00 输入。

B2： 位置识别传感器，由 X01 输入。

1B1：转具低位传感器，由 X02 输入。

1B2：转具高位传感器，由 X03 输入。

2B1：攻丝头高位传感器，由 X04 输入。

2B2：攻丝头低位传感器，由 X05 输入。

3B1：探测头后位传感器，由 X06 输入。

3B2：探测头前位传感器，由 X07 输入。

第 2 块输出板(地址:001B)用于控制图 7-2 所示面板上的灯；输入板中的第 2 组(地址:100B)用于接受图 7-2 所列面板上的按钮输入。表 7-2 所列是它们之间的对应关系。

表 7-2 输入板第 2 组和第 2 块输出版与其控制对象的关系

位	7	6	5	4	3	2	1	0
功 能			停止	单/联	手/自	特殊	复位	开始
定 义			X15	X14	X13	X12	X11	X10
功 能		上电指示灯					复位灯	开始灯
定 义		Y16					Y11	Y10

说明：输入按钮按下时，相应位为 0，例如按下“开始”键，X10 为 0。

7.3.2 工作状态细分

在对工作程序分析后，将系统的工作状态再次进行细分，共分成 13 种状态，在同一时刻只可能存在一种状态。表 7-3 列出了每一种状态下的输出，同时列出了一种状态向另一种状态转移的条件。

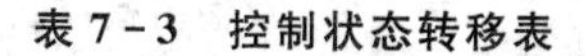

表7-3 控制状态转移表

状 态	输出状态	转移条件
S0	电机停止(Y01=0),转具上升(Y02=0),攻丝头上升(Y03=0),探测头收回(Y04=0)	S0→S1 条件:按下“开始”按钮,X10=0
S1	盘转动(Y00=1)	S1→S2 条件:X01=0
S2	开启延时	S2→S3 条件:延时 0.5s 时间到
S3	盘停止转动	S3→S4 条件:转具到顶,X02=0;攻丝头到顶,X04=0;探测头复原,X06=0
S4	复位闪烁(Y11 控制)	S4→S5 条件:按下“特殊”按钮,X12=0;或按下“手/自动”开关,置于“自”的位置,X13=0
S5	盘转动(Y00=1)	S5→S6 条件:X01=0
S6	开启延时 0.5s	S6→S7 条件:延时 0.5s 时间到
S7	盘停止转动(Y00=0),开启延时 1s	S7→S8 条件:延时 1s 时间到
S8	转具下降(Y02=1),攻丝头下降(Y03=1)	S8→S9 条件:转具到底,X03=0;攻丝头到底,X05=0
S9	转具上升(Y02=0),攻丝头上升(Y03=0),探测头伸出(Y03=1)	S9→S10 条件:X07=0
S10	开启延时	S10→S11 条件:延时 0.5s 时间到
S11	探测头收回(Y03=0)	S11→S12 条件:X06=0,X02=0,X04=0
S12	开启延时	S12→S4 条件:延时时间到

7.4 控制程序

在得到相应的状态表之后,就可以着手编写程序了。以下是源程序,其中前面部分为一些定义和公用程序,如输入、输出程序,定时器等。这些程序是通用的,只要用这块控制板,就都可以使用。这一加工站的特定程序实际只在主程序中从描述流程转换开始,到集中输出结束为止。

```
#include "reg51.h"
#include "intrins.h"
#define uchar unsigned char

/* 以下是根据硬件电路定义的有关引脚 */
sbit    Int0 = P3^2;                    //中断请求引脚(这里用不到,但定义仍放在程序中)
sbit    CNT0 = P2^3;                    //输入板控制
```

```
sbit    CNT1 = P2^4;                              //输出板控制
sbit    CNT2 = P2^5;                              //扩展板控制(这里用不到,但定义仍放在程序中)
sbit    AD0 = P2^0;
sbit    AD1 = P2^1;
sbit    AD2 = P2^2;                               //地址引脚定义
#define DPORT P0                                  //用以输入或者输出数据
#define nop4 _nop_();_nop_();_nop_();_nop_()
#define uchar unsigned char
uchar bdata OutDat1,OutDat2,InDat1,InDat2;        //定义输入输出变量
//输出各位定义,便于使用位变量进行操作
sbit    Y00 = OutDat1^0;
 ⋮                                                //参考第5章的例子

sbit    Y17 = OutDat2^7;
//输入各位的定义,便于使用位变量进行操作
sbit    X00 = InDat1^0;
 ⋮                                                //参考第5章的例子

sbit    X17 = InDat2^7;
//以下定义10ms计数器、100ms计数器和1s计数器
uchar C100ms,C1s;
bit b100ms,b1s;
bit T1i,T1o;                                      //定时器T1的线包、触点
uchar T1Num;                                      //定时器T1的预置常数
uchar iTNum;                                      //用于输入检测时用的延时计数器
void Timer1() interrupt 3
{
 ⋮
}
/***************************************************************************
函数功能:将输出映像中的数据送到端口
入口参数:OutData,待输出的数据;Addr,地址值
返    回:无
备    注:无
***************************************************************************/
void OutPut(uchar OutData,uchar Addr)
{
 ⋮                                                //与第6章例子相同
}
```

```
/**********************************************************************
函数功能:读取输入端口的数据
入口参数:待读取数据的地址
返    回:读取到的数据
备    注:无
**********************************************************************/
uchar InPut(uchar Addr)
{
:                                              //与第 5 章例子相同
}

void main()
{   bit Flash = 0;                             //控制灯闪
    uchar Status = 0;
    TMOD = 0x10;
    TH1 = (65536 - 5000)/256;
    TL1 = (65536 - 5000) % 256;
    EA = 1;                                    //开总中断
    ET1 = 1;                                   //T1 中断允许
    TR1 = 1;                                   //定时器 T1 开始运行
    for(;;)
    {   InDat1 = InPut(0);                     //读取第 1 块输入板的第 1 组状态
        InDat2 = InPut(4);                     //读取第 1 块输入板的第 2 组状态
        //流程切换,根据表 7-3 给出状态表来写
        if(! X10&&(Status == 0))               //流程状态在 0 时,如果 X10 为 0 (按钮按下)
            Status = 1;                        //切换到状态 1
        else if(! X01&&(Status == 1))          //如果状态在 1
            Status = 2;
        else if(T1o&&(Status == 2))            //软件定时器定时时间到
            Status = 3;
        else if(! X02&&! X04&&! X06&&(Status == 3))
            Status = 4;
        else if((! X12||! X13)&&(Status == 4)) //按下"特殊"按钮或处于"自动"位置
            Status = 5;
        else if(! X01&&(Status == 5))
            Status = 6;
        else if(T1o&&(Status == 6))
            Status = 7;
        else if(T1o&&(Status == 7))
```

```
    Status = 8;
else if(! X03&&! X05&&(Status = = 8))
    Status = 9;
else if(! X07&&(Status = = 9))
    Status = 10;
else if(T1o&&(Status = = 10))
    Status = 11;
else if(! X06&&! X04&&! X02&&(Status = = 11))
    Status = 12;
else if(T1o&&(Status = = 12))
    Status = 4;
//集中进行输出
switch(Status)
{   case 0:                                  //状态 0,"开始"灯闪
    {   Y11 = 0;                             //"复位"灯灭
        Y00 = 0;                             //盘转
        Y01 = 0;                             //电机停
        Y02 = 0;                             //转具上升
        Y03 = 0;                             //攻丝头上升
        if(b1s&&(! Flash))
        {   Y10 = ! Y10;
            Flash = 1;
        }
        if(! b1s)
            Flash = 0;
        break;
    }
    case 1:                                  //Status = 1
    {   Y10 = 0;                             //"开始"灯灭
        Y11 = 0;                             //"复位"灯灭
        Y00 = 1;                             //盘转
        Y01 = 0;                             //电机停
        Y02 = 0;                             //转具上升
        Y03 = 0;                             //攻丝头上升
        break;
    }
    case 2:
    {   if(! T1i)
            T1Num = 5;                       //延时 0.5s,在设置开始运行后,此数不能再变
```

```
        T1i = 1;
        break;
    }                                   //开启延时
    case 3:                             //Status = 2
    {   Y00 = 0;                        //盘停
        T1o = 0;                        //清除 T1 输出的触点
        T1i = 0;                        //清除 T1 输入触发条件
        break;
    }
    case 4:                             //“复位”灯闪烁(Y11 控制)
    {
        if(b1s&&(! Flash))
        {   Y11 = ! Y11;
            Flash = 1;
        }
        if(! b1s)
            Flash = 0;
        T1i = 0;
        T1o = 0;
        break;
    }
    case 5:
    {   Y00 = 1;                        //盘转
        Y11 = 0;
        break;
    }
    case 6:
    {   if(!T1i)
            T1Num = 5;                  //延时 0.5 s,在设置开始运行后,此数不能再变
        T1i = 1;
        break;
    }
    case 7:                             //Status = 3
    {
        Y00 = 0;                        //盘停
        Y11 = 0;
        T1o = 0;
        T1i = 1;
        if(! T1i)
```

```
            T1Num = 10;                    //延时 1s,在设置开始运行后,此数不能再变
        break;
    }
case 8:
    {
        Y01 = 1;                           //钻孔电机启动
        Y02 = 1;                           //钻具下降
        Y03 = 1;                           //攻丝头下降
        break;
    }
case 9:
    {   Y01 = 0;                           //电机停
        Y02 = 0;                           //转具上升
        Y03 = 0;                           //攻丝头上升
        Y04 = 1;                           //探测头伸出
        Y11 = 0;
        break;
    }
case 10:
    {   if(!T1i)
            T1Num = 5;                     //延时 0.5s,在设置开始运行后,此数不能再变
        T1i = 1;
        break;
    }
case 11:
    {   T1i = 0;
        T1o = 0;
        Y04 = 0;                           //探测头收回
        Y11 = 0;
        break;
    }
case 12:
    {   if(!T1i)
            T1Num = 5;                     //延时 0.5s,在设置开始运行后,此数不能再变
        T1i = 1;
        break;
    }
default:
        break;
```

```
            }
            OutPut(OutDat1,0);                //将数据 OutDat1 送到第 1 块输出板进行输出
            OutPut(OutDat2,1);                //将数据 OutDat2 送到第 2 块输出板进行输出
        }
    }
```

读者可以根据表 7-3 所描述的功能自己试着编写程序。如果不用状态转移法来编写,本系统功能看似简单,要写好还真不容易。使用了这种方法之后,如果需要修改系统功能,只要将待修改的状态列表即可顺利地修改程序。

第8章

通用显示器的开发

LED显示器是单片机开发中常用的显示设备，这里要设计的是一个通用显示器控制芯片，即类似于MAX7219、CH452等专用控制芯片的功能。通过这一设计，提供一些设计思路，让读者来完成它们，以提高自己的实际开发能力。

8.1 硬件电路

该芯片被设计成为两线制输入，即一根数据线和一根时钟线。当时钟线上出现下降沿时，数据线上的电平被读入芯片，高电平为1，低电平为0。当时钟线上出现8个连续的脉冲后，读入一个完整的字节。

如图8-1所示是通用显示器的硬件电路图。该电路使用一片AT89C2051作为控制器。U1是MAX810复位芯片。

由于本显示器通常与其他电路板配合使用，通常只能要求获得一个供电电压为5V且供电电流足够的电源。对于电压上升速率等无法提出要求，也无法预知在使用过程中是否会有频繁断电又快速上电的情况。

因此，本电路虽然是一个低成本的设计，但仍必须采用专用复位电路，常用的阻容复位电路无法满足要求。

如图8-2所示是使用这一控制芯片制作的专用显示器成品。该显示器可与第6、7章使用的工业控制板配套使用。

从图8-1可以看到，显示器使用4位共阳型LED数码管，位由P1口直接驱动，而段则由P3.1、P3.4、P3.5、P3.7通过PNP型三极管直接驱动。

INT0和INT1用来作为与外部通信的引脚。在每个引脚上对地接一个27pF的小电容，即图8-1中的C1和C2，并各通过一个数十Ω的电阻引出，电阻即图8-1中的R9和R10。C1和C2取27pF，R9和R10则取75Ω。这样的设计可以在一定程度上过滤掉在输入引脚上出现的噪波，增强抗干扰能力。但电阻和电容的值不能过大，否则会严重影响波形的边沿，使波形变差。

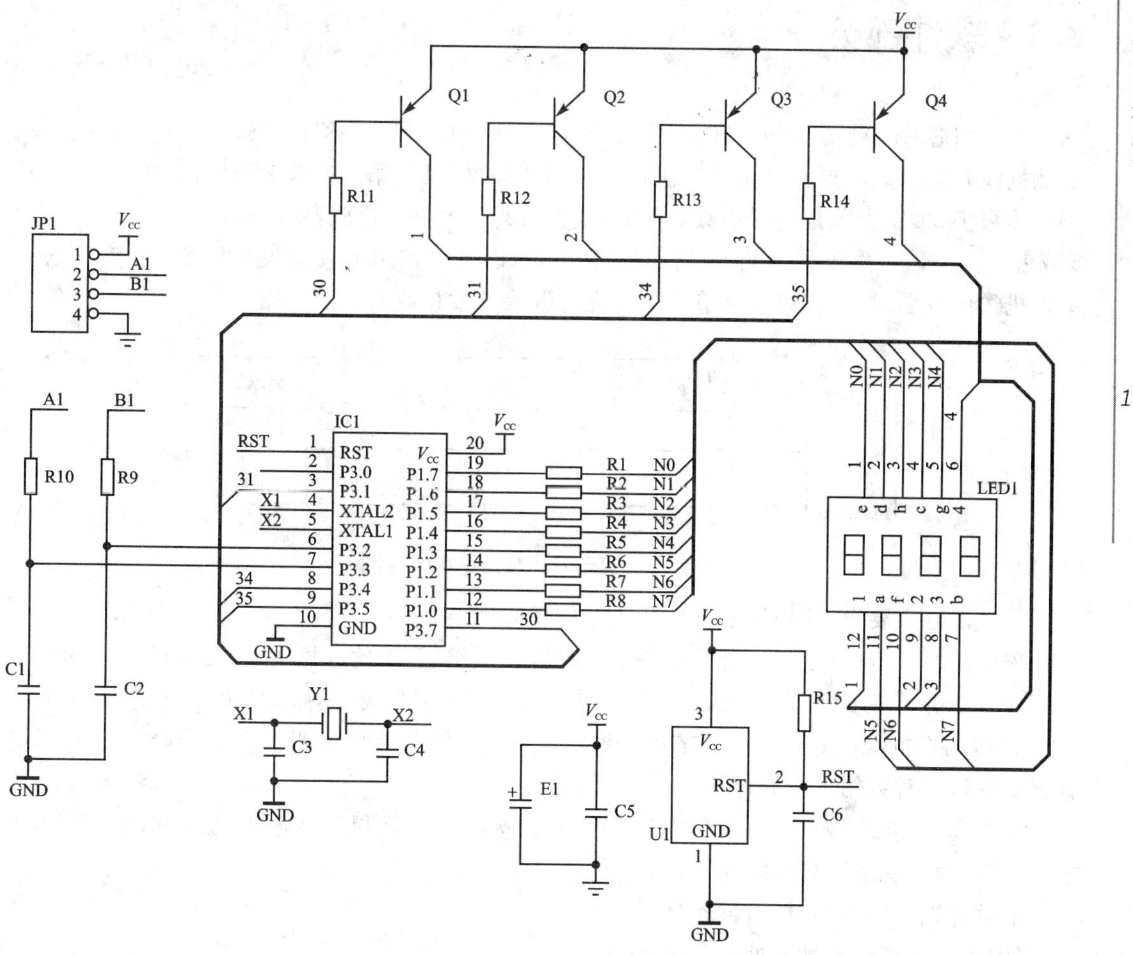

图 8-1　通用显示器的硬件电路图

图 8-2　制作好的显示器成品

8.2　软件部分

本专用芯片工作方式如图 8-3 所示，在同一系统中可以有多个显示芯片并接，与上位机的数据线和时钟线相连。上位机每次传送 4 字节数据，其中第 1 字节为识别码；第 2、3 字节是待显示数字；第 4 字节是显示小数点位数，其值可以是 0～3，分别表示：不显示小数点，显示 1、2 或者 3 位小数。由于设定了 1 字节的识别码，所以可以在两根数据线上并接多个专用芯片。上位机送出数据时，根据第 1 字节来决定究竟哪块芯片接收并显示数据。

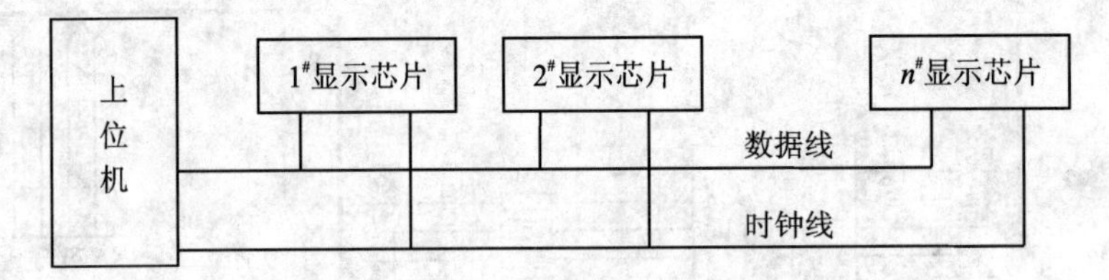

图 8-3　显示芯片与上位机的连接

软件部分主要由 LED 显示、通信、数据处理等部分组成。

该电路的 LED 显示部分与前面各章中的例子很类似，因此这里不对其进行详细分析。

通信部分采用的是双线制，即一根时钟线和一根数据线，其中 P3.2 所接为时钟线，而 P3.3 所接为数据线。每接收 4 字节的数据，将一个标志位置 1，说明本次数据接收有效，要求数据处理程序对数据进行处理。

当查询到接收有效标志后，数据处理程序从接收缓冲区提取接收到的数据，根据设计要求，将其处理好后送入显示缓冲区。

下面首先给出程序，然后再作分析。

【例 8-1】通信和数据处理程序

```
#include     "reg51.h"
typedef      unsigned char uchar;
typedef      unsigned int uint;
#define      Hidden 11                          //定义消隐码
#define      CmdDat 0                           //定义命令码
sbit         Clock = P3^3;                      //外部输入的时钟端
sbit         Data = P3^2;                       //外部输入的数据端

const        uint TimeOver = 800;               //定义一个超时值
uchar code DispCode[] = {0x28,0xee,0x32,0xa2,0xe4,0xa1,0x21,0xea,0x20,0xa0,0xff};
/*显示代码表*/
```

```
uchar code DispBit[] = {0x7f,0xfe,0xef,0xdf};     //位码表
uint     DispData = 0;                            //用来显示的值
uchar    DispBuf[4] = {0,0,0,0};                  //显示缓冲区
uchar    RecDatCount;                             //接收数据的计数器
uchar    bdata RecDat;                            //接收到的数据
sbit     RecDat0 = RecDat^0;
//定义接收数据的末位为 RecDat0,这要求 RecDat 位于 bdata 空间中
bit      renovate;
//更新数据的标志,为 1 时,说明已接收到完整的 4 字节,可以更新显示了
bit      ReciveMark = 1;
uchar    DotCnt = 1;                              //控制字,控制小数点的显示
uchar    MaskSing = 0;                            //控制字,确定究竟是否本机显示
bit      StartOverCount;                          //中断产生,置该位;如果收到 32 位数据,清该位
bit      RecEnd;                                  //如果收到 32 位数据,则 RecEnd = 1,通知主程序处理数据
uint     OverCount;
/* 超时计数器,当有接收中断发生时,就让这个计数器开始计数(每个 T0 中断计数一次。如果这个计
数器计到了 200 仍没有被清除,说明接收有误,由主程序清 RecDatCount */
/*****************************************************************************
函数功能:外部中断 1 中断处理程序,接收外部传入的数据并保存
参    数:无
返    回:无
备    注:无
*****************************************************************************/
void ReciveDate() interrupt 2                     //外部中断 1(int1)中断处理程序
{
    ReciveMark = 0;
    if(! StartOverCount)
        StartOverCount = 1;
    RecDatCount ++ ;
    RecDat = RecDat<<1;                           //上位机送来的数据高位在前
    if(Data)
        RecDat0 = 1;
    else
        RecDat0 = 0;
    if(RecDatCount == 8)                          //接收完第 1 个数据
    {     MaskSing = RecDat;
    }
    else if(RecDatCount == 16)
    {     if(MaskSing == CmdDat)                  //与预置命令码相同,数据是传送到本显示器的
```

```
            DispData = RecDat * 256;
    }
    else if(RecDatCount == 24)                      //第 2、3 个数据
    {     if(MaskSing == CmdDat)                    //与预置命令码相同
            DispData + = RecDat;
    }
    else if(RecDatCount == 32)                      //否则就是第 3 个数据,即控制位
    {     if(MaskSing == CmdDat)                    //与预置命令码相同
            DotCnt = RecDat;
        renovate = 1;
        RecDatCount = 0;
        StartOverCount = 0;                         //接收到 32 个字符,清标志
        OverCount = 0;                              //清超时计数器
        RecEnd = 1;                                 //设置接收结束标志
        RecDat = 0;
    }
}
/**********************************************************************
函数功能:定时器 T0 的中断处理程序,将显示缓冲区中的值显示在数码管上
参    数:无
返    回:无
备    注:小数点在这个程序中处理
**********************************************************************/
void Timer0() interrupt 1
{   uchar temp;
    static uchar Count;                             //用于统计当前正显示哪一位
    if(StartOverCount)                              //如果要求计数的标志是 1
        OverCount ++ ;                              //计数器加 1
    Count ++ ;
    if(Count == 4)
        Count = 0;
    P3| = 0xb1;                                     //关断前次显示
    temp = DispBit[Count];
    P3& = temp;                                     //开启当前显示位
    temp = DispBuf[Count];
    P1 = DispCode[temp];
    if(DotCnt == (4 - Count))
        P1& = 0xdf;                                 //点亮小数点
    TH0 = -(600/256);
```

```
    TL0 = -(600 % 256);
}

void main()
{   uchar temp0,temp1,temp2,temp3;
    uint temp;
    TH0 = -(600/256);
    TL0 = -(600 % 256);
    TR0 = 1;                              //T0 开始运行
    IT1 = 1;                              //外部引脚下降沿触发
    EA = 1;                               //开总中断
    ET0 = 1;                              //定时器 T0 中断允许
    EX1 = 1;                              //外中断 int1 中断允许
    PT0 = 0;
    PX1 = 1;                              //将外中断置为高级中断
    renovate = 1;
    P1 = 0;
    Clock = 1;
    Data = 1;
    for(;;)
    {   if(renovate)                      //32 位数据接收完毕
        {   temp = DispData;              //读入显示数据
            temp % = 10000;               //如果收到的数超过 10000,则仅取小于 10000 的值
            temp3 = temp % 10;            //最低位
            temp/ = 10;
            temp2 = temp % 10;
            temp/ = 10;
            temp1 = temp % 10;
            temp/ = 10;
            temp0 = temp % 10;            //最高位
            if((temp0 = = 0)&&(DotCnt<3))
            //如果最高位等于 0,而显示的小数点小于 3 位
                DispBuf[0] = Hidden;      //那么最高位应该消隐
            else
                DispBuf[0] = temp0;       //否则将这个数送入最高位
            if((temp0 = = 0)&&(temp1 = = 0)&&(DotCnt<2))
            //如果最高位、次高位同时为 0,且小数点小于 2 位
                DispBuf[1] = Hidden;
            else
```

```
            DispBuf[1] = temp1;
        if(((temp0 == 0)&&(temp1 == 0)&&(temp2 == 0)&&(DotCnt<1))||((temp3 == 0)&&(temp2
        == 0)&&(DotCnt>2)))
        //最高位、次高位、第3位均为0,且小数点小于1位(无)时消隐
        //最低位、次低位均为0,且小数点大于2位时消隐
            DispBuf[2] = Hidden;
        else
            DispBuf[2] = temp2;
        if((temp3 == 0)&&(DotCnt>1))
        //如果最低位是0,且小数点大于1位,最低位消隐
            DispBuf[3] = Hidden;
        else
            DispBuf[3] = temp3;            //最低位显示
        renovate = 0;
    }
    if(OverCount>= TimeOver)               //出现了超时错误
    {   RecDatCount = 0;                   //将接收计数器清零
        StartOverCount = 0;                //接收到32个字符,清加主数标志
        OverCount = 0;                     //清超时计数器
        RecEnd = 1;                        //设置RecEnd标志位
    }
  }
}
```

【程序分析】

在接收中断处理程序中,先把RecDat左移1位,然后根据数据线电平高低将RecDat0置1或者清0。为何这样处理呢?看一看RecDat和RecDat0的定义。

```
uchar    bdata RecDat;          /*接收到的数据*/
sbit     RecDat0 = RecDat^0;
```

RecDat是一个定义在位于bdata区的变量,而定义了这个变量后,随即用sbit定义了一个位变量RecDat0,这是RecDat0变量的最低位。因此对该变量操作,实际就是对RecDat操作。

如图8-4所示是中断处理流程图。流程图中详细说明了4字节数据的接收过程。4字节数据中第1个数据是识别码,即MaskSing变量记录下接收的第1个数据。接收到其他数据后的处理方法是:

```
if(MaskSing == CmdDat)
⋮
```

由于 CmdDat 被定义为 0，因此，对于本程序来说，识别码是 0，即只有接收到的第 1 个数据是 0，其后的数据才能被接收和识别。如果需要并接多个显示器，则各显示芯片需要单独编程。编程时只需更改以下定义：

```
#define  CmdDat  0          //定义命令码
```

将 CmdDat 改为所需要的数值，重新编译、链接即可。上位机在传送数据时，第 1 个数据更改为相应的值，即可将数据送至该显示芯片。

理论上，这里使用了 1 字节作为识别码，因而可以在同线上并接 256 个显示器。当然，考虑到线路负载等因素，实际应用中不可能会同时并接这么多显示器。

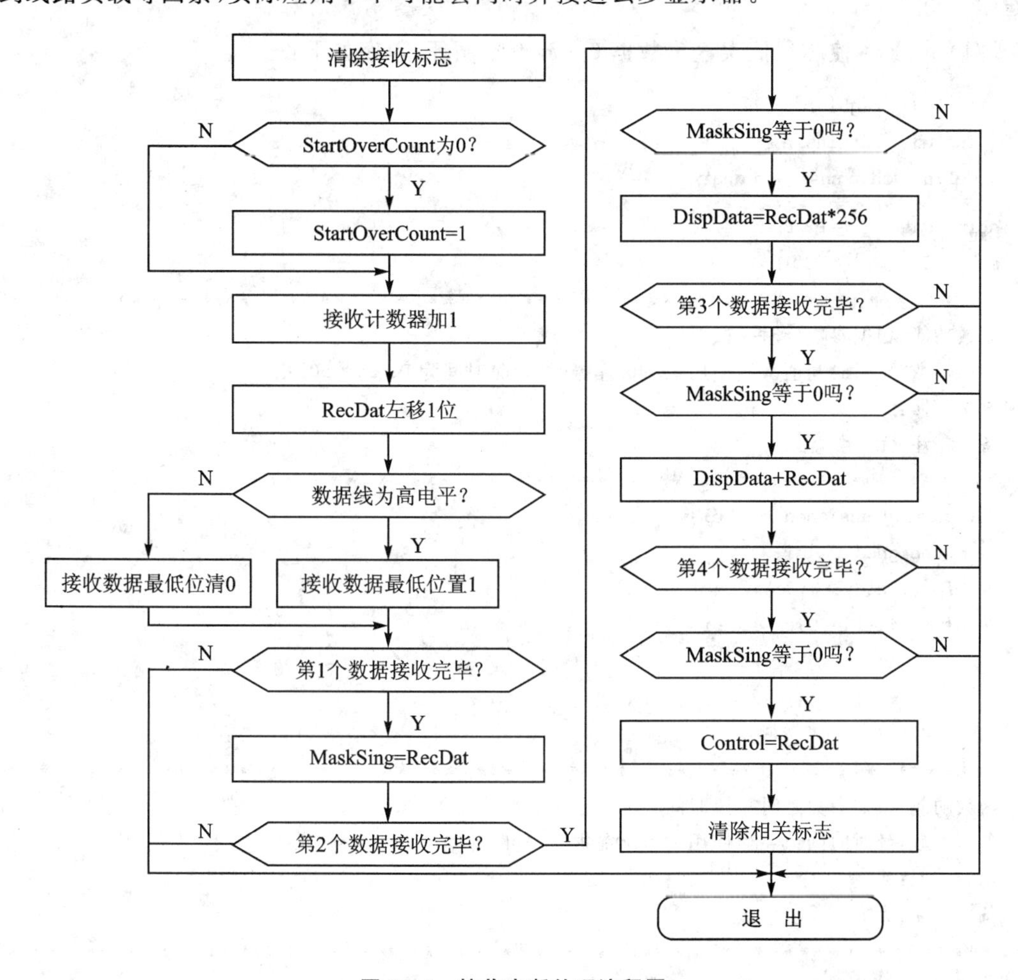

图 8-4　接收中断处理流程图

8.3　显示器的使用

使用这个显示器需要主控芯片引出两根线，一根作为数据线，另一根作为时钟线。这两根线不需要任何特殊功能，只要 I/O 口线即可。既可以使用单片机本身的 I/O 口，也可以使用扩展芯片而得到的 I/O 口。一般来说，采用本机的 I/O 口可直接进行位操作，使用较为简单。

以下例子使用了主控芯片的 P3.1 作为数据线，而 P3.0 作为时钟线。程序的用途是依次送出 0～7 共 8 个数据，每个数据送出后延时 1s。当所送数据到 7 以后，接下来送出数据 0，如此循环。

【例 8－2】主控芯片依次送出数据 0～7，不断循环，程序如下：

```
#include "reg51.h"
#include "intrins.h"
#define uchar unsigned char

sbit  Dat     = P3^1;
sbit  Clk     = P3^0;
/**************************************************************************
函数功能:根据参数延时一段时间
参    数:延时时间值。当使用 12MHz 晶振时,延时时间为 Delay×503μs
返    回:无
备    注:无
**************************************************************************/
void mDelay(unsigned int Delay)
{    unsigned char i;
   for(;Delay>0;Delay--)
   {    for(i=0;i<159;i++)
        {;}
   }
}
/**************************************************************************
函数功能:根据参数延时一段时间
参    数:延时时间值。当使用 12MHz 晶振时,延时时间为 Delay×38μs
返    回:无
备    注:无
**************************************************************************/
void uDelay(unsigned int Delay)
{    unsigned char i;
   for(;Delay>0;Delay--)
```

```
    {    for(i = 0;i<8;i++)
         {;}
    }
}
/*********************************************************************
函数功能:将数据发送到显示器
参    数:待发送的数据
返    回:无
备    注:根据测试,当主机与显示器的连接线长为 50 cm 时,函数 uDelay 中的参数为 10 可正常显示,
        而参数小于 5 时,不能正确发送数据。实际测试,当 uDelay 中的参数取 10 时,延迟时间约为
        56 μs,发送 1 字节需时约 1.018 ms
*********************************************************************/
void SendData(unsigned char SendDat)
{   unsigned char i;
    for(i = 0;i<8;i++)
    {   if((SendDat&0x80) == 0)
            Dat = 0;
        else
          Dat = 1;
          uDelay(10);
        Clk = 0;
        uDelay(10);
        Clk = 1;
        SendDat = SendDat<<1;
    }
}
void main()
{    uchar OutData = 0x01;
    uchar i = 0;
    for(;;)
    {
    SendData(0);                        //命令字
        SendData(0);                    //数据的高 8 位
        SendData(i);                    //数据的低 8 位
        SendData(0);                    //不显示小数点
        i++;                            //循环变量增加
        if(i == 8)                      //如果 i 增加到 8
            i = 0;                      //i 回零
        mDelay(2000);                   //延时一段时间
```

```
        }
    }
```

【程序分析】

程序中定义了数据和时钟两根线，即 Dat 和 Clk，通过 SendData 函数将待显示数据发送到显示芯片。这里的显示器与主控芯片之间使用较长的引线来连接，因此 SendDat 函数在将数据送入数据线以后，延时一段时间，然后再让时钟线清零，以形成下降沿，让显示器控制芯片读入数据。然后再延时一段时间，让时钟线回 1，为下一位数据的发送做好准备。数据发送的程序流程如图 8-5 所示。

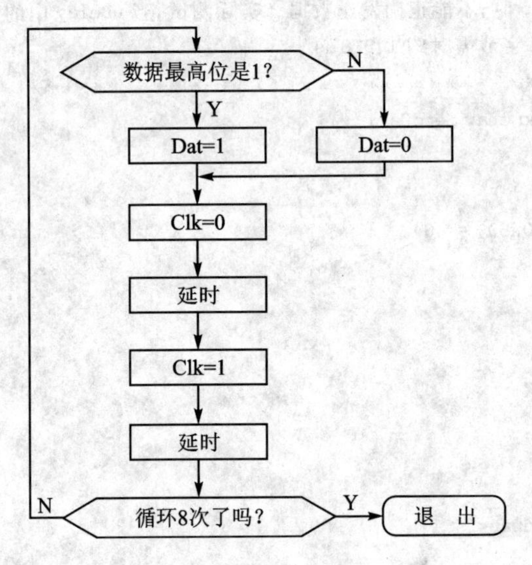

图 8-5 发送数据程序流程图

8.4 设计改进

学习完一个实例以后，可以针对这一实例，结合当前科技的发展或者自身的需求，对该实例进行改进，这样可以获得更好的学习效果。下面从硬件和软件两个方面来分析，对这一设计进行改进，提供一些思路，供读者参考。

8.4.1 硬件设计的改进

本电路设计较早，设计时，市场上小引脚的 80C51 系列芯片仅有 89C2051 系列可选。由于该芯片未有内置振荡器，复位电路单一，I/O 口驱动能力较弱，因此需要配置较多的外围器件。

现在有一些芯片引脚、内核都与89C2051兼容的芯片，它们具有更强的性能，使用这类芯片设计电路，可以获得更好的性价比，并能实现原芯片无法实现的一些功能。这里以STC12系列芯片为例来说明。STC12系列芯片有如下的特点：

- 强抗干扰能力。
- 增强型8051 CPU，1T，单时钟/机器周期，指令代码完全兼容传统80C51。
- 工作电压为5.5～3.5V(5V单片机)/3.8～2.2V(3V单片机)。
- 工作频率为0～35MHz。
- 用户应用程序空间为1KB/2KB/4KB…可选。
- 片内256字节RAM。
- 通用I/O口：复位后为准双向口/弱上拉(普通8051传统I/O口)。可设置为4种模式：准双向口/弱上拉、推挽/强上拉、仅为输入/高阻、开漏。每个I/O口驱动能力均可以达到20mA，但整个芯片最大不得超过55mA。
- 内置看门狗。
- EEPROM功能。
- 内置PCA模块。
- 内置A/D转换器。
- 内部集成MAX810专用复位电路。
- 时钟源：外部高精度晶体/时钟，内部R/C振荡器。常温下内部R/C振荡器频率为5.2～6.8MHz，因为制造误差和温飘，就认为时钟频率为4～8MHz。

以下根据这些性能特点来设计电路。

- 因芯片内置了MAX810复位电路，所以可以省掉外部的复位电路；
- 由于其I/O口具有强上拉能力，因此可以省掉4个PNP型三极管及其基极所接的限流电阻；
- 芯片内置了R/C振荡器，虽然频率误差较大，但本设计中并不需要精确的定时关系，因此，可以省掉晶振电路。

根据以上的硬件特点得到如图8-6所示的电路原理图。

由此可知，充分利用新器件的性能特点，可以设计出更为简洁、成本更低、性能更优的电路。应用这一新型号的芯片，不但省却了一些元器件，而且可以扩展出更多的功能。例如，利用其I/O可以复用的特性，即分时作为输入/输出之用，可以加装若干按键；利用内置EEPROM功能，可以开发出具有断电保存功能的显示器；利用其内置A/D转换器，可以将其设计成为具有模拟量接口的显示器件；利用其高速特性及内置PCA，可以做成某些信号发生装置等。

作为技术工作者，应不断关注这一领域中新出现的器件，并及时将其应用到自己的设计中去。

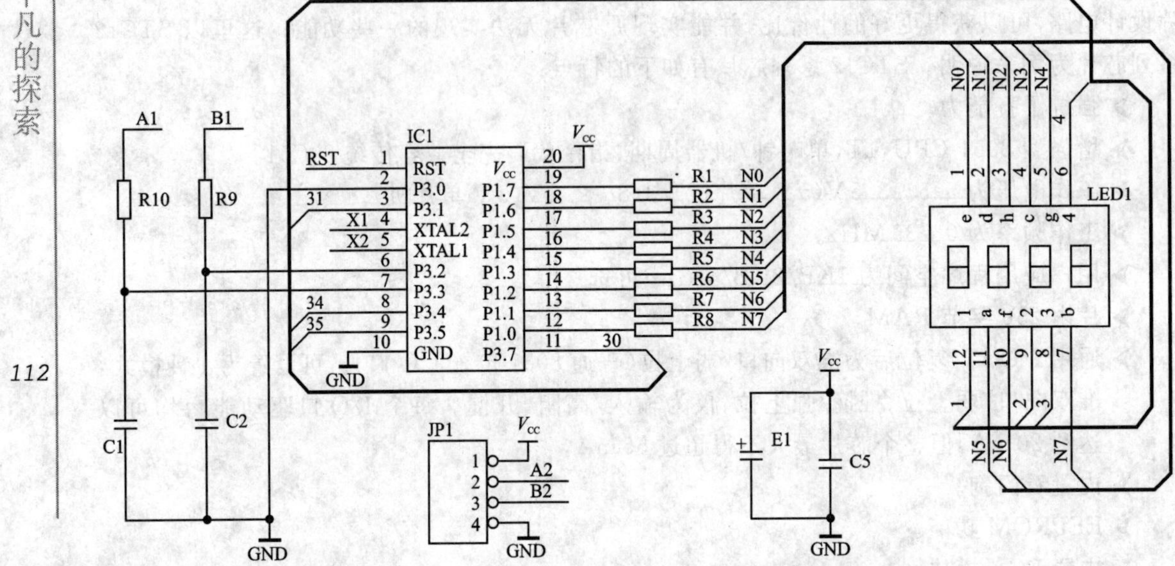

图 8-6 使用 STC12C2052 设计的通用显示器

8.4.2 软件设计的改进

在获得了基本应用性能以后，可以编写程序实现更多的功能。以下给出一个软件设计要求，读者有兴趣时，可以编写出这个程序，这对于读者提升自己的编程能力很有帮助。待显示数据由上位机传来，根据显示方式不同，可能需要 4 或 6 字节。

(1) 第 1 字节

功能选择如表 8-1 所列。

表 8-1 功能选择位

位	D7	D6	D5	D4	D3	D2	D1	D0
含 义	本机识别码		小数点选择		各位闪烁特性选择			

D7、D6：2 位的本机识别码，最多可以有 4 个芯片并接。

D5、D4：小数点选择。

00：无小数点；

01：1 位小数点；

10：2 位小数点；

11：3 位小数点。

D3～D0：对应4位显示器各位的闪烁特性。

1：闪烁；0：不闪烁。

(2) 第2字节

工作方式及消隐特性描述字节，如表8-2所列。

表8-2 工作方式及消隐特性描述字节

位	D7	D6	D5	D4	D3	D2	D1	D0
含　义	工作方式选择		—	—	消隐方式选择			

D7、D6：工作方式。

00：方式0，一条命令4字节，本字节后的2字节是十进制数；

01：方式1，一条命令4字节，本字节后的2字节是高低4位分离BCD码，共4个数，每个数的范围为0～F；

10：方式2，一条命令6字节，本字节后的4字节对应4个数码管的字形码，该工作方式由上位机直接出送字形码；

11：暂未定义该种工作方式。

D3～D0：对应各位的消隐方式。

1：消隐；0：不消隐。

(3) 第3字节

➢ 工作于方式0时，该字节为待显示数的高8位；

➢ 工作于方式1时，该字节是第1个和第2个数码管的待显示十六进制码；

➢ 工作于方式2时，该字节是第1个数码管的字形码。

(4) 第4字节

➢ 工作于方式0时，该字节为待显示数的低8位；

➢ 工作于方式1时，该字节是第3个和第4个数码管的待显示十六进制码；

➢ 工作于方式2时，该字节是第2个数码管的字形码。

(5) 第5字节

➢ 工作方式0或者工作方式1时，不需要这个字节；

➢ 工作方式2时，该字节是第3个数码管的字形码。

(6) 第6字节

➢ 工作方式0或者工作方式1时，不需要这个字节；

➢ 工作方式2时，该字节是第4个数码管的字形码。

说明：

① 工作于方式0时，闪烁特性有效，小数点特性有效，自动消隐；

② 工作于方式1时,消隐特性及闪烁特性有效,小数点特性有效;

③ 工作于方式2时,闪烁特性有效。

请读者自行完成这一部分功能。

当读者完成这个程序以后,可以发现,新功能主要是更改数据处理部分,而数据接收部分、显示部分并没有什么变化。由此可以想到,如果将硬件更改为RS485接口,通过RS485总线获取数据,那么只要改变数据接收部分,很容易实现同一功能的程序。这样的程序在一些远程数据传递或显示时,就可简单地实现。这些练习不需要高额的成本,读者完全可以自己焊个实验板来做一做。

做完这些练习,会对项目开发有一些"感觉",原先认为非常复杂的项目,通过分解、组合,都可以用自己已有的知识来解决。

第9章

电子萤火虫

在单片机技术的学习过程中，很多人经常有这样的感慨：按照书上或者网上下载的例子，各种独立功能的程序可以很好地调试出来，如键盘程序、显示程序等。但是一旦遇到了一个实际的项目，需要将各部分整合起来，然后增加部分新的功能，就觉得无从下手。为此，本章通过一个实例，来“组装”一个完整的程序。

在夏日里观察萤火虫，可以发现，萤火虫一闪一闪地发光，这一章就以用单片机驱动发光二极管实现这样的效果为例，来学习如何从一个基本思路开始，经过逐渐完善，最后实现完整功能的程序。

9.1 萤火虫发光与 PWM 技术

萤火虫闪烁发光，也就是一亮一灭，而使用单片机控制 LED 点亮与熄灭是最基本的练习，似乎没有什么可以做的。但仔细观察萤火虫的发光过程，可以发现，萤火虫的发光强度是逐渐变化的。如何实现发光管发光亮度的变化，就是这个项目需要研究的核心问题所在。

通过观察和测试可知，发光二极管的亮度与流过它的电流有关。在一定范围之内，电流越大，亮度越高。而用单片机引脚控制发光二极管，通常是在发光二极管的阳极与正电源 V_{CC} 之间接限流电阻，发光二极管阴极与单片机引脚相连。这样，这个回路中的电流就取决于加在 V_{CC} 与单片机引脚之间的电压，电压越高，亮度就越高。要实现发光管亮度逐渐变化，就要求单片机输出电压能够发生变化。要实现电压的变化，一种方案是使用 D/A 转换器，而另一种方案是采用 PWM 技术。

9.1.1 PWM 技术

PWM(Pulse Width Modulation)，意为脉冲宽度调制，也叫脉宽调制。它是电子技术调整电压的一种方法，参考图 9-1。

$$占空比 = T_p/T$$

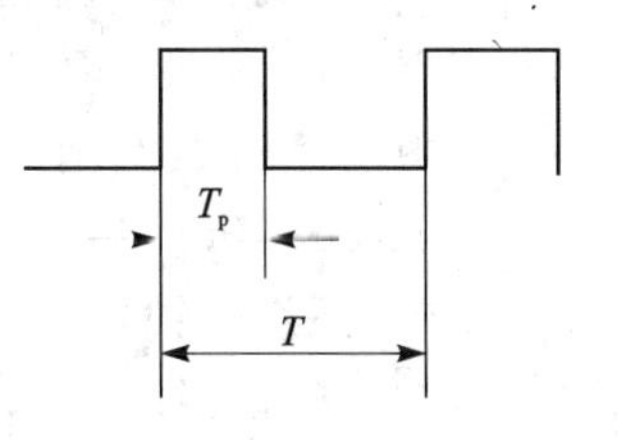

图 9-1 矩形波

对于矩形波而言，其平均电压可以用下面的公式表示：

$$U=U_m\times占空比$$

例如，当$U_m=10\,V$且占空比为50%时，平均电压为5 V。

9.1.2 STC12C56S2的PWM发生器模块

很多新型单片机都内置了PWM发生器模块，使用这些PWM模块可以方便地生成PWM波形。以下用STC12C56S2芯片为例来说明。

STC12C56S2单片机内部包含一个2路可编程计数器阵列（PCA）模块，该模块含有一个特殊的16位定时器和2个16位捕获/比较模块。这2个模块可编程工作在4种模式下：上升/下降沿捕获、软件定时器、高速输出或可调制脉冲输出。对于ST12C5A60S系列芯片，模块0连接到P1.3/CCP0（也可以通过编程切换到P4.2/CCP0/MISO口），模块1连接到P1.4/CCP1（也可以通过编程切换到P4.3/CCP1/SCLK口）。PCA模块结构如图9-2所示。

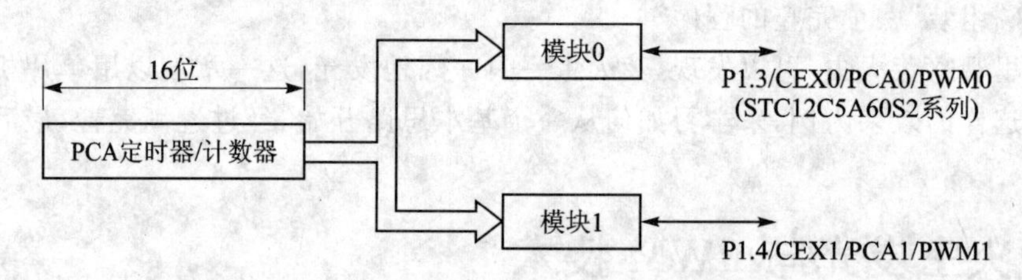

图9-2 STC12C56S2芯片中的PCA模块结构

PCA定时器是2个模块的公共时间基准，这是一个16位定时器，它由两个用于计数的8位寄存器CH和CL组成。这两个寄存器分别是16位寄存器的高8位和低8位。这个寄存器在时钟脉冲的作用下自由递增计数。时钟脉冲可以有多种选择，通过对CMOD寄存器中CPS2、CPS1和CPS2位的编程来实现。CMOD寄存器各位的含义如表9-1所列。

表9-1 CMOD寄存器（地址：D9H）

位	7	6	5	4	3	2	1	0
符　号	CIDL	—	—	—	CPS2	CPS1	CPS0	ECF

表中各位的含义如下：

- CIDL：计数器阵列空闲控制。当CIDL=0时，空闲模式下PCA计数器继续工作；当CIDL=1时，空闲模式下PCA计数器停止工作。
- CPS2～CPS0：PCA计数器的计数脉冲选择。

  000：系统时钟，$f_{OSC}/12$；

  001：系统时钟，$f_{OSC}/2$；

  010：定时器0溢出，可以实现可调频率的PWM输出；

  011：ECI/P3.4引脚的外部时钟输入（最大频率=$f_{OSC}/2$）；

100：系统时钟，f_{osc}；

101：系统时钟，$f_{osc}/4$；

110：系统时钟，$f_{osc}/6$；

111：系统时钟，$f_{osc}/8$。

➢ ECF：PCA 中断控制位。置位时，使能 PCA 中断。当 PCA 定时器溢出时，将 PCA 计数溢出标志 CF(CCON SFR)置位。

如图 9－3 所示是 PCA 中的定时器部分结构示意图。

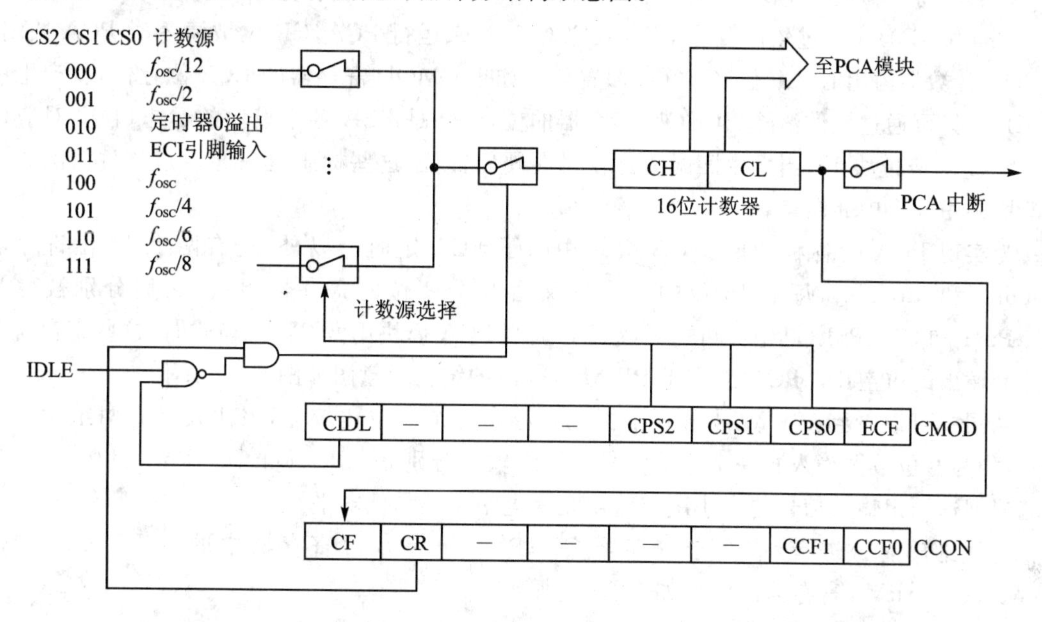

图 9－3 PCA 定时器部分的结构示意图

PCA 定时器受控于 CMOD 寄存器和 CCON 寄存器，CCON 寄存器的结构如表 9－2 所列。

表 9－2 CCON 寄存器

位	7	6	5	4	3	2	1	0
符 号	CF	CR	—	—	—	—	CCF1	CCF0

表中各位的含义：

➢ CF：PCA 计数器阵列溢出标志。计数值翻转时该位由硬件置位。如果 CMOD 寄存器的 ECF 位置位，CF 位可以用来产生中断。CF 位可以通硬件或软件置位，但只能通过软件清零。

➢ CR：PCA 计数器阵列运行控制位。该位通过软件置位，用来启动 PCA 计数器阵列计数;该位通过软件清零,用来关闭 PCA 计数器。

- 位 5～2:保留位,将来可能使用。
- CCF1:PCA 模块 1 中断标志。当出现匹配或捕获时该位由硬件置位,该位必须通过软件清零。
- CCF1:PCA 模块 0 中断标志。当出现匹配或捕获时该位由硬件置位,该位必须通过软件清零。

CCON 寄存器包含 PCA 的运行控制位(CR)和 PCA 定时器标志(CF)以及各个模块的标志(CCF1/CCF0)。通过软件置位 CR 位(CCON.6)来运行 PCA,CR 位被清零时 PCA 关闭。当 PCA 计数器溢出时,CF 位(CCON.7)置位。如果 CMOD 寄存器的 ECF 位置位,就产生中断,CF 位只可通过软件清除。CCON 寄存器的位 0～3 是 PCA 各个模块的标志(位 0 对应模块 0,位 1 对应模块 1),当发生匹配或比较时由硬件置位,这些标志也只能通过软件清除。所有模块共用一个中断向量。

为实现 PCA 的各种功能,PCA 模块中除了 PCA 定时器以外,还有两个 16 位寄存器 Moudle0 和 Moudle1,每个 16 位的寄存器又由 2 个 8 位的寄存器组成,它们分别被称为 CCAPnH 和 CCAPnL(其中 n 可取 0 或者 1)。当 PCA 模块用做 PWM 模式时,这些寄存器用来控制输出的占空比。PCA 工作于 PWM 方式时的结构示意图如图 9-4 所示。

从图中可以看到,PWM 波形发生器的核心是一个 9 位比较器,该比较器有两组输入端(每组均为 9 位数据输入),一个输出信号。两组输入分别是 EPCnL+CCAPnL 和 0+CL,输出端根据这两组输入信号的大小决定输出是高电平 1 还是低电平 0。

这种比较能否进行,取决于寄存器 CCAPMn(n=0,1)寄存器中的位 ECOMn 和位 PWMn。CCAPMn 寄存器的结构如表 9-3 所列。

表 9-3 CCAPMn 寄存器(n=0 或 1)

位	7	6	5	4	3	2	1	0
符 号	—	ECOMn	CAPPn	CAPNn	MATn	TOGn	PWMn	ECCFn

说明:这个表描述了两个寄存器 CCAPM0 和 CCAPM1,表中所有小写字母 n 有两种选择:0 和 1。

表中各位的含义如下:

- 位 7:该位保留。
- ECOMn:使能比较器。该位为 1 时使能比较器功能。
- CAPPn:正捕获。该位为 1 时使能上升沿捕获。
- CAPNn:负捕获。该位为 1 时使能下降沿捕获。
- MATn:匹配。该位为 1 时,如果 CH、CL 的值与 CCAPnH、CCAPnL 的值匹配,则置位

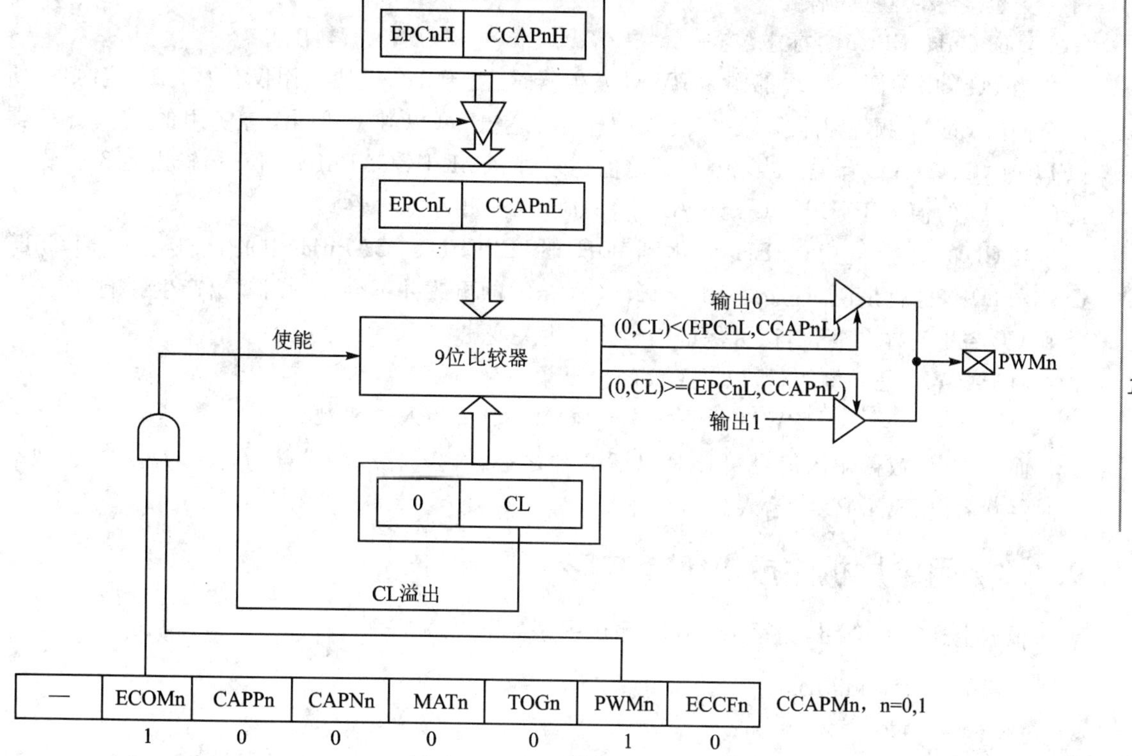

图 9-4 PCA 工作于 PWM 模式

CCON 寄存器中的 CCFn。

➢ TOGn：翻转。该位为 1 时，工作在 PCA 高速输出模式。如果 CH、CL 的值与 CCAPnH、CCAPnL 匹配，CEXn 引脚将发生电平翻转。

➢ PWMn：脉宽调制模式。当该位为 1 时，使能 CEXn 引脚用做脉宽调制输出。

➢ ECCFn：使能寄存器 CCON 的比较/捕获标志 CCFn，用来产生中断。

PCA 工作于 PWM 模式时，与 CCAPnH 及 CCAPnL 配合，在寄存器 PCA_PWMn(n=0，1)中形成 9 位数据的位 EPCnH 和 EPCnL。该寄存器的结构如表 9-4 所列。

表 9-4 PCA_PWMn 寄存器(n=0 或 1)

位	7	6	5	4	3	2	1	0
符 号	—	—	—	—	—	—	EPCnH	EPCnL

说明：这个表描述了两个寄存器 PCA_PWM0 和 PCA_PWM1，表中所有小写字母 n 有两种可能：0 和 1。

➢ 位 7～2：这些位保留。

➢ EPCnH、EPCnL：标志位。

当 PCA 中的两个模块都作为 PWM 发生器时，由于 2 个模块共用仅有的 PCA 定时器，所以它们的 PWM 频率相同。各个模块的输出占空比可以独立变化，与使用的捕获寄存器(EPCnL，CCAPnL)有关。当(0＋CL)的值小于(EPCnL＋CCAPnL)的值时，输出为低电平 0；而(0＋CL)的值大于(EPCnL＋CCAPnL)的值时，输出为高电平 1。

当 CL 的计数值由 0FFH 变化到 00H 时，EPCnH、CCAPnH 中的值被送入 EPCnL、CCAPnL 中，也就是说，程序对 EPCnH、CCAPnH 的更改并不会立即对输出产生影响，而是要等到 CL 溢出时才会变化，这可保证输出不产生突变。

由于 PWM 是 8 位的，所以 PWM 的输出频率为：

PWM 输出频率＝PCA 计数器输入频率/256

而 PCA 计数器输入信号可以是以下 8 种之一：f_{osc}、$f_{osc}/2$、$f_{osc}/4$、$f_{osc}/6$、$f_{osc}/8$、$f_{osc}/12$、定时器 0 溢出、ECI/P3.4 输入。

9.1.3　用单片机生成 PWM 波形

根据上述内容介绍，编写出 PWM 测试程序如下。

```
#include "STC_NEW_8051.H"
typedef unsigned int uint;
/**********************************************************************
函数功能：初始化 PCA
入口参数：无
返    回：无
备    注：无
**********************************************************************/
void initPCA()
{
        CMOD = 0;           //CIDL = 0,CPS2～CPS0 = 000,fosc/12,ECF = 0,禁止中断
        CCAPM0 = 0x42;      //ECOM0 = 1,PCA_PWM0 = 1
        CR = 1;
}
void main()
{
    initPCA();
        CCAP0H = 0x20;
    for (;;) {;}
}
```

完成程序,下载到芯片中,可以看到,发光管的亮度有所变化。如果需要改变亮度,就要重新改写程序,然后编译通过再下载到芯片中。显然,这样的改变无法在现场实现,实验室中测试也不方便。因此,下一节将为该项目增加按键功能,以方便地在现场更改发光管的亮度。

9.2 用按键改变占空比

键盘操作是单片机开发中最常用的功能模块之一,各种教材中都有现成的键盘程序,键盘程序也是每一个单片机学习者必须要练习的一个课题。因此,读者阅读或者编写一般的键盘程序并没有什么困难。但是将书本上现成的键盘程序与自己的程序连接起来,却是很多人开始学习时感到困难的一件事。

其实,无论键盘做什么样的工作,除最简单的功能外,一般在程序中都体现为对变量的控制。当然,这种控制有时是直接的,有时是间接的,有时还需要进行变换后才能获得结果。

通常,键盘程序可以分为两部分,第一部分负责与硬件打交道,根据硬件所设定的按键引脚的状态来判断是否有键按下,并且返回键值。这里的键值究竟是多少并不十分重要,关键是要求保证在不同按键被按下时返回不同的值。

第二部分是键值处理部分,根据第一部分返回的键值,来判断究竟是哪一个键被按下,并且根据设计说明书的要求来做相应的工作。例如被按下的是"+"键,那么可能是对当前的某个变量进行加1的操作,按下的是"-"键,那么可能是对当前的某个变量进行减1的操作。被按下的是定义为"切换"的键,那么可能是改变当前变量为另一个变量,诸如此类。如果按键处理部分比较复杂,那么第二部分可以被编写成一个单独的函数,通常这个函数的参数就是第一部分获得的键值。而按键所要改变的一个或者多个变量可以作为全局变量,也可以使用指针等进行数据传递。如果功能不十分复杂,那么第二部分也可被整合在main函数中,这样,就不必定义全局变量的数据进行数据传递。将硬件操作部分单独写成一个函数可以带来很多便利,在不同的项目中硬件接口可能有所不同,而要处理的工作却比较类似。此时,只要对硬件操作部分操作函数稍作修改,即可方便地进行移植。

下面的程序中,用于对硬件操作的函数是Key(),其中调用了mDelay(uint DelayTim)函数,用于按键的去抖动延时。而第二部分键值处理部分较为简单,因此,没单独写键值处理函数,而是直接整合在main函数中了。在main()函数中增加了一个名为timCount的变量,将变量timCount的值赋给CCAP0H,见程序中的黑体部分。

```
#include "STC_NEW_8051.H"
typedef unsigned int uint;
typedef unsigned char uchar;

void initPCA()
```

```
{
⋮
}
/************************************************************************
函数功能:延时程序
入口参数:延时时间
返    回:无
备    注:无
************************************************************************/
void mDelay(uint DelayTim)
{
    uchar i;
    for (;DelayTim>0;DelayTim--)
    {   for (i=0;i<125;i++) { ; }
    }
}
/************************************************************************
函数功能:判断按键是否被按下,并返回相应键值
入口参数:无
返    回:如果无键按下返回0,如果有键按下,返回键值
备    注:无
************************************************************************/
uchar  Key()
{
    uchar KeyV=0;
    uchar cTmp;
    P3|=0x3c;
    KeyV=P3;
    KeyV|=0xc3;              //高2位和末2位置1
    if (KeyV==0xff)
        return 0;            //无键按下,返回0
    else
        mDelay(10);          //延时一段时间
    KeyV=P3;
    KeyV|=0xc3;
    if (KeyV==0xff)
        return 0;
    else
    {   for (;;)
```

```
        {
            cTmp = P3;
            cTmp| = 0xc3;
            if  (cTmp == 0xff)
                break;
        }
            return KeyV;
        }
}
void main()
{    uchar KeyValue;
    uchar  timCount = 0x10;
    initPCA();
    for  (;;)
    {
            KeyValue = Key();               //调用按键检测程序
            if(KeyValue!  = 0)              //根据所获得的键值进行处理
            {
                if(KeyValue == 0xfb)        //P3.2 被按下
                    timCount ++ ;
                if(KeyValue == 0xf7)        //P3.3 被按下
                    timCount -- ;
        }
        //至此,键值处理部分完毕,变量 timCount 发生变化
        CCAP0H = timCount;
        }
}
```

从这里可以看出,通过定义 unsigned char 型变量 timCount,建立起了 CCAP0H 与按键之间的联系。按键处理部分对变量 timCount 进行加 1 或者减 1 的操作,使得这个变量的值发生变化,随后将该值赋给 CCAP0H 寄存器。这样,输出的矩形波的占空比就可以由按键来改变了。

如果希望将按键处理的第二部分写成一个独立的函数,那么可以写一个名为:

```
unsigned char KeyProcess(unsigned char KeyValue)
```

的函数,用 Key()函数的返回值作为这个函数的调用参数,然后它的返回值赋给变量 timCount。如下面程序所示。

```
unsigned char KeyProcess(unsigned char KeyValue)
{    static unsigned char cTmp;
```

```
        if(KeyValue == 0xfb)            //P3.2 引脚被拉至低电平
            cTmp ++ ;
        if(KeyValue == 0xf7)            //P3.3 引脚被拉至低电平
            cTmp --
        return cTmp;
}
```

在这个函数中使用了一个 static 型变量，用以保证每次调用后该值仍保持不变，以便下一次调用时能有一个正确的结果。当然，如果把 timCount 定义为一个全局变量，那么，键值处理函数就可以这样来写。


```
void  char KeyProcess(unsigned char KeyValue)
{
        if(KeyValue == 0xfb)            //P3.2 引脚被拉至低电平
            timCount ++ ;
        if(KeyValue == 0xf7)            //P3.3 引脚被拉至低电平
            timCount --
}
```

究竟采用哪一种方式更合理，应该视实际情况来定。

用按钮可以调节占空比，从而实现亮度的变化。但从实际调节的情况来看，亮度与占空比并非线性关系。为了要做一个更逼真的荧火虫，就要研究亮度与占空比的关系。

9.3 将占空比显示出来

为研究占空比与亮度的关系，接下来的工作是将占空比通过液晶显示器显示出来。当然，这也是为了研究如何将液晶显示程序与前面的程序“组装”到一起。

9.3.1 字符型液晶显示屏

液晶显示器由于体积小、重量轻、功耗低等优点，日渐成为各种便携式电子产品的理想显示器。从液晶显示器显示内容来分，可分为段式、字符式和点阵式3种。其中字符式液晶显示器以其价廉、显示内容丰富、美观、无须定制、使用方便等特点成为 LED 显示器的理想替代品。图 9-5 所示是某1602型字符液晶的外形图。

图 9-5 某 1602 字符型液晶显示器外形图

字符型液晶显示器专门用于显示数字、字母、图形符号，并可以显示少量自定义符号。这类显示器均把 LCD 控制器、点阵驱动器、字符存储器等做在一块板上，再与液晶屏一起组成一个显示模块，因此这类显示器安装与使用都较简单。

这类液晶显示器的型号通常为×××1602、×××1604、×××2002、×××2004等。对于型号×××1602各部分含义为

×××为商标名称；

16代表液晶每行可显示16个字符；

02表示共有2行，即这种显示器可同时显示32个字符。

其余型号以此类推。

这一类液晶显示器通常有16根接口线，表9-5是这16根线的定义。

表9-5　字符型液晶接口说明

编　号	符　号	引脚说明	编　号	符　号	引脚说明
1	V_{SS}	电源地	9	D2	数据线2
2	V_{DD}	电源正	10	D3	数据线3
3	VL	液晶显示偏压信号	11	D4	数据线4
4	RS	数据/命令选择端	12	D5	数据线5
5	R/W	读/写选择端	13	D6	数据线6
6	E	使能信号	14	D7	数据线7
7	D0	数据线0	15	BLA	背光源正极
8	D1	数据线1	16	BLK	背光源负极

图9-6是字符型液晶显示器与单片机的接线图。这里用P0口的8根线作为液晶显示器的数据线，用P2.5、P2.6、P2.7作为3根控制线。与VL端相连的电位器的阻值为10 kΩ，用来调节液晶显示器的对比度。5 V电源通过一个电阻与BLA相连用以提供背光，该电阻参数可选用10 Ω/(1/2W)。

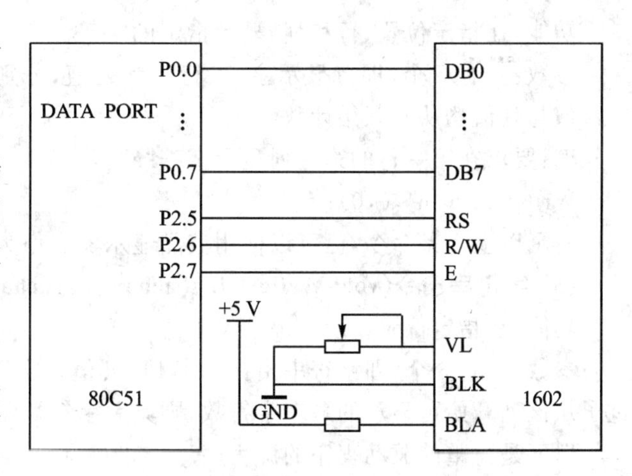

图9-6　字符型液晶显示器与单片机的接线图

字符型液晶一般采用HD44780及兼容芯片作为控制器，因此，其接口方式基本是标准的。同时，也很容易找到该型液晶的驱动程序，自行编写也不困难。下面以《单片机C语言轻松入门》[13]一书中提供的驱动程序为例，来说明如何将液晶驱动程序与现有程序“组装”到一起。

9.3.2　字符型液晶显示器的驱动程序

这个驱动程序适用于 1602 型字符液晶显示器，提供了这样的一些命令：

(1) 初始化液晶显示器命令(void RstLcd())

功能：设置控制器的工作模式，在程序开始时调用。

参数：无。

(2) 清屏命令(void ClrLcd())

功能：清除屏幕显示的所有内容。

参数：无。

(3) 光标控制命令(void SetCur(uchar Para))

功能：控制光标是否显示及是否闪烁。

参数：1 个，用于设定显示器的开关、光标的开关及是否闪烁。

程序中预定义了 4 个符号常数，只要使用 4 个符号常数作为参数即可。这 4 个常数的定义如下：

```
const uchar NoDisp = 0;            //无显示
const uchar NoCur = 1;             //有显示无光标
const uchar CurNoFlash = 2;        //有光标但不闪烁
const uchar CurFlash = 3;          //有光标且闪烁
```

(4) 写字符命令(void WriteChar(uchar c,uchar xPos,uchar yPos))

功能：在指定位置(行和列)显示指定的字符。

参数：共有 3 个，即待显示字符、行值和列值，分别存放在字符 c 和 XPOS、YPOS 中。其中行值与列值均从 0 开始计数。

例：要求在第一行的第一列显示字符“a”。

WriteChar(‘a’,0,0);

有了以上 4 条命令，已可以使用液晶显示器。但为使用方便，再提供一条写字符串命令。

(5) 字符串命令(void WriteString(uchar *s,uchar xPos,uchar yPos))

功能：在指定位置显示一串字符。

参数：共有 3 个，即字符串指针 s、行值、列值。字符串须以 0 结尾。如果字符串的长度超过了从该列开始可显示的最多字符数，则其后字符被截断，并不在下一行显示出来。

以下是完整的驱动程序的源程序。

```
#define NOP _nop_();_nop_();_nop_();_nop_();_nop_();_nop_();
const uchar NoDisp = 0;            //无显示
const uchar NoCur = 1;             //有显示，无光标
const uchar CurNoFlash = 2;        //有显示，有光标，但不闪烁
```

```
const uchar CurFlash = 3;                //有显示,有光标,且光标闪烁

void LcdPos(uchar,uchar);                //确定光标位置
void LcdWd(uchar);                       //写字符
void LcdWc(uchar);                       //送控制字(检测忙信号)
void LcdWcn(uchar  );                    //送控制字子程序(不检测忙信号)
void WaitIdle();                         //正常读/写操作之前检测 LCD 控制器状态
/*******************************************************************
函数功能:在指定的行与列显示指定的字符
入口参数:xpos 为光标所在行;ypos 为光标所在列;c 为待显示字符
返    回:可以写入时退出本函数,否则无限循环
备    注:无
*******************************************************************/
void WriteChar(uchar c,uchar xPos,uchar yPos)
{    LcdPos(xPos,yPos);
     LcdWd(c);
}
/*******************************************************************
函数功能:显示字符串
入口参数:*s 为指向待显示的字符串;x 为 Pos 光标所在行;yPos 为光标所在列
返    回:如果指定的行显示不下,将余下字符截断,不换行显示
备    注:无
*******************************************************************/
void WriteString(uchar *s,uchar xPos,uchar yPos)
{    uchar i;
        if(*s == 0)                     //遇到字符串结束
        return;
        for(i = 0;;i++)
        {
            if(*(s + i) == 0)
                break;
            WriteChar(*(s + i),xPos,yPos);
            xPos++;
            if(xPos> - 15)               //如果 xPos 中的值未到 15(可显示的最多位)
                break;
        }
}
/*******************************************************************
函数功能:设置光标
```

```
入口参数:4 种光标类型
返    回:可以写入时退出本函数,否则无限循环
备    注:无
**************************************************************************/
void SetCur(uchar Para)
{   mDelay(2);
    switch (Para)
    {
        case 0: LcdWc(0x08);    break;        //关显示
        case 1: LcdWc(0x0c);    break;        //开显示,但无光标
        case 2: LcdWc(0x0e);    break;        //开显示,有光标,但不闪烁
        case 3: LcdWc(0x0f);    break;        //开显示,有光标,且闪烁
        default: break;
    }
}
/**************************************************************************
函数功能:清屏
入口参数:无
返    回:无
备    注:无
**************************************************************************/
void ClrLcd()
{    LcdWc(0x01);
}
/**************************************************************************
函数功能:正常读写操作之前检测 LCD 控制器状态
入口参数:无
返    回:无
备    注:无
**************************************************************************/
void WaitIdle()
{       uchar tmp;
        RS = 0;RW = 1;E = 1;
        NOP;
        for(;;)
        {   tmp = DPORT;
            tmp& = 0x80;
            if(tmp == 0)
                break;
```

```
        }
        E = 0;
}
/**************************************************************
函数功能:写字符
入口参数:c为待写字符
返    回:无
备    注:无
**************************************************************/
void LcdWd(uchar c)
{    WaitIdle();
     RS = 1;
     RW = 0;
     DPORT = c;                        //将待写数据送到数据端口
     E = 1;NOP;E = 0;
}
/**************************************************************
函数功能:送控制字子程序(检测忙信号)
入口参数:c为控制字
返    回:无
备    注:无
**************************************************************/
void LcdWc(uchar c)
{    WaitIdle();
     LcdWcn(c);
}
/**************************************************************
函数功能:送控制字子程序(不检测忙信号)
入口参数:c为控制字
返    回:无
备    注:无
**************************************************************/
void LcdWcn(uchar c)
{    RS = 0;
     RW = 0;
     DPORT = c;
     E = 1;NOP;E = 0;
}
/**************************************************************
```

```
函数功能:设置第(xPos,yPos)个字符的地址
入口参数:xPos,yPos 光标所在位置
返    回:无
备    注:无
*****************************************************************/
void LcdPos(uchar xPos,uchar yPos)
{    unsigned char tmp;
     xPos& = 0x0f;                //x 位置范围是 0~15
     yPos& = 0x01;                //y 位置范围是 0~1
     if(yPos == 0)                //显示第一行
         tmp = xPos;
     else
         tmp = xPos + 0x40;
     tmp| = 0x80;
     LcdWc(tmp);
}
/*****************************************************************
函数功能:复位 LCD 控制器
入口参数:c 为控制字
返    回:无
备    注:无
*****************************************************************/
void RstLcd()
{    mDelay(15);                  //使用 12 MHz 或以下晶振不必修改,12 MHz 以上晶振改为 30
     LcdWc(0x38);                 //显示模式设置
     LcdWc(0x08);                 //显示关闭
     LcdWc(0x01);                 //显示清屏
     LcdWc(0x06);                 //显示光标移动位置
     LcdWc(0x0c);                 //显示开及光标设置
}
```

要使用这个驱动程序,还需要提供一个延时函数 mDelay(unsigned int DelayTim)。由于一般程序中都会需要这样的一个函数,所以就没有为这个驱动程序专门编写。对这个延时函数的要求是用参数来确定延时时间,参数值为毫秒值。

9.3.3 液晶显示程序与现有程序的组合

要把这个现成的液晶驱动程序与现有的程序组合起来,就要搞清楚这个驱动程序的接口要求,并掌握驱动程序提供的相关函数的用法。

液晶驱动程序的要求是要确定数据端口及 E、R/W、RS 三个引脚的连接,并在程序中作

适当的定义。

```
sbit    RS    =    P2^5;
sbit    RW    =    P2^6;
sbit    E     =    P2^7;
#define DPORT P0
```

定义完成后，就调用相关函数来对液晶屏进行操作。

```
void main()
{   uchar    KeyValue;
    uint     timCount = 0x10;
    uchar    xPos,yPos;
    uchar    *s = "CCAP0H is:";
    uchar    caTmp[4];
    uchar    cTmp1,cTmp2;
    initPCA();
    initTmr();
    xPos = 0;
    yPos = 1;
    RstLcd();
    ClrLcd();
    SetCur(CurFlash);                           //开光标显示、闪烁

    WriteString(s,xPos,yPos);
    for (;;)
    {
            KeyValue = Key();
            if(KeyValue! = 0)
            {
                if(KeyValue == 0xfb)            //P3.2
                    timCount ++ ;
                if(KeyValue == 0xf7)            //P3.3
                    timCount -- ;
                cTmp1 = timCount;
                caTmp[2] = cTmp1 % 10;
                cTmp1/ = 10;
                caTmp[1] = cTmp1 % 10;
                caTmp[0] = cTmp1/10;
                caTmp[0] + = 0x30;caTmp[1] + = 0x30;caTmp[2] + = 0x30;
                cTmp2 = strlen(s);
```

```
            WriteChar(caTmp[0],cTmp2 + 1,yPos);
            WriteChar(caTmp[1],cTmp2 + 2,yPos);
            WriteChar(caTmp[2],cTmp2 + 3,yPos);
        }
        CCAP0H = timCount;
    }
}
```

【程序分析】

为了将字符串写入液晶屏,这通过定义一个 * s 字符串来实现。在 main 函数的主循环之前调用 WriteString 函数写入这个字符串。在字符串后面还要显示 timCount 的值,程序中通过 3 个 WriteChar 函数来实现。首先数值 timCount 拆分成 3 个 BCD 码存放在数组 caTmp 中,然后给每个数加上 0x30,即可将 BCD 码变换成为 ASCII 码。最后调用 WriteChar 函数,将这 3 个字符分别写在字符串的后面。为了要获得字符的位置,这里使用了 strlen 函数来确定字符串的长度,并赋给变量 cTmp2。

将程序编译通过,将代码写入芯片,运行后按下 P3.2、P3.3 所接按键,可以观察到亮度的变化及相对应的 CCAP0H 值。

9.4 电子萤火虫的制作

有了前面讨论的基础以后,就可来实现电子萤火虫的功能了。

9.4.1 基本功能的实现

观察萤火虫的发光过程,可以发现其发光规定是“由暗逐渐到亮,由亮逐渐到暗”。对应于发光二极管的发光过程,当 CCAP0H 逐渐增加时,发光亮度逐渐升高;而当 CCAP0H 逐渐减少时,发光亮度逐渐降低。由此,可以编写出如下的程序。

```
⋮//有关 PCA 初始化、延时程序等部分
void main()
{   bit inCrease = 1;
    uchar timCount;
for(;;)
    {   if(inCrease)
            timCount ++ ;
        else
            timCount -- ;
        CCAP0H = timCount;
        mDelay(10);                 //延时一段时间
```

```
        if(timCount>=250)
            inCrease=0;
        else if(timCount<=10)
            inCrease=1;
    }
}
```

【程序分析】

本程序使用了一个位变量 inCrease。当这个变量为 1 时,变量 timCount 不断增加;而当这个变量为 0 时,变量 timCount 不断减少。这样就模拟了荧火虫发光亮度由暗到亮、再由亮变到暗这样一个过程。

当变量 timCount 的值上升到 250 时,将位变量 inCrease 清零,转入下降通道;而当变量 timCount 下降到 10 时,将位变量 inCrease 置 1,进入上升通道。

9.4.2 真实荧火虫发光的模拟

要对真实的荧火虫发光情况进行模拟,需要巨大的工作量,要使用仪器对荧火虫的发光周期、光强度等参数进行精确的测量。

这里不去讨论这一工作,仅对其中一项参数进行调试,即均匀发光。由于发光二极管的非线性特征,因此,其发光强度与流过其中的电流并非线性关系。前例中 PWM 输出的线性非常好,但是反映到发光上,就表现为亮度的不线性。

观察 9.4.1 小节中关于亮度调节的程序,就是这样的几行:

```
if(inCrease)
        timCount++;
else
        timCount--;
```

显然,这样仅是保证 PWM 占空比的线性变化,而不能保证亮度的线性变化。有时 timCount 变化 1~2 个数字,亮度就会感到有明显的变化;而有时 timCount 变化 10 个数字,亮度变化也不明显。

要实现亮度的线性变化,就要通过观察亮度的变化,找到相应 timCount 的值,而这一点也正是 9.3 节将 CCAP0H 值显示出来要达到的目的。

接下来的工作,就是不断地重复劳动——按下按键,记录 CCAP0H 的值,然后记录亮度的变化。当然,细微的变化用肉眼是难以分辨的,但大致还是能够分出一些级别来。在此,将亮度分为 10 级,并将其对应的数据记录在表 9-6 中。

表 9-6　LED 亮度与 CCAP0H 关系表

亮度等级	1	2	3	4	5	6	7	8	9	10
CCAP0H	1	4	12	22	35	70	128	165	208	254

在程序中实现表 9-6 对应的关系并不困难，用一个数组就可以，详见下面的源程序。最终完成的代码如下。

```
void main()
{
    uint        timCount = 0x10;
    uchar       xPos,yPos;
    uchar       *s = "CCAP0H is:";
    uchar       caTmp[4];
    uchar       cTmp1,cTmp2;
    bit         inCrease = 1;
    uchar       i;
    initPCA();
    initTmr();
    xPos = 0;
    yPos = 1;
    RstLcd();
    ClrLcd();
    SetCur(CurFlash);               //开光标显示、闪烁

    WriteString(s,xPos,yPos);
    for(;;)
    {   if(inCrease)
        {    timCount = brightTab[i];i++;}
        else
        {    timCount = brightTab[i];i--;}
        CCAP0H = timCount;
        mDelay(100);
        if(i == 9)
            inCrease = 0;
        else if(i == 0)
            inCrease = 1;
    }
}
```

【程序分析】

对于这段程序而言，工作量很大的部分是表格的生成，也就是运行 9.3 节中的例子程序，不断按键调节，观察亮度，并记录下当前 CCAP0H 的值。

这项工作不仅工作量大，而且烦琐乏味，又没有技术含量，因而很容易被开发者在项目规划初期忽略掉。

但在实际项目中，做出来的产品能否被用户接受，却很有可能就体现在这样的工作中。这实际上也是很多项目开发中面临的问题，忽视这一点，往往会造成项目开发周期的拖延甚至最终失败。

当然，读者对于这个表格不必太关心。这个表格只适用于作者所做实验的电路板，因为 LED 的发光特性与限流电阻、自身特性等有关，所以这个表格并没有普遍性，而且将亮度仅十等分，也是比较粗糙的。读者应该从中看到的是一个产品的功能如何不断演化，并最终得到结果这样的一个过程。

第10章

红外遥控

红外线遥控因其具有体积小、功耗低、功能强、价格低等特点，被广泛应用于电视、影碟机、空调等电器设备的控制中，是目前应用最为广泛的一种通信和控制方法。在工业现场，因其可以实现完全的电气隔离也日益受到重视。

本章通过使用单片机对遥控接收器进行解码并显示数据的方式来学习红外遥控的相关知识。本章的目的并非仅仅提供关于红外遥控方面的知识，也并非要为读者提供一个成熟、可靠、通用的红外处理程序，而是要展示作者研究红外遥控相关知识的过程，从而给读者一些参考，让读者学习遇到新知识、新问题时如何来解决。因此，本章所给出的一些过程性代码并非是成熟的、可以直接拿来应用的程序样本，而是一些不断改进的代码片断。作者所展示的学习过程也并非唯一途径，仅提供一条解决问题的思路，供读者参考。

10.1 红外遥控知识

红外遥控系统由发射和接收两大部分组成，可以使用专用集成电路芯片来进行编/解码；也可以使用单片机来进行编/解码。使用专用集成电路的优点是成本低，而单片机系统则可以获得更大的灵活性。本节将学习专用编/解码集成电路的遥控编码格式，以便在接收部分使用单片机进行解码。

如图10-1所示是红外遥控系统的框图，图(a)所示是发射部分，图(b)所示是接收部分。发射部分一般包括矩阵键盘、编码调制、驱动、红外发射管等部分；接收部分包括红外接收管、放大、解调、解码部分。

在遥控发射端，矩阵键盘的按键值被编码为一串高、低电平的组合，然后与系统产生的引导码、识别码等组合，形成调制信号。该信号不能直接驱动红外管进行发射。为提高发射系统的效率，增加发射距离，减少误码，需要调制后再发射。调制波的载波频率通常取38 kHz，这由发射端所使用的晶振频率来决定。发射端振荡电路产生的信号被分频，分频系数是12。当采用的晶振频率是455 kHz时，发射频率为：455 kHz÷12≈38 kHz。也有一些遥控系统采用36 kHz、40 kHz、56 kHz等，这可以通过更改不同频率的晶振来获得。不同的调制频率需要接收端采用相应的接收电路或接收头。

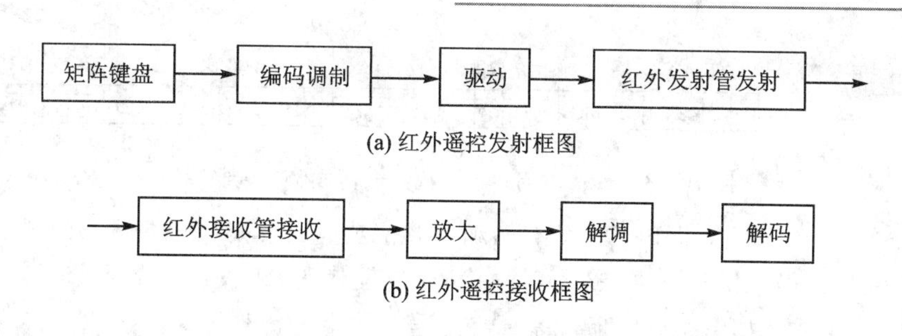

图 10-1 红外遥控系统框图

接收部分的红外接收管是一种光敏二极管，红外接收管接收到的信号要经过放大、解调等才能得到可用于识别的脉冲信号，这些工作可以使用 CX20106 等芯片和红外接收管来完成。不过目前很多应用中都采用接收管、接收电路等部分集成在一起的成品红外接收头。成品红外接收头的优点是不需要复杂的调试，使用起来如同一只三极管，非常方便。图 10-2 所示是一些常用接收头的外形示意图，使用时要特别注意红外接收头的载波频率必须与发射端频率一致，否则不能正确解调。

接收头接收到遥控器发射的信号以后，经过解码，在其输出端获得一串高低电平的组合。遥控发射器专用芯片很多，各自的编码方式也不相同，其中 uPD6121G 组成的发射电路是应用较为广泛的电路。下面以此为例说明编码原理。

uPD6121G 专用电路采用脉宽调制的串行码，以脉宽为 0.56 ms、间隔为 0.56 ms、周期为 1.125 ms 的组合表示二进制的 0；以脉宽为 0.56 ms、间隔为 1.69 ms、周期为 2.25 ms 的组合表示二进制的 1，其波形如图 10-3 所示。

图 10-2 成品专用接收头外形示意图

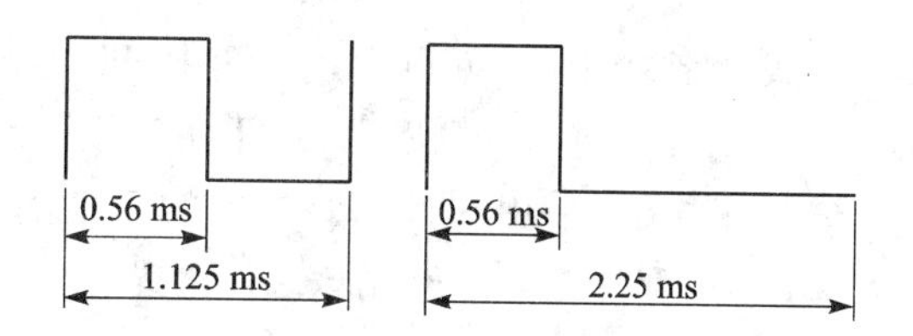

图 10-3 串行接收码波形

遥控器键盘形成的键值被编码后与系统的用户识别码组合，一共得到 32 位脉宽调制码，如图10-4 所示。

当一个键按下时间超过 36 ms 时，振荡器使芯片激活，将发射一组 108 ms 的编码脉冲。这 108 ms 的发射代码由一个起始码(9 ms)、一个引导码(4.5 ms)、低 8 位地址码(9～18 ms)、高 8

起始码	引导码	用户识别码	用户识别码（反码）	操作码	操作码（反码）
9 ms	4.5 ms	C0 C1 C2 C3 C4 C5 C6 C7	C0 C1 C2 C3 C4 C5 C6 C7	D0 D1 D2 D3 D4 D5 D6 D7	D0 D1 D2 D3 D4 D5 D6 D7

图 10-4　键值与用户识别码组合而成脉宽调制码

位地址码(9～18 ms)、8 位数据码(9～18 ms)和这 8 位数据的反码(9～18 ms)组成。如果键按下时间超过 108 ms 仍未松开，接下来发射的代码(连发代码)将仅由起始码(9 ms)、操作码和结束码(2.5 ms)组成。如图 10-5 所示是遥控信号的周期性波形图。

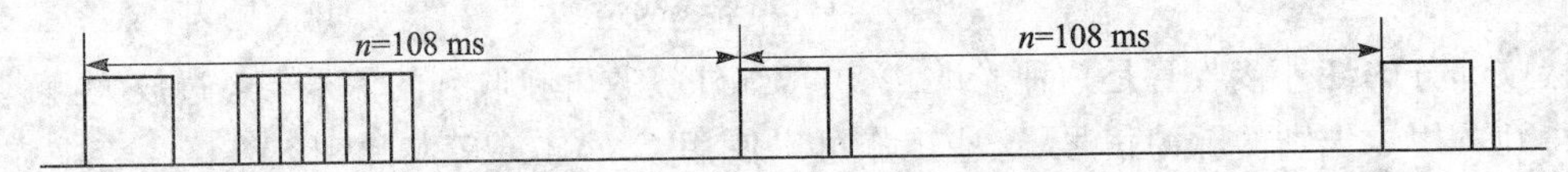

图 10-5　遥控信号的周期性波形

表 10-1 所列是某遥控器部分按键的后 10 位数据。

表 10-1　某遥控器部分按键的后 10 位数据

键	0	1	2	3	4	5	6	7	8	9
键　值	22dd	dc23	3cc3	bc43	7c83	fc03	02fd	827d	42bd	c23d

由于遥控器品种众多，表中所列数据仅是其中的一种。如果要使用一款遥控器，必须找到该款遥控器所用的芯片并得到其资料，这并非易事。为此，有人开发了遥控器测试的专用软件，可以分析出遥控器的编码格式。但这样的软件通常需要相应的硬件支持，并需要付费。如果我们并非专业分析各种遥控器，就只需要自己做个简易测试电路即可。

10.2　红外遥控信号检测

测试电路如图 10-6 所示。从图中可以看出，本电路非常简单，只要一个红外接收头、一片 HIN232、几个电阻和电容即可，用实验板可以很容易地做好。

这个电路可以使用 AT89S52 之类的 51 芯片。不过，为了增加一些知识点的介绍，这里选择了 STC12C5A56S2 芯片。利用该芯片内置的波特率发生器，可以进行波特率高达 115 200 b/s 的通信。

10.2.1　STC12C5A56S2 的串行通信

STC12C5A56S2 是一款市场上新近推出的以 80C51 为内核的芯片，其主要特点如下：

- 高速：单时钟增强型 80C51 内核，速度比普通 80C51 快 8～12 倍；
- 增加第二复位功能，可任意调整复位门槛电压；

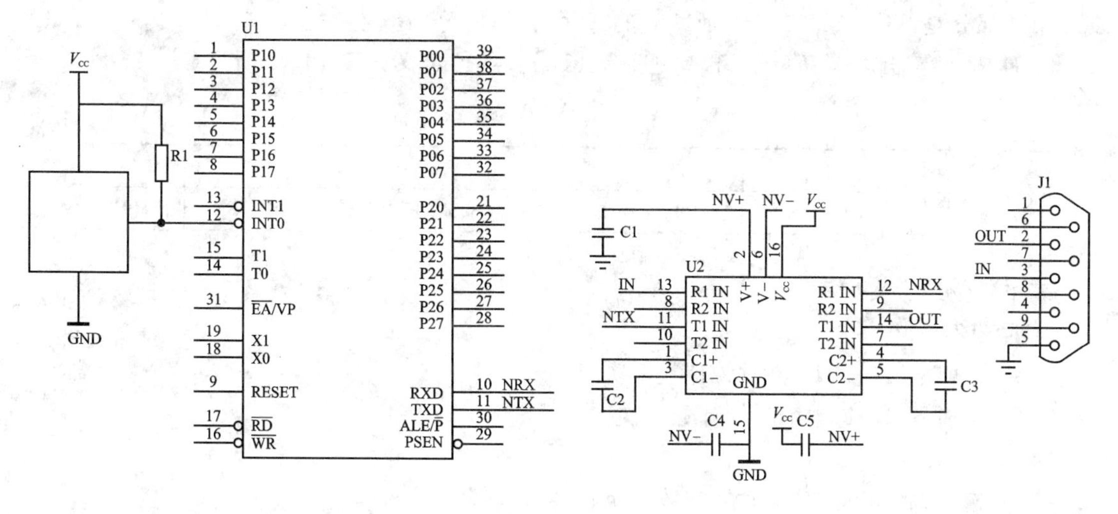

图 10-6 测试电路

- 增加掉电检测电路(P4.6),可在掉电时,及时将数据保存进 EEPROM;
- 低功耗设计:空闲模式,可由外部中断唤醒的掉电模式;
- 工作频率为 0～35 MHz;
- 时钟可选择内部 RC 振荡器或外部晶振;
- 系列芯片可以提供 8～62 KB 的片内 Flash,擦写次数在 10 万次以上;
- 1280 字节的片内 RAM;
- ISP/IAP 功能;
- 8 通道 10 位高速 ADC;
- 2 通道捕获/比较单元(PWM/PCA/CCP);
- 可编程时钟输出功能;
- 通用 I/O 口,可以设置为 4 种模式;
- 全双工异步串行口,兼容普通 80C51 串口;
- 内置 2 个串口;
- 内置波特率发生器。

从这里的介绍可以看到,该芯片功能强大。在这个应用中,主要用到其串口及波特率发生器,因此,以下着重介绍这两部分功能。

1. 串口控制相关寄存器

有关串口控制相关寄存器由两部分组成:

第一部分是与普通 80C51 相同的寄存器,即 SCON、TMOD、TCON、SBUF、PCON 等,这一部分不在这里列出;

第二部分是STC12C5A56S2所特有的寄存器，下面分别叙述。

AUXR寄存器位于SFR空间，其地址是8EH。各位定义如表10-2所列。

表10-2 AUXR寄存器

位	7	6	5	4	3	2	1	0
位名称	T0x12	T1x12	UART_M0x6	BRTR	S2SMOD	BRTx12	EXTRAM	S1BRS

表中各位的含义如下：

➢ T0x12：

0 定时器T0每12个时钟计数1次；

1 定时器T0每1个时钟计数1次。

➢ T1x12：

0 定时器T1每12个时钟计数1次；

1 定时器T1每1个时钟计数1次。

➢ UART_M0X6：

0 当串口工作于方式0时，串口速率为$f_{osc}/12$；

1 当串口工作于方式0时，串口速率为$f_{osc}/2$。

➢ BRTR(S2TR)：

0 禁止独立波特率发生器运行；

1 允许独立波特率发生器运行。

➢ S2SMOD：

0 串口2的波特率不加倍；

1 串口2的波特率加倍。

➢ BRTx12(S2Tx12)：

0 独立波特率发生器每12个时钟计数1次；

1 独立波特率发生器每1个时钟计数1次。

➢ EXTRAM：

0 允许使用内部扩展的1024字节扩展RAM；

1 禁止使用内部扩展的1024字节扩展RAM。

➢ S1BRS：

0 缺省，串口1波特率发生器使用定时器T1；

1 独立波特率发生器作为串口1的波特率发生器。

注意：如果使用STC12C5A56S2的串口2，则永远使用独立波特率发生器。

AUXR1寄存器位于SFR空间，其地址是A2H，各位定义如表10-3所列。

表 10-3 AUXR1 寄存器

位	7	6	5	4	3	2	1	0
位名称	—	PCA_P4	SPI_P4	S2_P4	GF2	ADRJ	—	DPS

表中各位的含义如下：

➤ PCA_P4：

0 缺省，PCA/PWM 在 P1 口；

1 PCA/PWM 从 P1 口切换到 P4 口。

➤ SPI_P4：

0 缺省，SPI 在 P1 口；

1 SPI 从 P1 口切换到 P4 口。

➤ S2_P4：

0 缺省，UART2 在 P1 口；

1 UART2 从 P1 口切换到 P4 口，TxD2 从 P1.3 切换到 P4.3，RxD2 从 P1.2 切换到 P4.2。

➤ GF2：通用标志位。

➤ ADRJ：A/D 转换器结果存放格式选择位。

➤ DPS：

0 使用缺省数据指针 DPTR0；

1 使用另一个数据指针 DPTR1。

通过上述两个寄存器，可以选择串行口所使用的外部引脚、波特率产生方式等相关的设置。

如果要使用串口 1 和独立波特率发生器，应该按以下方式进行设置。

➤ 设置串口 1 的工作模式，SCON 寄存器中的 SM0 和 SM1 两位决定串口 1 的 4 种工作方式；

➤ 设置串口 1 使用独立波特率发生器，设定 AUXR 的 S1BRS 位；

➤ 确定独立波特率发生器每个时钟计数 1 次还是 12 个时钟计数 1 次，这通过 BRTx12 来设定；

➤ 根据所需波特率，将预置数送入独立波特率发生器，计算的方法在下面详述；

➤ 启动独立波特率发生器，即将 AUXR 中的 BRTR 位置 1；

➤ 如果需要使用中断，则应设置串口 1 的中断优先级，并开启中断相应控制位 PS、PSH、ES 和 EA；

➤ 将 REN 位置 1(即可接收数据)，将数据送入 SBUF(即可发送数据)。

2. 独立波特率发生器的波特率计算

STC12C5A56S2 的 BRT 寄存器的地址是 9CH。该寄存器是独立波特率预置数寄存器，其值决定了波特率的大小。

(1) 串口 1 模式 0

串行数据通过 RxD/P3.0 接收，TxD/P3.1 输出同步移位时钟，发送接收的是 8 位数据，低位在先，波特率固定为 $f_{osc}/12$。

(2) 串口 1 模式 1

一帧数据包含 1 个起始位(0)、8 个数据位(低位在先)和 1 个停止位(1)。如果使用独立波特率发生器，则波特率计算方法为：

$$波特率=(2^{SMOD}/32)\times BRT\ 独立波特率发生器的溢出率$$

而 BRT 的溢出率则由下面的式子计算：

$$BRT\ 独立波特率发生器溢出=\begin{cases} f_{osc}/12/(256-BRT) & (BRTx12=0) \\ f_{osc}/(256-BRT) & (BRTx12=1) \end{cases}$$

下面通过一个例子来说明如何确定 BRT 寄存器以及如何进行计算。设晶振频率为 11.0592 MHz，要求波特率为 19 200，试在 BRTx12＝0 和 BRTx12＝1 两种情况下分别计算 BRT 预置值，并分析该值是否能够满足要求。

12T 模式：　$RELOAD=256-INT(f_{osc}/Baud0/32/12+0.5)$　(BRTx12＝0)

1T 模式：　$RELOAD=256-INT(f_{osc}/Baud0/32/+0.5)$　(BRTx12＝1)

说明：INT 表示取整，即舍弃小数部分。通常不论在哪种编程语言中，用 INT 表示的函数并不能自动进行 4 舍 5 入的运算，因此，在算式中后面加上 0.5，表示对运算结果实行 4 舍 5 入的取整运算。

当 AUXR 寄存器设置为 0x11 时，为 12T 模式：

$$f_{osc}=11\,059\,200,\ Baud0=19\,200,\ SMOD=0$$

$$\begin{aligned} RELOAD &=256-INT(11\,059\,200/19\,200/32/12+0.5) \\ &=256-INT(1.5+0.5)=256-2=254 \quad (0xfe) \end{aligned}$$

在得到 BRT 的预置值后，重新计算波特率。

$$BRT\ 发生器溢出率=f_{osc}/12/(256-BRT)=11\,059\,200/12/2=460\,800$$

$$波特率(SMOD=0)=460\,800/32=14\,400$$

可见这样的设计达不到预期效果。

当 AUXR 寄存器设置为 0x15 时，为 1T 模式：

$$f_{osc}=11\,059\,200,\ Baud0=19\,200,\ SMOD=0$$

$$RELOAD=256-INT(11\,059\,200/19\,200/32+0.5)=256-18=238 \quad (0xee)$$

在得到 BRT 的预置值后，重新计算波特率。

$$\text{BRT 发生器溢出率} = f_{osc}/(256-\text{BRT}) = 11\,059\,200/18 = 614\,400$$

$$\text{波特率(SMOD}=0) = 614\,400/32 = 19\,200$$

在这种方式下可以达到设计要求。

(3) 串口 1 模式 2

11 位数据 UART 模式。一帧数据包含 1 个起始位(0)、8 个数据位(低位在前)、1 个可编程的第 9 位和 1 个停止位(1)。发送时,第 9 位数据位来自特殊功能寄存器 SCON 的 TB8 位;接收时,第 9 位数据进入特殊功能寄存器 SCON 的 RB8 位。波特率可编程为系统时钟频率 $f_{osc}/32$ 或者 $f_{osc}/64$,串口 2 工作在模式 2 和串口 1 工作在模式 2 是相同的。

当 SMOD=0 时,串口 2 波特率 $=f_{osc}/64$;

当 SMOD=1 时,串口 2 波特率 $=f_{osc}/32$。

(4) 串口 1 模式 3

11 位可变波特率 UART 模式。一帧数据有 11 位,与模式 2 的数据格式相同。发送时,波特率由定时器 T1 或者独立的波特率发生器来确定,确定的方式如同模式 1。

10.2.2　测试程序

根据电路图及 10.2.1 小节所介绍有关串口知识,测试程序编写如下:

```
#include "STC_NEW_8051.H"


#define RELOAD_COUNT 0xfa           //11.0592MHz,1T,SMOD = 0,57600bps(SMOD = 0)
typedef unsigned int uint;
typedef unsigned char uchar;
bit mainProc  =  0;
uchar tmpH,tmpL;
/*********************************************************************
函数功能:初始化定时器和串行口
入口参数:无
返    回:无
备    注:无
*********************************************************************/
void init_Timer_Ser()
{
    TMOD    |=    0x11;             //T0 和 T1 均用做 16 位定时器
    PCON     =    0x80;             //波特率加倍
    SCON     =    0x50;             //01010000,8 位可变波特率,无奇偶校验位
    BRT      =    RELOAD_COUNT;
    AUXR     =    0x15;
```

```
    TR1      =    1;
    ET1      =    1;                 //定时器 T1 中断
    EA       =    1;                 //总中断
}
/**********************************************************************
函数功能:通过串口发送数据
入口参数:等待发送的数据
返    回:无
备    注:无
**********************************************************************/
void Ser_Send(uchar Dat)
{
    SBUF = Dat;
    for (;;)
    {    if (TI)
           break;
    }
    TI = 0;
}
/**********************************************************************
函数功能:初始化外中断 0
入口参数:无
返    回:无
备    注:无
**********************************************************************/
void init_Ex0()
{
    EX0 = 1;                         //允许外部中断
    IT0 = 1;                         //下降沿中断
}
bit StartCount;                      //说明收到了同步码
bdata RecDat;
bdata RecDatF;
/**********************************************************************
函数功能:外部中断、定时中断处理程序
入口参数:无
返    回:无
备    注:无
**********************************************************************/
```

```
void Int_Ex0() interrupt 0
{    uint tmp;
     TR0 = 0;                              //停止 T0 的运行
     tmpH = TH0;
     tmpL = TL0;
     tmp = TH0;
     TH0 = 0;
     TL0 = 0;                              //清除 T0
     TR0 = 1;                              //开始 T0 运行
     mainProc = 1;                         //开始发送数据
}
void main()
{
     init_Timer_Ser();                     //初始化定时器、串行口
     init_Ex0();                           //允许外中断触发
     Ser_Send(0xaa);
     mainProc = 0;
     for  (;;)
     {
          if  (mainProc)
          {    Ser_Send(tmpH);Ser_Send(tmpL);
               mainProc = 0;
          }
     }
}
```


【程序说明】

主机端使用一个串口接收程序，如串口助手软件等，设置其波特率为 1152000，8 个数据位，1 个停止位，无校验位，选择十六进制显示。按动遥控器即在其数据显示窗口显示所接收到的数据。

下面给出该遥控器所接收并整理后的部分数据。

按下“0”键后的结果如下：

20 43，07 FF，03 F9，07 FF，07 FF，03 F9，07 FD，03 F9，03 F9，07 FF，03 F7，07 FF，07 FF，03 F9，07 FF，03 F9，03 F7，03 F9，03 F7，07 FF，03 F9，03 F9，03 F7，07 FF，03 F9，07 FF，07 FF，03 F9，07 FD，07 FF，07 FF，03 F9，07 FF

从上面可以看出，第一个数据 2043 是一个长宽脉冲，这是一个同步码；余下的数据中有与 07FF 大小相近和与 03F9 大小相近的两类数据，可以看出 07FF 是一个宽脉冲，而 03F9 则是一个窄脉冲。如果将宽脉冲设为 1，而窄脉冲设为 0，则可以整理出下面的二进制代码：

同步码　1011,0100,1011,0100,0010,0010,1101,1101

去掉同步码,将其后的二进制码写成十六进制格式就是:B4B422DDH。

将其余按键所获得的数据及整理后的数据列于其下:

按下“1”键后的结果如下:

20 43,07 FF,03 F9,07 FF,07 FF,03 F9,07 FF,03 F9,03 F7,07 FF,03 F9,07 FD,07 FF,03 F9,07 FF,03 F9,03 F9,07 FD,07 FF,03 F9,07 FF,07 FF,07 FF,03 F9,03 F9,03 F7,03 F9,07 FD,03 F9,03 F9,03 F7,07 FF,07 FF

整理后的结果为:

同步码　1011,0100,1011,0100,1101,1100,0010,0011

十六进制格式:B4B4DC23H

按下“2”键后的结果如下:

20 43,07 FF,03 F9,07 FD,07 FF,03 F9,07 FF,03 F9 ,03 F9,07 FD,03 F9,07 FF,07 FF,03 F9,07 FF,03 F7,03 F9,03 F9,03 F7,07 FF,07 FF,07 FF,07 FF,03 F9,03 F9,07 FD,07 FF,03 F9,03 F9,03 F7,03 F9,07 FF,07 FF

整理后的结果为:

同步码　1011,0100,1011,0100,0011,1100,1100,0011

十六进制格式:B4B43CC3H

按下“3”键后的结果如下:

20 41,08 01,03 F7,07 FF,07 FF,03 F9,07 FF,03 F9,03 F7,07 FF,03 F9,07 FF,07 FF,03 F9,07 FD,03 F9,03 F9,07 FF,03 F9,07 FD,07 FF,07 FF,07 FF,03 F9,03 F9,03 F7,07 FF,03 F9,03 F9,03 F7,03 F9,07 FF,07 FF

整理后的结果为:

同步码　1011,0100,1011,0100,1011,1100,0100,0011

十六进制格式:B4B4BC43H

按下“4”键后的结果如下:

20 43,07 FF,03 F9,07 FD,07 FF,03 FB,07 FD,03 F9,03 F9,07 FD,03 F9,07 FF,07 FF,03 F9,07 FF,03 F9,03 F7,03 F9,07 FD,07 FF,07 FF,07 FF,08 01,03 F7,03 F9,07 FF,03 F9,03 F7,03 F9,03 F7,03 F9,07 FF,07 FF

整理后的结果为:

同步码　1011,0100,1011,0100,0111,1100,1000,0011

十六进制格式:B4B47C83H

按下“5”键后的结果如下:

20 43,07 FF,03 F9,07 FF,07 FF,03 F9,07 FF,03 F9,03 F7,07 FF,03 F9,07 FD,08 01,03 F9,07 FD,03 F9,03 F9,07 FD,07 FF,08 01,07 FF,07 FF,07 FF,03 F9,03 F7,03 F9,

03 F7,03 F9,03 F9,03 F7,03 F9,07 FD,07 FF

整理后的结果为：

同步码 1011,0100,1011,0100,1111,1100,0000,0011

十六进制格式：B4B4FC03H

按下"6"键后的结果如下：

20 43,07 FF,03 F7,07 FF,07 FF,03 F9,07 FF,03 F9,03 F9,07 FD,03 F9,07 FF,07 FF,03 F9,07 FF,03 F7,03 F9,03 F9,03 F7,03 F9,03 F7,03 F9,03 F7,07 FF,03 F9,07 FF,07 FF,07 FF,07 FF,07 FF,07 FF,03 F9,07 FF

整理后的结果为：

同步码 1011,0100,1011,0100,0000,0010,1111,1101

十六进制格式：B4B402FDH

按下"7"键后的结果如下：

20 43,08 01,03 F9,07 FD,07 FF,03 F9,07 FF,03 F9,03 F7,07 FF,03 F9,07 FF,07 FF,03 F9,07 FD,03 F9,03 F9,07 FF,03 F9,03 F7,03 F9,03 F7,03 F9,07 FD,03 F9,03 F9,07 FF,07 FF,07 FF,07 FF,07 FF,03 F9,07 FF

整理后的结果为：

同步码 1011,0100,1011,0100,1000,0010,0111,1101

十六进制格式：B4B4827DH

按下"8"键后的结果如下：

20 43,07 FF,03 F9,07 FD,07 FF,03 F9,07 FF,03 F9,03 F9,07 FF,03 F7,07 FF,07 FF,03 F9,07 FF,03 F9,03 F7,03 F9,07 FD,03 F9,03 F9,03 F9,03 F7,07 FF,03 F9,07 FD,03 F9,07 FF,07 FF,07 FF,07 FF,03 F9,07 FF

整理后的结果为：

同步码 1011,0100,1011,0100,0100,0010,1011,1101

十六进制格式：B4B442BDH

按下"9"键后的结果如下：

20 43,07 FF,03 F9,07 FF,07 FF,03 F9,07 FD,03 F9,03 F9,07 FF,03 F7,07 FF,07 FF,03 F9,07 FF,03 F9,03 F7,07 FF,07 FF,03 F9,03 F9,03 F7,03 F9,07 FF,03 F7,03 F9,03 F9,07 FD,07 FF,08 01,07 FF,03 F7,07 FF

整理后的结果为：

同步码 1011,0100,1011,0100,1100,0010,0011,1101

十六进制格式：B4B4C23DH

按下"Play"键后的结果如下：

20 41,07 FF,03 F9,07 FF,07 FF,03 F7,07 FF,03 F9,03 F7,07 FF,03 F9,07 FF,07

FF,03 F9,07 FD,03 F9,03 F9,07 FD,03 F9,03 F9,03 F7,07 FF,07 FF,03 F9,03 F7,03 F9,07 FD,08 01,07 FF,03 F7,03 F9,07 FF,07 FF

整理后的结果为:

同步码 1011,0100,1011,0100,1000,1100,0111,0011

十六进制格式:B4B48C73H

按下"Up"键后的结果如下:

20 41,08 01,03 F7,07 FF,07 FF,03 F9,07 FF,03 F9,03 F7,07 FF,03 F9,07 FD,07 FF,03 F9,07 FF,03 F9,03 F7,07 FF,07 FF,07 FF,03 F9,03 F7,03 F9,07 FD,03 F9,03 F9,03 F7,03 F9,07 FD,07 FF,07 FF,03 F9,07 FF

整理后的结果为:

同步码 1011,0100,1011,0100,1110,0010,0001,1101

十六进制格式:B4B4E21DH

按下"Down"键后的结果如下:

20 43,07 FF,03 F9,07 FF,07 FF,03 F7,07 FF,03 F9,03 F7,07 FF,03 F9,07 FF,07 FF,03 F9,07 FD,03 F9,03 F7,03 F9,03 F9,03 F7,07 FF,03 F9,03 F7,07 FF,03 F9,07 FD,07 FF,07 FF,03 F9,07 FF,07 FF,03 F9,07 FD

整理后的结果为:

同步码 1011,0100,1011,0100,0001,0010,1110,1101

十六进制格式:B4B412EDH

按下"<"键后的结果如下:

20 43,07 FF,03 F9,07 FF,07 FF,03 F9,07 FD,03 F9,03 F9,07 FD,03 F9,07 FF,07 FF,03 F9,07 FD,03 F9,03 F9,07 FD,03 F9,03 F9,07 FD,07 FF,03 F9,07 FF,03 F9,03 F7,07 FF,07 FF,03 F9,03 F7,07 FF,03 F9,07 FD

整理后的结果为:

同步码 1011,0100,1011,0100,1001,1010,0110,0101

十六进制格式:B4B49A65H

按下">"键后的结果如下:

20 41,07 FF,03 F9,07 FF,07 FF,03 F9,07 FD,03 F9,03 F9,07 FD,03 F9,07 FF,07 FF,03 F9,07 FD,03 F9,03 F9,03 F7,07 FF,03 F9,07 FF,07 FF,03 F7,07 FF,03 F9,07 FF,03 F7,07 FF,03 F9,03 F7,07 FF,03 F9,07 FF

整理后的结果为:

同步码 1011,0100,1011,0100,0101,1010,1010,0101

十六进制格式:B4B45AA5H

按下"Power"键后的结果如下:

20 41,07 FF,03 F9,07 FF,07 FF,03 F9,07 FF,03 F7,03 F9,07 FF,03 F7,07 FF,07 FF,03 F9,07 FF,03 F7,03 F9,03 F9,03 F7,03 F9,03 F7,07 FF,07 FF,03 F7,03 F9,07 FF,07 FF,07 FF,07 FF,03 F9,03 F7,07 FF,07 FF

整理后的结果为：

同步码　1011,0100,1011,0100,0000,1100,1111,0011

十六进制格式:B4B40CF3H

按下“Stop”键后的结果如下：

20 43,07 FF,03 F9,07 FD,07 FF,03 F9,07 FF,03 F7,03 F9,07 FF,03 F7,07 FF,07 FF,03 F9,07 FF,03 F9,03 F7,07 FF,03 F9,03 F7,07 FF,07 FF,07 FF,03 F9,03 F7,03 F9,07 FD,07 FF,03 F9,03 F9,03 F7,07 FF,07 FF

整理后的结果为：

同步码 1011,0100,1011,0100,1001,1100,0110,0011

十六进制格式:B4B49C63H

按下“＞＞”键后的结果如下：

20 41,08 01,03 F7,07 FF,07 FF,03 F9,07 FF,03 F7,03 F9,07 FD,03 F9,07 FF,07 FF,03 F9,07 FD,03 F9,03 F9,03 F9,03 F7,07 FF,03 F9,07 FD,07 FF,03 F9,03 F9,07 FD,07 FF,03 F9,07 FF,03 F9,03 F7,07 FF,07 FF

整理后的结果为：

同步码 1011,0100,1011,0100,0010,1100,1101,0011

十六进制格式:B4B42CD3H

按下“＜＜”键后的结果如下：

20 41,07 FF,03 F9,07 FF,07 FF,03 F9,07 FF,03 F7,03 F9,07 FF,03 F7,07 FF,07 FF,03 F9,07 FF,03 F7,03 F9,07 FF,03 F9,07 FD,03 F9,07 FF,07 FF,03 F7,03 F9,03 F7,07 FF,03 F9,07 FF,03 F9,03 F7,07 FF,07 FF

整理后的结果为：

同步码　1011,0100,1011,0100,1010,1100,0101,0011

十六进制格式:B4B4AC53H

分析以上数据，可以看到所有数据的前16位均是10110100B,10110100B,即十六进制的B4H、B4H,这就是我们所用这一遥控器的识别码。将该识别码去掉，再将数据整理后得到表10-4。

从这个表的数据可以看到数据“0”前8位为22H(00100010B),后8位为DDH(11011101B);数据“1”的前8位为DCH(11011100B),后8位为23H(00100011B)。不难看出这是一组互补的数据，因此，无论读出前8位或者后8位数据都可以识别出该键。一般的做法是将前8位数据作为识别码，而后8位数据作为校验码，即同时读出两组数据，并且判断两者之间是否为互补关系。如果是互补关系，则确认本次读码有效；否则视作读码失败，丢弃本次读码结果。

表10-4 按键与接收到的代码之间对应关系表

按 键	0	1	2	3	4	5	6	7	8	9
数 据	22DD	DC23	3CC3	BC43	7C83	FC03	02FD	827D	42BD	C23D
按 键	Play	Up	Down	Left	Right	Power	Stop	>>	<<	
数 据	8C73	E21D	12ED	9A65	5AA5	0CF3	9C63	2CD3	AC53	

10.3 遥控器的制作

在分析了红外遥控接收有关功能以后，可以编写出具有一定功能的遥控接收程序。如图10-7所示是遥控接收器的电路原理图，下面这个程序仅作简单的演示，要完成的工作很简单，就是读出按键值，然后将其显示在数码管上。

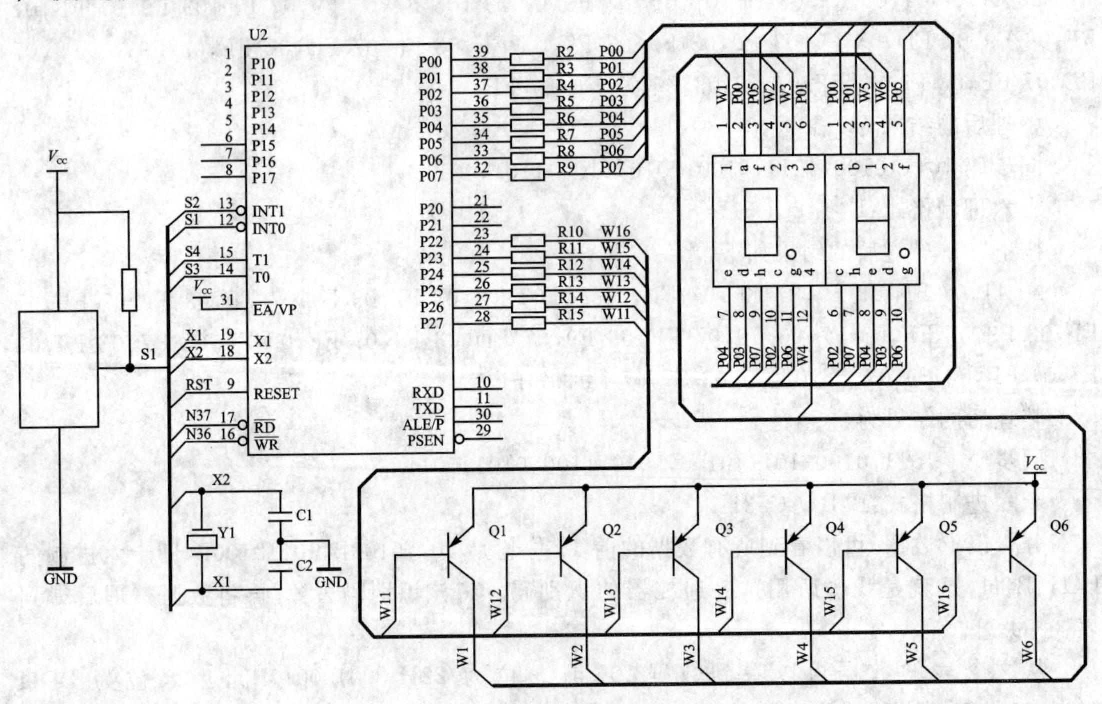

图10-7 遥控接收器的电路原理图

```
#include "reg51.h"
#define uchar unsigned char
#define uint unsigned int

bit mainProc = 0;
uchar tmpH,tmpL;
sbit P1_0 = P1^0;

#define Hidden 0x10;
uchar code BitTab[] = {0x7F,0xBF,0xDF,0xEF,0xF7,0xFB};
uchar code DispTab[] = {0xC0,0xF9,0xA4,0xB0,0x99,0x92,0x82,0xF8,0x80,0x90,0x88,0x83,0xC6,
0xA1,0x86,0x8E,0xFF};
uchar DispBuf[6] = {16,16,16,16,0,0};      //6字节的显示缓冲区

void Timer1() interrupt 3              //用于数码管显示
{
⋮
}

void init_Timer()
{    TMOD| = 0x11;                     //T0,T1定时器工作方式1
}
void init_Ex0()
{
⋮
}
bit StartCount;                        //说明收到了同步码
bdata RecDat;

void Int_Ex0() interrupt 0             //外部中断、定时中断处理程序,参考10.2.2小节的程序
{
⋮
}
void mDelay(uint i)
{
⋮
}
uchar code KeyTab[] = {0x22,0xdc,0x3c,0xbc,0x7c,0xfc,0x02,0x82,0x42,0xc2,0x8c,0xe2,0x12,
0x9a,0x5a,0x0c,0x9c,0x2c,0xac};
```

```
/*************************************************************************
函数功能:根据键值确定显示值
入口参数:键值
返    回:显示值
备    注:无
*************************************************************************/
uchar Search(uchar Dat)
{    uchar i = 0;
    for(i = 0;i<18;i ++ )
    {     if(Dat = = KeyTab[i])
          break;
    }
    return i;
}
void main()
{    uchar count = 0;
    uchar RecDat = 0;
    uint tmp;
    uchar iDat;
    bit StartC = 0;
    bit Proc = 0;
    init_Timer();                          //初始化定时器
    init_Ex0();                            //允许外中断触发
    EA = 1;                                //开总中断
    ET1 = 1;
    TR1 = 1;                               //定时器 T1 运行
    mainProc = 0;
    for(;;)
    {   if(mainProc&&(! Proc))
        {
            tmp = tmpH;
            tmp * = 256;
            tmp + = tmpL;
            if((tmp>8200)&&(tmp<8350))
                StartC = 1;
            if(StartC)
                count ++ ;
            if((count> = 18)&&(count< = 25))
            {    RecDat<< = 1;
```

```
            if(tmpH>5)
                RecDat| = 0x01;
        }
        if(count> = 32)
        {
            Proc = 1;
            count = 0;
            StartC = 0;
            EX0 = 0;
        }
        mainProc = 0;
    }
    if(Proc)
    {   mDelay(100);
        iDat = Search(RecDat);
        DispBuf[4] = iDat/10;
        DispBuf[5] = iDat % 10;
        Proc = 0;
        EX0 = 1;
        TH0 = 0;TL0 = 0;
    }
  }
}
```

【程序分析】

本段程序使用中断获得遥控器按钮的返回值后，使用一个 Search()函数，通过查表的方式来确定键值。只要获得了键值，就可以根据需要做各种处理。本程序只是简单地将键值显示在数码管上。

第11章

“星际飞船”控制器

“星际飞船”是一款使用蓄电池供电的电控游艺机，应用到了键盘控制、数码显示、MP3 播放、无线遥控、数据存储等功能。本机的特点是设计阶段就充分考虑了模块化开发的要求，因而从硬件设计到软件编写都体现了这一设计思想。本章通过对这一控制器的介绍，了解模块化的硬件设计方法；学习 C51 中的多模块编程；掌握一个相对较为完整的系统开发过程。

11.1 “星际飞船”状态与功能

本节对“星际飞船”的各种工作状态和功能进行描述，使读者对其有较为完整的认识，以便在后面的学习中与程序进行对照分析。

11.1.1 运行状态描述

“星际飞船”在工作时可以分为 3 种状态。第 1 种是运行状态；第 2 种是设置状态；第 3 种是低压保护状态。

1. 运行状态

运行状态又可以分为初始、启动和结束 3 种状态。开机时直接打开电源即进入运行状态。

① 初始状态。打开电源开关，电脑板通电自检后，数码管显示需要投币的数量，总控继电器不吸合，需要投币的数量在设置状态中设定。

② 启动状态。当有投币完成、手工启动或无线启动 3 个动作之一后，数码管显示定时时间，MP3 模块开始播放歌曲，LED 灯开始闪烁，总控继电器释放。

③ 结束状态。设定的时间到或收到无线遥控发送的停止信号后，关闭所有 LED 显示灯，关闭 MP3 播放器，电脑板回到初始化状态，等待下一次启动信号到来。

2. 设置状态

在打开电源开关前按住“手动”键不放，然后再打开电源开关，即可进入设置状态。在这个状态中完成各种参数的设置，包括启动方式选择、投币数设置、播放时间等。

3. 低压保护状态

当系统供电电压过低时，不论以何种方式打开电源开关，总是进入低压保护状态，所有 LED 灯以慢速闪烁，提示管理员为蓄电池充电。在低压保护状态下，所有功能无法使用。

为方便编程，需要对该设计的各种状态进行编码。虽然在前面的分析中状态被分成 2 个层次，但在编程时为了方便将其统一编码，使用变量 WorkStatus 描述各种工作状态。

WorkStatus 的数值与状态的对应关系如下：

WorkStatus＝0：初始状态；

WorkStatus＝1：启动状态；

WorkStatus＝2：结束状态；

WorkStatus＝3：设置状态；

WorkStatus＝4：低压保护状态。

11.1.2 功能描述

了解游艺机的各种工作状态后，下面对各功能部件的工作过程进行分析。

1. 数码管显示

数码管有 6 位，显示“00(时)00(分)00(秒)”，在设置时间时可对显示方式进行设置，既可倒计时也可顺计时。倒计时显示设定的时间，然后一秒一秒地减少。如设置游艺机的工作时间为 30 min，倒计时即启动后显示003000，逐渐减少到000000为止；顺计时则是在启动时显示000000，然后一秒一秒地增加，直到增加到003000为止。

2. 电瓶电量检测

使用一块专用芯片检测电瓶电压。当电瓶电量为满时该芯片输出为高电平；当电瓶缺电时该芯片输出为低电平。检测芯片接到单片机的 P1.7 引脚。

3. LED 显示

启动电脑板后，LED1、LED2、LED3 分别先闪烁后熄灭，接着又是 LED1 先闪烁后熄灭…如此循环，即“串闪”功能。LED4 和 LED5 一起闪，即“频闪”功能。按照这个状态一直到所定时的时间到后闪灯全部熄灭。其中，LED1、LED2、LED3、LED4、LED5 分别由 P1.0～P1.4 控制。

当电脑板在启动运行中检测到电瓶两端的电压为低以后，驱动所有的 LED 灯同时以很慢的速度闪烁。

4. 总控继电器

总控继电器实现总控功能。电脑板开机时总控继电器不吸合，到预设应该停止的时间或收到无线遥控器发送过来的停止信号后，总控继电器吸合。

5. 无线遥控

无线遥控器控制启动和停止。上电后，无线接收模块的 D3～D0 四个引脚为低电平，收到信号后输出高电平。手持式 12 键无线遥控器和无线接收模块 D3～D0 输出的对应关系如表 11-1 所列。如果“星际飞船”的船号被设置为 1 号，那么当 1 号键按下后，该船启动，其余船不动。同一区域中最多可以安装 12 艘船，因此每块控制板的船号设置可以为 0～12 号中的任意数字。如果船号设置为 0，则该船不能由遥控器来启动和停止。

表 11-1 无线遥控按键与接收模块输出之间的对应关系

按 键	1	2	3	4	5	6	7	8	9	10	11	12
D3～D0	1000	0100	1100	0010	1010	0110	1110	0001	1001	0101	1101	0011

6. MP3 播放功能

系统启动后 MP3 模块开始播放歌曲，一首接一首地播放，播放完了重新播放，即循环播放歌曲。在播放状态中，按“上一曲”或“下一曲”键，可以选择播放上一首曲目或下一首曲目。播放时，长按住“上一曲”或“下一曲”键，可以快进或快退当前曲目，松开按键恢复正常播放。按“音量＋”或“音量－”键，可以增加或减小音量输出。长按住“音量＋”或“音量－”键，可以快进或快退音量。设定的时间到或收到无线停止信号后，停止播放歌曲，回到初始化状态。

通过以上描述可以看到，这一游戏机功能较为复杂，功能模块较多。为完成这一系列的功能，需要硬件设计与软件设计合理配合，在成本允许的情况下，将各部分功能尽量分开完成。而在软件设计时则应采用模块化方式。

11.1.3 设置状态描述

如果要对系统进行设置，那么在开机前就要按住“手动”键不放，然后再打开电源开关。此时数码管显示000000，表示顺计时模式。

1. 更换工作模式

如果需要更换工作模式，则应在进入设置状态后首先进行这一工作，按“上一曲”键，数码管显示------，表示进入倒计时状态。

2. 时间设置

如果需要更改时间设置，则应在设置好工作模式后，按“下一曲”键进行时间设置。数码管显示第 1 位和第 2 位，即小时位，其余不显示。按“音量＋”键和“音量－”键设定小时数，按“音量＋”键小时加 1，数码显示01；按“音量－”键小时减 1。设置的数可以在 0～24 之间，如设定的数超过 24 则回到 0。

设置好后，按“下一曲”键开始设置分钟，数码管显示中间两位，即分钟位，其余不显示。这时按"音量＋"键和"音量－"键设定分钟，按一下"音量＋"键分钟加 1，数码显示01；按一下"音量－"键分钟减 1。设定的数在 0～59 之间。如果设定的数超过 59 即回到 0 重新开始设置。如果将小时和分钟都设置为 0，则系统无法启动，必须重新设置。

3. 船号设置

如果需要更改船号设置，则应在设置好时间后按"下一曲"键设置。按下此键后，数码管显示最后两位，即船号位，其余的不显示。这时按"音量＋"键和"音量－"键就可以设定船号，按一下"音量＋"键加 1，数码显示01，表示是 1 号船；按"音量－"键减 1，数码显示00，表示船号为 0（如果设置成这种情况，系统只能投币和手动启动，无线遥控无效）。设定的船号在 0～12 之间，如果设定的数超过 12 则回到 0 开始重新设置。

4. 投币数设置

如果需要更改投币数，则应在船号设置好后，按"下一曲"键进行。按下此键后，数码管显示第一位，即-，其余位不显示，表示投一个币后系统启动；按下"音量＋"键数码管显示--，表示投 2 个币后系统启动；按"音量－"键数码管显示则依次减少。最多可以设置 6 个币，最少可以设置 1 个币。投币数设置完毕，松开"手动"键，设定的数据被保存。

在设置过程中一直按住"手动"键，设置完毕后才松开"手动"键以保存设置。如果要改变设置就重新进行。

11.2 硬件设计

如图 11－1 所示是经过简化后的"星际飞船"系统原理图。本系统由如下部分组成：

① LED 驱动部分，由 P1.0～P1.6 经 LED 驱动专用集成电路连接到发光二极管 D1～D7。发光二极管安装于机器外部，由程序设置在不同的状态下闪烁发光。

② 继电器控制。

③ 设置与操作模块。

④ MP3 模块，本机的 MP3 采用现成的模块，通过 I^2C 总线来进行控制。

⑤ 遥控模块，本机采用通用遥控接收模块，其输出的 4 条数据线接入单片机，用于数据传递。

⑥ 数据存储，使用 X5045 芯片作为复位，同时作为数据存储。

⑦ LED 数码管显示，使用 CH452 专用驱动芯片来设计，CH452 的控制端接到 89C52 芯片的 P3.0 和 P3.1 端。

数码管部分被做成单独的一块显示板，如图 11－2 所示是部分显示电路图，其中仅画了 2 个数码管，还有 4 个数码管没有画出来。所有 6 个数码管的笔段引脚全部并联，这 4 个没有画出的数码管，其位引脚分别连接到 CH452 芯片上方标有 LED3～LED6 的引线上。

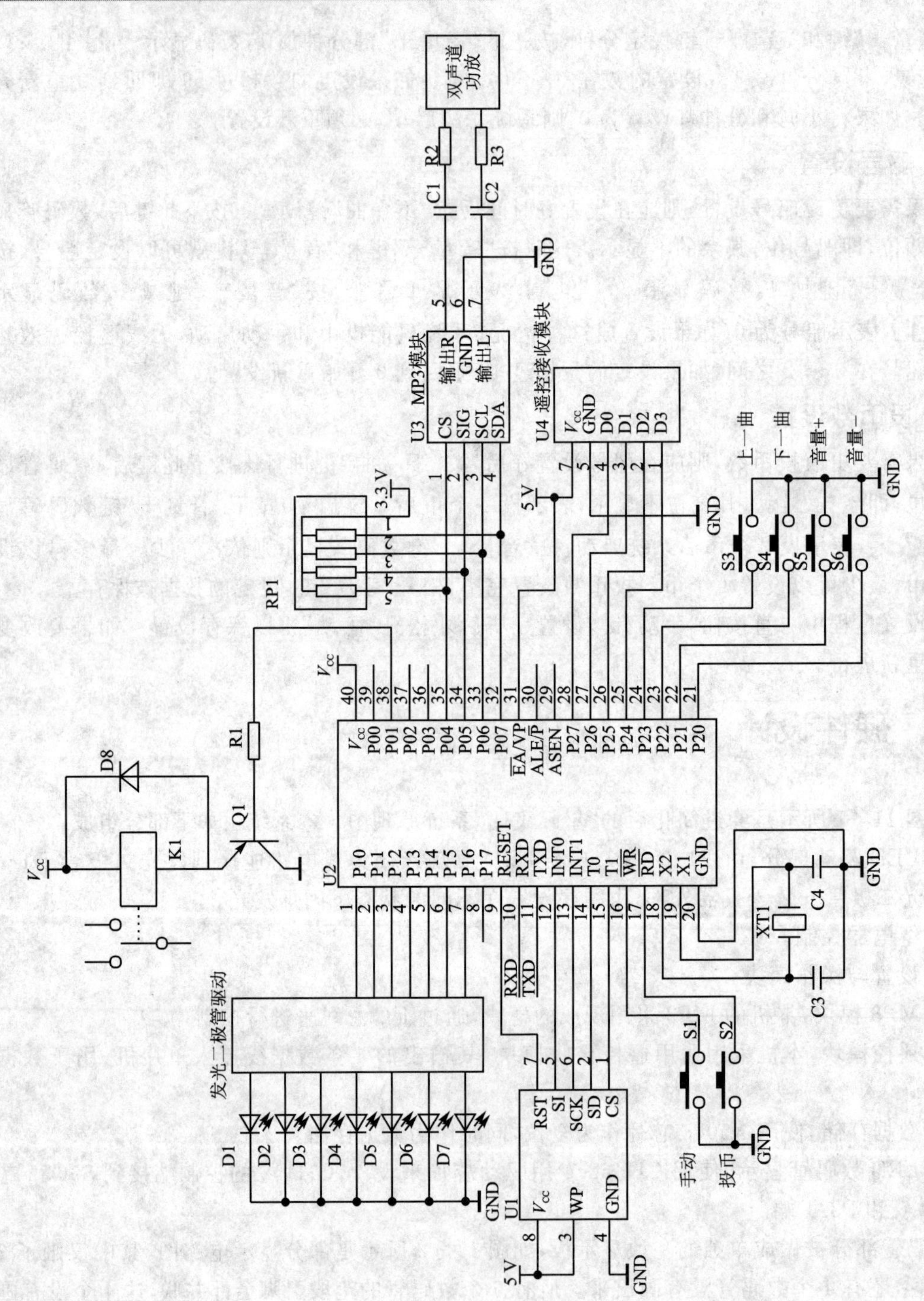

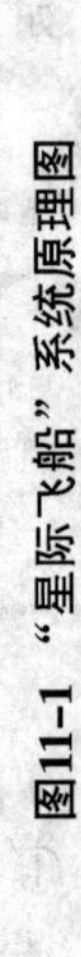
图11-1 “星际飞船”系统原理图

由此可以看出，本系统在电路设计时就充分考虑了功能的模块化。

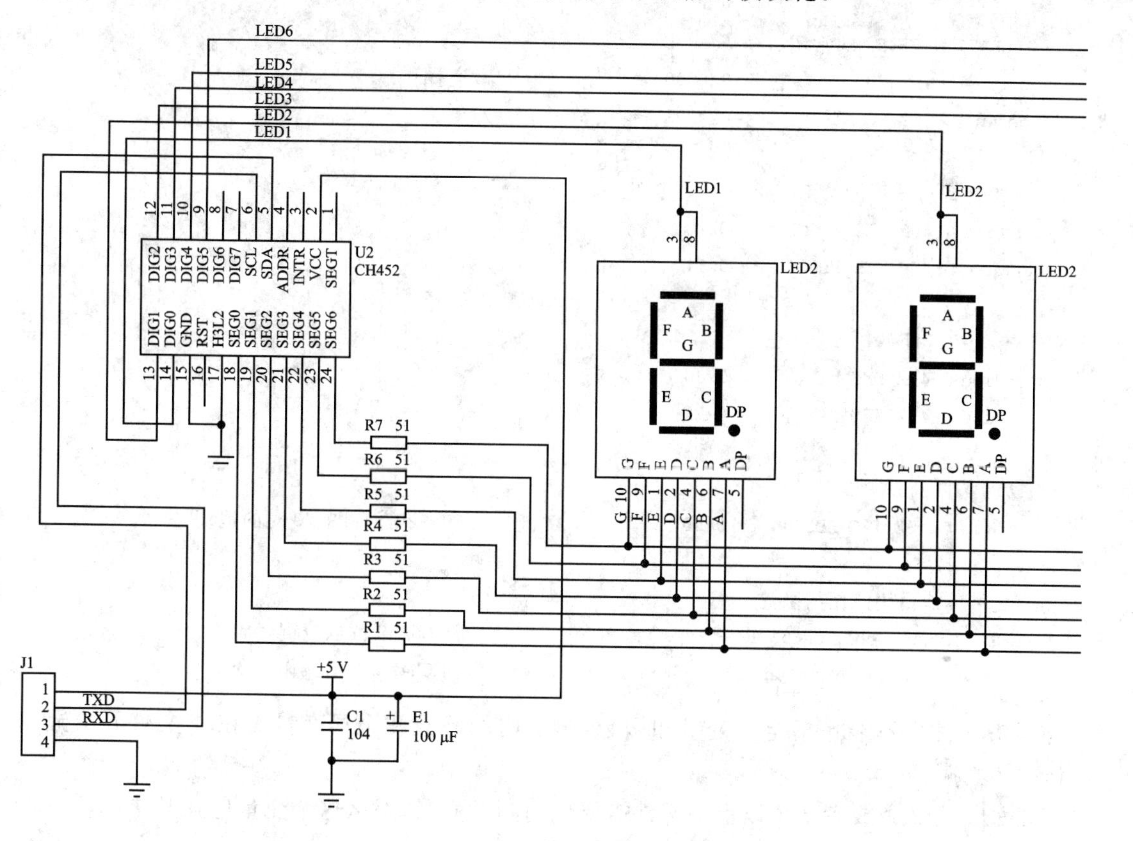

图 11-2 CH452 驱动的数码管显示电路图(部分)

11.3 模块化编程

当编写的程序规模较小时，将所有的功能函数写在一个文件中是恰当的，这样编译、调试等都很方便。当编写的程序规模较大时，再将所有的源程序全部放在一个文件中就不合适了。这时将不同功能的函数分别写成文件，然后在一个项目中将它们集成起来进行编译，即采用模块化编程比较合适。

① 每个模块就是一个 C 语言文件和一个头文件的结合。如将 X5045 操作的所有功能集中于 x5045.c 文件，将各种函数的定义提取出来，专门放在一个名为 x5045.h 文件中。如果其他文件需要用到 x5045.c 文件中的函数，只要将 x5045.h 文件包含进去即可。

② 在头文件中，不能有可执行代码，也不能有数据的定义，只能有宏、类型、数据和函数的声明。

例：ch452cmd.h 中的定义如下。

```
/* CH451 和 CH452 的常用命令码 */
#define CH452_NOP            0x0000              //空操作
#define CH452_RESET          0x0201              //复位

// BCD 译码方式下的特殊字符
#define CH452_BCD_SPACE      0x10
#define CH452_BCD_PLUS       0x11

// 有效按键代码
#define CH452_KEY_MIN        0x40
#define CH452_KEY_MAX        0x7F

// 2 线接口的 CH452 定义
#define CH452_I2C_ADDR0      0x40                //CH452 的 ADDR = 0 时的地址
⋮
// 提供其他模块使用的函数
extern unsigned char CH452_Read(void);           //从 CH452 读取按键代码
extern void CH452_Write(unsigned short cmd);     //向 CH452 发出操作命令
```

③ 头文件中不能包括全局变量和函数，模块内的函数和全局变量需在.c 文件开头冠以 static 关键字声明。

④ 如果有 2 个或者 2 个以上的文件需要使用同一变量，那么这个变量应在其中的任一个文件中定义，而在其他文件中用 extern 关键字说明。

例如这个项目中 xjfc.c 文件和 fun.c 函数用到很多相同的变量，并依赖于这些变量进行数据的传递，则其定义分别如下：

在 xjfc.c 文件中：

```
uchar bs = 1;          //币数，范围是 1～6
uchar sdbz = 1;        //顺计时和倒计时的标志，开机默认是顺计时
```

而在 fun.c 中则作如下说明：

```
extern uchar bs;
extern uchar sdbz;
```

注意：在使用 extern 前缀进行说明时不可以对此变量赋初值，否则会产生错误。

如果在 fun.c 文件中这样说明：

```
extern uchar bs = 10;
```

则会产生如下编译错误：

```
* * * ERROR L104: MULTIPLE PUBLIC DEFINITIONS
    SYMBOL:   BS
    MODULE:   fun.obj (FUN)
```

即编译器认为定义了两个相同名字的变量 BS。

⑤ 在组成同一个项目的所有文件中，有且只有一个文件中包含 main 函数。如在本项目中，main 函数在 xjfc.c 文件中。

在 Keil 软件中可以方便地进行模块化编程，只需要组成同一模块的各个文件逐一加入到同一个项目中即可，与实现单一文件编程并没有什么区别。如图 11-3 所示，分别双击各个待加入的文件，当所有文件全部加入完毕，即建好一个多模块的项目。

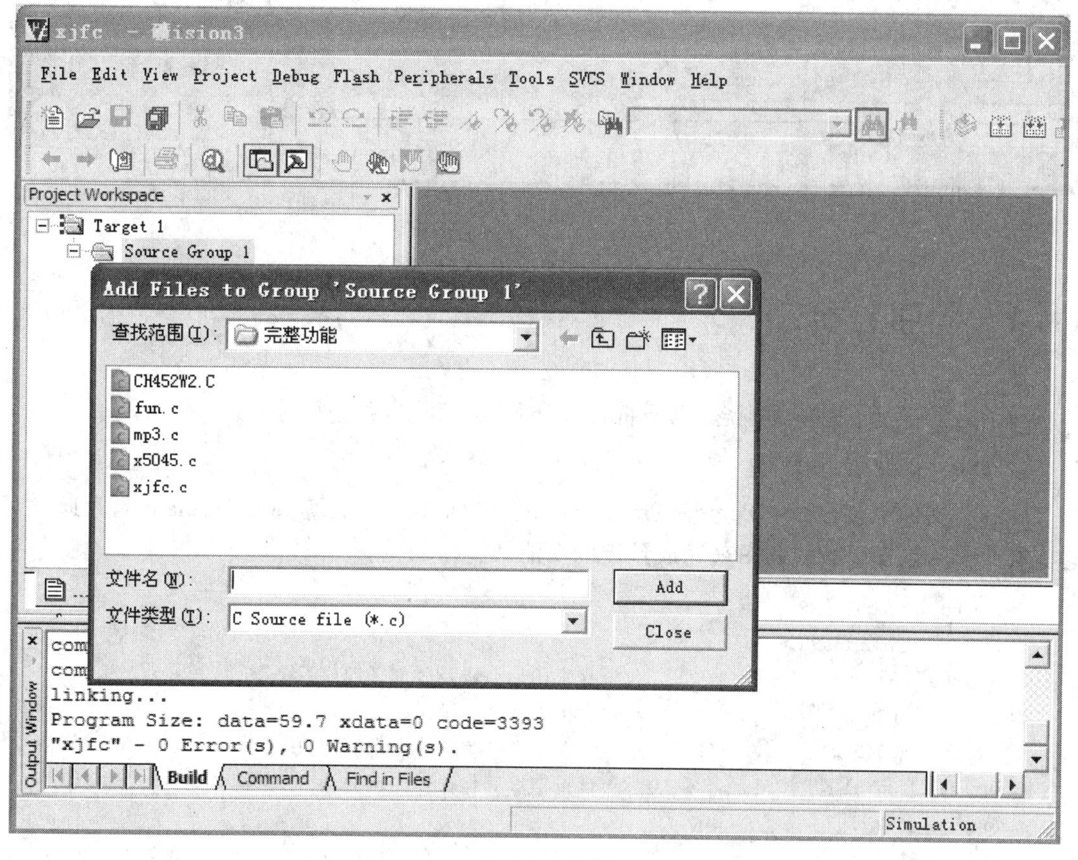

图 11-3 将所有文件加入项目中

如图 11-4 所示是 Keil 中实现“星际飞船”控制器项目所包含的各个 C 源程序文件的结构图。

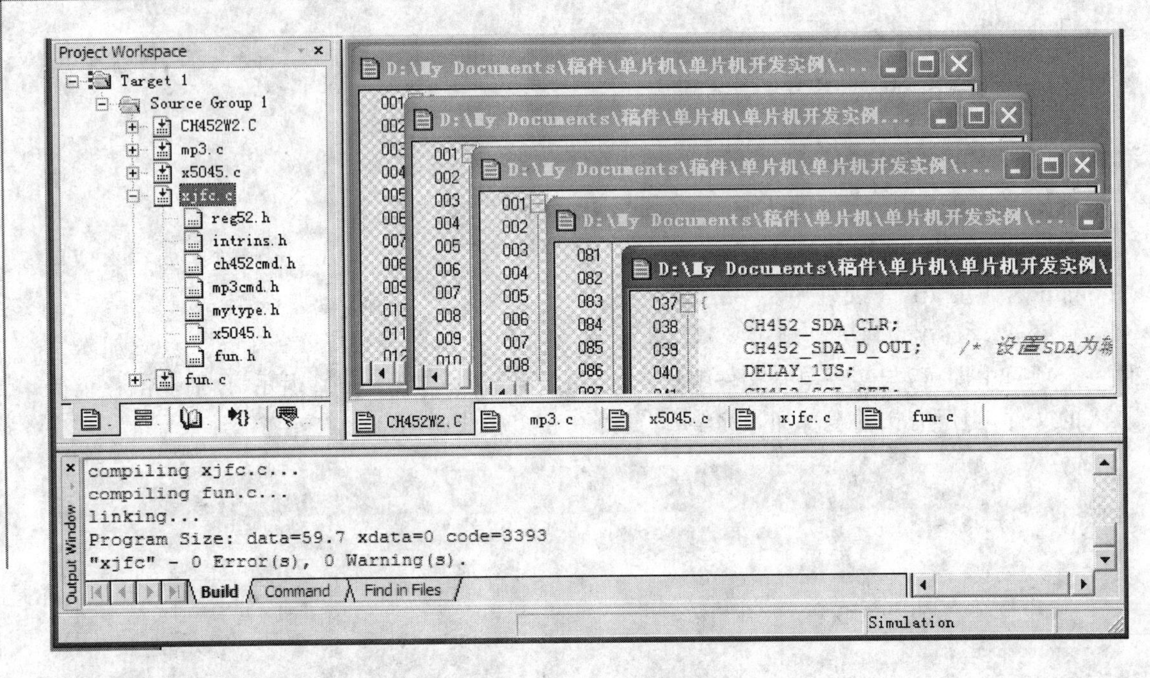

图11-4 模块化编程

11.4 程序分析

为了给读者一个完整的概念，以下将各部分源程序列出，并进行分析。

1. sxqs.c 源程序分析

sxqs.c 文件中包含 ch452cmd.h、mp3cmd.h、x5045.h、fun.h 等头文件，main 函数通过对这些文件中所包含函数的调用来完成预定的功能。

```
#include <reg52.h>
#include <intrins.h>
#include "CH452CMD.H"                //定义常用命令码及外部子程序
#include "mp3cmd.h"                  //包含关于 MP3 的操作
#include "x5045.h"                   //包含关于 X5045 芯片操作的函数
#include "fun.h"                     //包含按键等其他操作的函数
code uchar stop_1[3] _at_ 0x3b;
sbit LED = P1^0;
uchar WorkStatus = 0;
//工作状态设置
```

```
uchar SetStatus = 0;              //工作于设置状态时的状态转换
uchar hNum,mNum,sNum;             //小时数、分钟数、秒数
ulong tNum,tNum1;                 //时间数和时间的计数值
//每次设置完后根据需要将 tNum1 置为 tNum 或 0,初始化时也要进行这样的处理
uchar ch;                         //船号,可以在 0~12 之间变化
uchar bs = 1;                     //币数,范围是 1~6
uchar cbs = 1;                    //币数计数值
uchar volume = 10;                //音量,其值在 0~31 之间变化
uchar sdbz = 1;                   //顺计时和倒计时的标志,开机默认是顺计时
uchar DispBuf[6] = {0,0,0,0,0,0};

//以下定义 10ms 计数器、100ms 计数器
bit          Ta1i,Ta1o;           //10ms 精度定时器 T1 的线包、触点
uchar        Ta1Num;              //10ms 定时器 T1 的预置常数

bit          Ta2i,Ta2o;           //10ms 精度定时器 T1 的线包、触点(如果需要)
uchar        Ta2Num;              //10ms 定时器 T1 的预置常数

bit          Tb1i,Tb1o;           //100ms 精度定时器 T1 的线包、触点
uchar        Tb1Num;              //100ms 定时器 T1 的预置常数

bit          Tb2i,Tb2o;           //100ms 精度定时器 T2 的线包、触点
uchar        Tb2Num;              //100ms 定时器 T2 的预置常数

bit          sStatus;             //秒标志,在中断程序中置 1,在应用程序中清 0

bit          StartSd;             //闪灯开始运行
bit          StartLsd;            //流水灯开始运行

void main()
 {  ulong    tmp;
    uchar    cTmp1;
    uchar    i;                   //临时变量
    uchar    mWorkStatus = 0;     //存储临时变量
    uchar    mDispBuf[6];         //用于临时存放显示变量
    bit      StartMp3Play = 0;    //是否开始播放 MP3?
    bit      StartLow = 0;        //是否第一次测试到电瓶保护?
    bit      StartWirless = 0;    //与无线控制有关的一个变量
    init();                       //初始化
    for(tmp = 0;tmp<100;tmp++)
    {     mDelay(60);             //延时 60ms
```

```
        RstWatchDog();
    }                                        //总延时 6 s
    bs = ByteRead(0);                        //读取币数值
    if(bs == 0)
        bs = 1;
    if(bs>6)
        bs = 1;
    cbs = bs;
    hNum = ByteRead(1);                      //小时数
    if(hNum>= 24)
        hNum = 0;
    mNum = ByteRead(2);                      //分钟数
    if(mNum>= 60)
        mNum = 0;
    sNum = ByteRead(3);                      //秒数
    if(sNum>= 60)
        sNum = 0;
    ch = ByteRead(4);                        //船号
    if(ch>12)
        ch = 0;
    if(CheckSd())                            //如果“手动”键被按下
        WorkStatus = 3;                      //进入设置状态
    sdbz = ByteRead(5);
    if(sdbz>1)
        sdbz = 0;
    tNum = hNum * 3600 + mNum * 60 + sNum;
    if(sdbz)                                 //如果是顺计数
        tNum1 = 0;                           //从 0 开始计数
    else
        tNum1 = tNum;                        //否则从预定数开始往下减
    for(;;)
    {   if(! Tb1i)                           //没有开启定时器 1
        {   Tb1o = 0;                        //定时器 1 输出接点释放
            Tb1Num = 2;                      //拟定时时间为 200 ms
            Tb1i = 1;                        //启动定时器
        }
        if(Tb1o)                             //定时时间到了
        {
            Tb1i = 0;                        //清除输入接点,准备下一次定时
```

```
        Tb1o = 0;                               //清除输出接点
        Disp();                                 //每200ms刷新一次显示
    }
    Low = 1;                                    //低压检测引脚设置为1
    mWorkStatus = WorkStatus;
    if(! Low)
    {    WorkStatus = 4;                        //如果这个引脚的状态为1,那么进入状态4
        if(! StartLow)                          //第一次测到电平变低信号
        {
            P1_0 = 0;P1_1 = 0;P1_2 = 0;
            P1_3 = 0;P1_4 = 0;
            mDispBuf[0] = DispBuf[0];    mDispBuf[1] = DispBuf[1];
            mDispBuf[2] = DispBuf[2];    mDispBuf[3] = DispBuf[3];
            mDispBuf[4] = DispBuf[4];    mDispBuf[5] = DispBuf[5];
            //保存目前显示缓冲区中的内容
            StartLow = 1;
            StartSd = 0;                        //闪灯控制
            StartLsd = 0;                       //流水灯控制
        }
    }
    else
    {    WorkStatus = mWorkStatus;
        StartLow = 0;
    }
    if(WorkStatus! = 0x03)
    //状态3是在设置状态,如果是状态3,那么应该用另一套键盘处理程序
    {    if(cTmp1 = Key())
            KeyProcess(cTmp1);
    }
    else
    {    if(cTmp1 = Key_3())
            KeyProcess_3(cTmp1);
    }
    if(ch! = 0)                                 //如果船号不等于0,则检测无线遥控接收信号
    {    cTmp1 = wirless();                     //检测无线接收的状态
        if(cTmp1 = = ch)
        {    cbs = bs;
            if(WorkStatus! = 1)
            {    WorkStatus = 1;                //检测到的码与船号相符,进入启动状态
```

```
                if(sdbz)                        //sdbz = 1,顺计时,否则倒计时
                    tNum1 = 0;
                else
                    tNum1 = tNum;
            }
            else
                WorkStatus = 2;                 //进入结束状态
        }
    }
    switch(WorkStatus){
    case 0:                                     //初始化状态
    {   for(i = 0;i< = 5;i++)
            DispBuf[i] = Hidden;
        for(i = 0;i<cbs;i++)
            DispBuf[i] = 10;                    //有多少个币数就显示多少个“-”
        Relay = RelayOn;                        //继电器吸合
        break;
    }
    case 1:                                     //启动状态
    {   Relay = RelayOff;                       //继电器释放
        //以下用来控制两个闪灯
        if(! Ta1i)                              //没有开启定时器1
        {   Ta1o = 0;                           //定时器1输出接点释放
            Ta1Num = 10;                        //拟定时时间为100ms
            Ta1i = 1;                           //启动定时器
        }
        if(Ta1o)                                //定时时间到了
        {
            Ta1i = 0;                           //清除输入接点,准备下一次定时
            Ta1o = 0;                           //清除输出接点

            P1_3 = ! P1_3;
            P1_4 = ! P1_4;                      //P1.3和P1.4引脚上所接的LED灯闪烁
        }
        //两个闪灯控制结束
        //以下用来控制3个流水灯
        if(! Ta2i)
        {   Ta2o = 0;
            Ta2Num = 50;                        //流水灯间隔时间
```

```
        Ta2i = 1;
    }
    if(Ta2o)
    {    Ta2i = 0;
        Ta2o = 0;
        P1& = 0xf8;                         //清 P1 的最低 3 位,都不显示
        LampN = _crol_(LampN,1);            //左移 1 位
        if(LampN = = 0x08)                  //移到第 4 位上
            LampN = 0x01;
        P1| = LampN;
    }
    StartSd = 1;
    StartLsd = 1;
    //3 个流水灯控制结束
    if(! StartMp3Play)                      //如果还没有开始播放 MP3
    {
        send_volume(10);
        zdc();
        qxb();
        StartMp3Play = 1;                   //设置开始播放 MP3 的标志
    }
    if(sStatus)                             //如果 1 s 时间到
    {    sStatus = 0;                       //标置清 0
        if(sdbz)                            //如果 sdbz = 1,表示顺计时,否则说明是倒计时
        {    tNum1 + + ;
            if(tNum1 = = tNum)              //定时时间到
            {    tNum1 = 0;
                WorkStatus = 2;             //进入到结束状态
            }
        }
        else
        {    tNum1 - - ;
            if(tNum1 = = 0)                 //定时时间到
            {    tNum1 = tNum;
                WorkStatus = 2;             //进入到结束状态
            }
        }
        tmp = tNum1;
        sNum = tmp % 60;                    //计算秒数
```

```
            tmp/ = 60;
            mNum = tmp % 60;                    //计算分数
            hNum = tmp/60;                      //计算小时数
        }
        DispBuf[0] = hNum/10;
        DispBuf[1] = hNum % 10;                 //小时数放在第1、2位数码管显示

        DispBuf[2] = mNum/10;
        DispBuf[3] = mNum % 10;                 //分钟数放在第3、4位数码管显示

        DispBuf[4] = sNum/10;
        DispBuf[5] = sNum % 10;                 //秒数放在第5、6位数码管显示
        break;
    }
    case 2:                                     //结束状态
    {   StartLsd = 0;                           //关流水灯
        StartSd = 0;                            //关闪灯
        zdc();
        tzbf();                                 //停止MP3的播放
        StartMp3Play = 0;                       //关掉有关MP3播放的标志
        P1_0 = 0;P1_1 = 0;P1_2 = 0;
        P1_3 = 0;P1_4 = 0;                      //关掉5个灯
        WorkStatus = 0;                         //切换到初始化状态
        break;
    }
    case 3:                                     //设置状态
    {   if(! CheckSd())                         //如果检测到“手动”键已被释放
        {   WriteData();                        //保存数据
            WorkStatus = 0;                     //回到待机状态
        }
        switch(SetStatus)                       //设置状态
        {   case 0:                             //第一次进入
            {   if(sdbz)                        //sdbz = 1是顺计数状态
                {   DispBuf[0] = 0;DispBuf[1] = 0;
                    DispBuf[2] = 0;DispBuf[3] = 0;
                    DispBuf[4] = 0;DispBuf[5] = 0;
    }
                else                            //sdbz = 0是倒计数状态
                {   DispBuf[0] = 10;DispBuf[1] = 10;
```

```
            DispBuf[2] = 10;DispBuf[3] = 10;
            DispBuf[4] = 10;DispBuf[5] = 10;
}
        break;
    }
    case 1:                         //切换到显示小时的状态
    {   DispBuf[0] = hNum/10;DispBuf[1] = hNum % 10;
        DispBuf[2] = Hidden;DispBuf[3] = Hidden;
        DispBuf[4] = Hidden;DispBuf[5] = Hidden;
        break;
    }
    case 2:                         //切换到显示分钟的状态
    {   DispBuf[0] = Hidden;DispBuf[1] = Hidden;
        DispBuf[2] = mNum/10;DispBuf[3] = mNum % 10;
        DispBuf[4] = Hidden;DispBuf[5] = Hidden;
        break;
    }
    case 3:                         //切换到显示秒的状态
    {   DispBuf[0] = Hidden;DispBuf[1] = Hidden;
        DispBuf[2] = Hidden;DispBuf[3] = Hidden;
        DispBuf[4] = sNum/10;DispBuf[5] = sNum % 10;
        break;
    }
    case 4:                         //设置船号,在第3位上显示字符c
    {    DispBuf[0] = Hidden;DispBuf[1] = Hidden;
        DispBuf[2] = Hidden;DispBuf[3] = 0x0c;
        DispBuf[4] = ch/10;DispBuf[5] = ch % 10;
        break;
    }
    case 5:                         //设置币数,在第3位上显示字符b
    {    DispBuf[0] = bs;DispBuf[1] = Hidden;
        DispBuf[2] = Hidden;DispBuf[3] = 0x0b;
        DispBuf[4] = Hidden;DispBuf[5] = Hidden;
        break;
    }
    default:
    {    break;
    }
}
tNum = hNum * 3600 + mNum * 60 + sNum;//计算秒数
```

```
        if(sdbz)                          //如果是顺计时
            tNum1 = 0;
        else
            tNum1 = tNum;
        break;
    }
    case 4:                               //电瓶电压低
    {   zdc();
        tzbf();                           //停止播放
        if(!Tb2i)                         //没有开启定时器 1
        {   Tb2o = 0;                     //定时器 1 输出接点释放
            Tb2Num = 25;                  //拟定时时间为 2.5 s
            Tb2i = 1;                     //启动定时器
        }
        if(Tb2o)                          //定时时间到了
        {
            Tb2i = 0;                     //清除输入接点,准备下一次定时
            Tb2o = 0;                     //清除输出接点
            P1_0 = ! P1_0;
            P1_1 = ! P1_1;
            P1_2 = ! P1_2;
            P1_3 = ! P1_3;
            P1_4 = ! P1_4;
            if(! P1_4)                    //此时灯不亮,显示消隐
            {   DispBuf[0] = Hidden;    DispBuf[1] = Hidden;
                DispBuf[2] = Hidden;    DispBuf[3] = Hidden;
                DispBuf[4] = Hidden;    DispBuf[5] = Hidden;
            }
            else
            {   DispBuf[0] = mDispBuf[0];DispBuf[1] = mDispBuf[1];
                DispBuf[2] = mDispBuf[2];DispBuf[3] = mDispBuf[3];
                DispBuf[4] = mDispBuf[4];DispBuf[5] = mDispBuf[5];
            }
        }
        break;
    }
    default:
        {   break;
        }
}
```

```
            RstWatchDog();
        }
    }
```

【程序分析】

main 函数的第一部分是从 main 函数开始到进入无限循环之前的一段程序，用于初始化一些状态，读取设置值，根据设置值对一些变量进行初始化等，其程序流程图如图 11-5 所示。

执行完这一段程序后，即进入一个大循环之中。在主程序的无限循环中采用了状态转移法，根据 WorkStatus 变量值的变化来切换各种工作方式，其主程序流程图如图 11-6 所示。

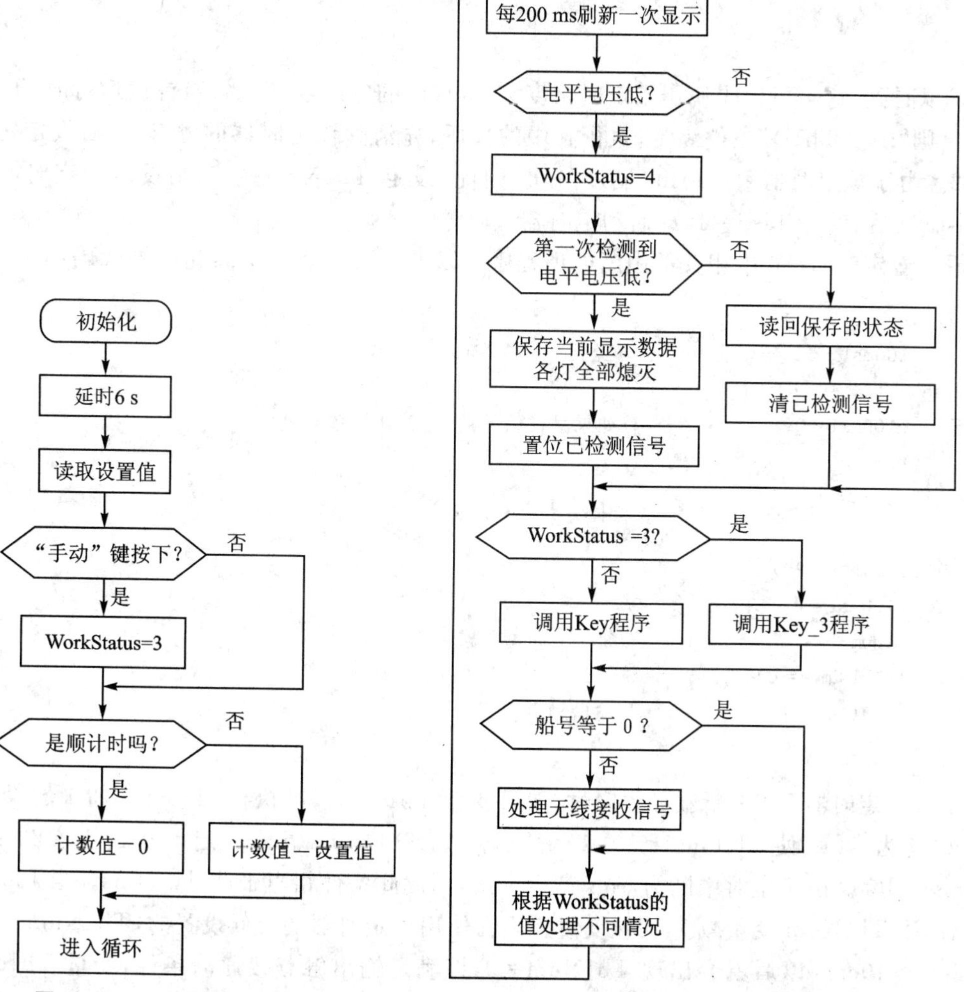

图 11-5　主程序初始化流程图

图 11-6　主程序流程图

其中,每200ms刷新一次显示的代码如下所示:

```
if(! Tb1i)              //没有开启定时器1
{    Tb1o = 0;          //定时器1输出触点释放
    Tb1Num = 2;         //定时时间为200ms
    Tb1i = 1;           //启动定时器
}
if(Tb1o)                //定时时间到了
{
    Tb1i = 0;           //清除输入接点,准备下一次定时
    Tb1o = 0;           //清除输出接点
    Disp();             //每200ms刷新一次显示
}
```


可以看到,这一段代码使用了定时精度为100ms的定时器Tb1。当首次运行时,Tb1i变量为0,则“if(! Tb1i)”条件满足,执行其中的代码,先清除该定时器的触点,然后设定定时时间为2。由于该定时器每100ms刷新一次,因此,设定Tb1Num为2,则设定的定时时间为200ms。然后,设定Tb1i=1,即启动定时器。

看一看定时器T0中相关的中断处理程序。以下是第1个100ms定时器代码:

```
if(Tb1i)
    c100ms1++;
else
{    c100ms1 = 0;              //如果触发信号消失,就让计数器复位
    Tb1o = 0;
    Tb1Num = 0;
}
if(c100ms1>=20)
{    c100ms1 = 0;
    Tb1Num--;                  //每100ms减1
    if(Tb1Num==0)
        Tb1o = 1;              //输出触点接通
}
```

当进入定时器T0中断服务程序时,如果变量Tb1i为1,则执行c100ms1加1的操作;如果该变量为0,则使c100ms1=0,清触点输出,Tb1Num清零。当c100ms1>20时,让c100ms1回零。由于定时中断为5ms产生一次,因此此条件相当于计时100ms。当100ms时间到后,让Tb1Num变量减1,而该变量正是在使用该定时器的时候设置的,Tb1Num=2。因此,每2个100ms以后就会出现Tb1Num=0,即满足输出触点接通的条件,变量Tb1o变为1。这样就满足了刷新显示的条件。

在设备工作状态下，需要计数且根据设置显示出来；需要控制 LED 显示器的闪烁；需要控制 MP3 的播放。因此，这是整个系统中相对较复杂的时段。图 11-7 给出了启动状态的处理过程。

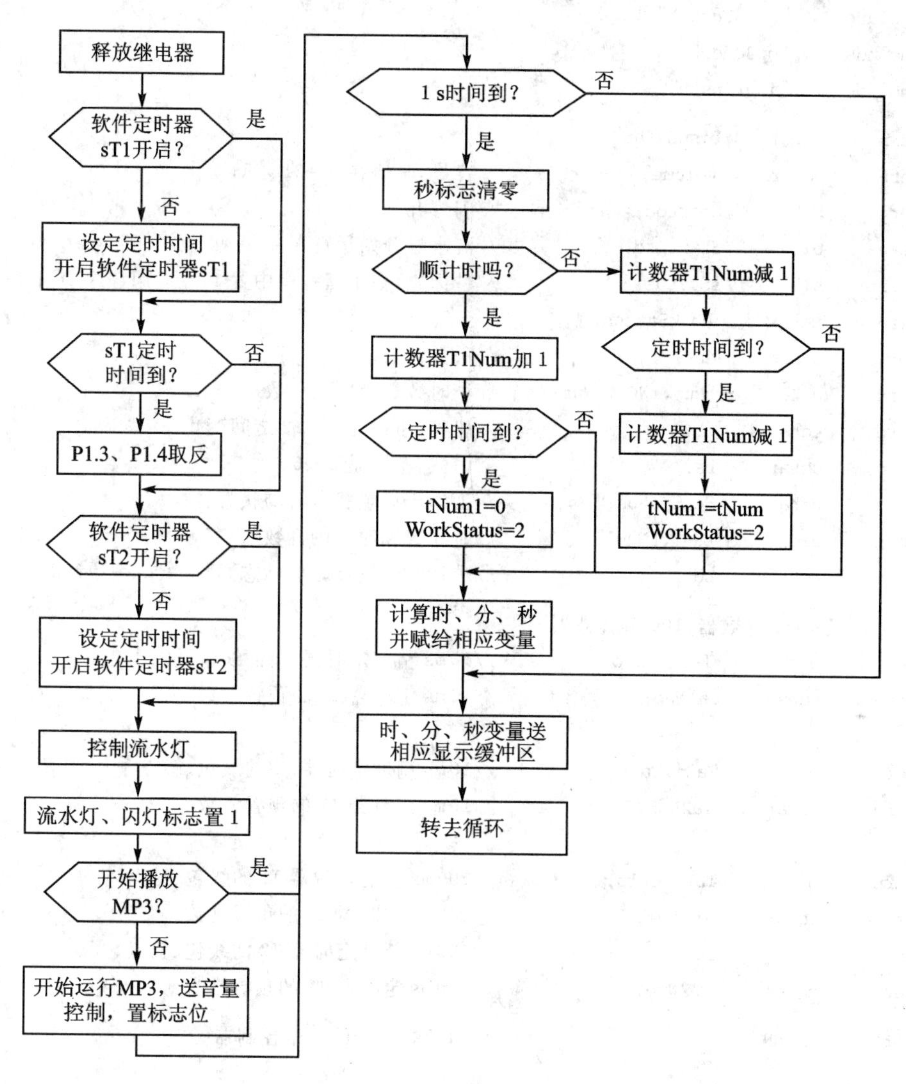

图 11-7 启动状态的流程图

有关 sxqs.c 源程序就分析到这里。

2. fun.c 源程序分析

下面给出 fun.c 源程序，并对其进行分析。fun.c 包括显示、延时、按键处理等函数。

```
#include    "reg52.h"
#include    "x5045.h"
#include    "fun.h"
#include    "ch452cmd.h"
#include    "mp3cmd.h"
#include    "intrins.h"
extern    uchar    DispBuf[6];
extern    uchar    volume;              //音量,其值在0~31之间变化
extern    bit      StartSd;             //闪灯开始运行
extern    bit      StartLsd;            //流水灯开始运行
extern    bit      sStatus;             //秒标志,在中断程序中置1,在应用程序中清0
extern    uchar    WorkStatus;
extern    uchar    cbs;                 //币数计数值
extern    uchar    hNum,mNum,sNum;      //小时数、分钟数、秒数
extern    uchar    ch;                  //船号,可以在0~12之间变化
extern    uchar    bs;                  //币数,范围是1~6
extern    uchar    SetStatus;           //工作于设置状态时的状态转换
extern    ulong    tNum,tNum1;          //时间数和时间的计数值
extern    uchar    sdbz                 //顺计时和倒计时的标志,开机默认是顺计时
//以下定义10ms计数器、100ms计数器
extern    bit      Ta1i,Ta1o;           //10ms精度定时器T1的线包、触点
extern    uchar    Ta1Num;              //10ms定时器T1的预置常数

extern    bit      Ta2i,Ta2o;           //10ms精度定时器T1的线包、触点
extern    uchar    Ta2Num;              //10ms定时器T1的预置常数

extern    bit      Tb1i,Tb1o;           //100ms精度定时器T1的线包、触点
extern    uchar    Tb1Num;              //100ms定时器T1的预置常数
extern    bit      Tb2i,Tb2o;           //100ms精度定时器T2的线包、触点
extern    uchar    Tb2Num;              //100ms定时器T2的预置常数
uchar     LampN = 1;                    //用于灯闪烁的一个控制器

code uchar
 DispTab[] = {0x3f,0x6,0x5b,0x4f,0x66,0x6d,0x7d,0x7,0x7f,0x6f,0x40,0x7c,0x39,0x0};
//  0   1   2   3   4   5   6   7   8   9   -   b   c  消隐
code uchar  WirTab[] = {0,8,4,12,2,10,6,0,1,9,5, 0, 3, 11, 7};
//  0 1 2 3 4 5 6 7 8 9 10 11 12 13 14
```

```
/*无线遥控接收表格,由于无线模块有 4 条输出线,所以有 16 种可能。但是所用遥控器只有 12 只按
   键,因此中间有一些数据是没用的,就用 0 来替代。这个表的用法是:读到的值是自变量,查到的值
   是按键值*/
/******************************************************************
函数功能:定时器 T0 定时中断处理函数
入口参数:无
返    回:无
备    注:无
******************************************************************/
void Timer0() interrupt 1
{
    static uchar sdJsq;                    //闪灯计数器
    static uchar lsdJsq;                   //流水灯计数器
    TH0 = (65536 - 5000)/256;
    TL0 = (65536 - 5000) % 256;
    if(StartSd)
    {    if( ++ sdJsq >= 20)               //100ms
         {    P1_3 = ! P1_3;
              P1_4 = ! P1_4;
              sdJsq = 0;
         }
    }
    else
        sdJsq = 0;
    if(StartLsd)
    {    if( ++ lsdJsq >= 100)             //0.5s
         {
              P1& = 0xf8;                  //清 P1 的最低 3 位,都不显示
              LampN = _crol_(LampN,1);     //左移 1 位
              if(LampN == 0x08)            //移到第 4 位上了
                  LampN = 0x01;
              P1| = LampN;
              lsdJsq = 0;
         }
    }
    else
        lsdJsq = 0;
}
```

```
/******************************************************************
函数功能:定时器 T1 定时中断处理函数
入口参数:无
返    回:无
备    注:无
******************************************************************/
void Timer1() interrupt 3
{   static uchar c10ms1,c10ms2,c100ms1,c100ms2;
    uchar sCount;                           //秒计数器
    TH1 = (65536 - 5000)/256;
    TL1 = (65536 - 5000) % 256;             //重置定时初值 5ms
    if( ++ sCount> = 200)
    {   sCount = 0;
        sStatus = 1;
    }
    //以下是第 1 个 10ms 定时器代码
    if(Ta1i)
        c10ms1 ++ ;
    else
    {   c10ms1 = 0;                         //如果触发信号消失,就让计数器复位
        Ta1o = 0;
        Ta1Num = 0;
    }
    if(c10ms1> = 2)
    {   c10ms1 = 0;
        Ta1Num -- ;                         //每 10ms 减 1
        if(Ta1Num = = 0)
            Ta1o = 1;                       //输出触点接通
    }

    //以下是第 2 个 10ms 定时器
    if(Ta2i)
    ⋮
    //以下是第 1 个 100ms 定时器代码
    if(Tb1i)
        c100ms1 ++ ;
    else
    {   c100ms1 = 0;                        //如果触发信号消失,就让计数器复位
        Tb1o = 0;
```

```
        Tb1Num = 0;
    }
    if(c100ms1>= 20)
    {    c100ms1 = 0;
        Tb1Num--;                      //每 100ms 减 1
        if(Tb1Num == 0)
            Tb1o = 1;                  //输出触点接通
    }

    //以下是第 2 个 100ms 定时器代码
    if(Tb2i)
    ⋮
}
/*******************************************************************
函数功能:延时函数,根据参数决定延时指定的一段时间
入口参数:延时时间
返    回:无
备    注:无
*******************************************************************/
void mDelay(unsigned int Delay)
{    unsigned int i;
    for(;Delay>0;Delay--)
    {    for(i = 0;i<124;i++)
        {;}
    }
}
/*******************************************************************
函数功能:开机时检测“手动”键是否被按下
入口参数:无
返    回:如果“手动”键被按下返回 1,否则返回 0
备    注:无
*******************************************************************/
bit CheckSd()
{    Sd = 1;
    mDelay(1);
    if(Sd == 0)
        return 1;
    else
        return 0;
```

```
}
/****************************************************************
函数功能:显示函数,根据显示缓冲区中的值送 CH452 芯片
入口参数:无
返    回:无
备    注:无
****************************************************************/
void Disp()
{   CH452_Write(CH452_DIG5 | DispTab[DispBuf[5]]);
    CH452_Write(CH452_DIG4 | DispTab[DispBuf[4]]);
    CH452_Write(CH452_DIG3 | DispTab[DispBuf[3]]);
    CH452_Write(CH452_DIG2 | DispTab[DispBuf[2]]);
    CH452_Write(CH452_DIG1 | DispTab[DispBuf[1]]);
    CH452_Write(CH452_DIG0 | DispTab[DispBuf[0]]);
}
/****************************************************************
函数功能:预处理按键
入口参数:无
返    回:预处理后的按键值
备    注:无
****************************************************************/
uchar PreKey()
{   uchar   Ktmp = 0;
    Tb      = 1;Sd      = 1;Syq     = 1;
    Xyq     = 1;Ylz     = 1;Ylj     = 1;
//将相应的引脚置为高电平
    Ktmp = Ktmp<<1;
    if(Tb)
        Ktmp| = 0x01;
    Ktmp = Ktmp<<1;
    if(Sd)
        Ktmp| = 0x01;
    Ktmp = Ktmp<<1;
    if(Syq)
        Ktmp| = 0x01;
    Ktmp = Ktmp<<1;
    if(Xyq)
        Ktmp| = 0x01;
    Ktmp = Ktmp<<1;
```

```
    if(Ylz)
        Ktmp| = 0x01;
    Ktmp = Ktmp<<1;
    if(Ylj)
        Ktmp| = 0x01;
    Ktmp| = 0xc0;                        //高 2 位置 1
    return Ktmp;                         //返回虚拟键值
}
/*****************************************************************************
函数功能:预处理按键,在工作状态 3 时,"手动"键始终按住,所以用一个单独的检测程序
入口参数:无
返    回:预处理后的按键值
备    注:无
*****************************************************************************/
uchar PreKey_3()
{   uchar    Ktmp = 0;
    Tb         = 1;Sd          = 1;Syq          = 1;
    Xyq        = 1;Ylz         = 1;Ylj          = 1;
//将相应的引脚置为高电平

    Ktmp = Ktmp<<1;
    if(Tb)
        Ktmp| = 0x01;
    Ktmp = Ktmp<<1;
    if(Sd)
        Ktmp| = 0x01;                    //不对手动键作检测
    Ktmp = Ktmp<<1;
    if(Syq)
        Ktmp| = 0x01;
    Ktmp = Ktmp<<1;
    if(Xyq)
        Ktmp| = 0x01;
    Ktmp = Ktmp<<1;
    if(Ylz)
        Ktmp| = 0x01;
    Ktmp = Ktmp<<1;
    if(Ylj)
        Ktmp| = 0x01;
    Ktmp| = 0xc0;                        //高 2 位置 1
```

```
    return Ktmp;                              //返回虚拟键值
}
/*******************************************************************
函数功能:根据键值进行相应的处理
入口参数:键值
返    回:无
备    注:无
*******************************************************************/
void KeyProcess(uchar KeyValue)
{    switch(KeyValue)
     {    case 0xfe:                         //音量-
          {    if(volume>0)
                  volume--;
               zdc();
               send_volume(volume);
               break;
          }
          case 0xfd:                         //音量+
          {    if(volume<0x1f)
                  volume++;
               zdc();
               send_volume(volume);
               break;
          }
          case 0xfb:                         //下一曲
          {    zdc();
               xyq();
               break;
          }
          case 0xf7:                         //上一曲
          {    zdc();
               syq();
               break;
          }
          case 0xef:                         //手动
          {    if(WorkStatus==0)
                  WorkStatus=1;              //按下“手动”键,进入启动状态
               break;
          }
```

```
            case 0xdf:                  //投币
            {    cbs--;                 //每投一个币,币数的计数值减 1
                if(cbs == 0)
                {    cbs = bs;          //币数计数值复原
                    WorkStatus = 1;     //切换工作状态进入启动状态
                }
                break;
            }
            default:
                break;
        }
}
/*************************************************************************
函数功能:根据键值进行相应的处理,对特定的工作状态是 3 的按键处理
入口参数:键值
返    回:无
备    注:无
*************************************************************************/
void KeyProcess_3(uchar KeyValue)
{    switch(KeyValue)
    {    case 0xfe:                     //音量-
            {    switch(SetStatus)
                {
                    case 1:             //在设置小时数的状态
                    {    if(--hNum == 255)
                            hNum = 24;
                        break;
                    }
                    case 2:             //在设置分钟数的状态
                    {    if(--mNum == 255)
                            mNum = 59;
                        break;
                    }
                    case 3:             //在设置秒数的状态
                    {    if(--sNum == 255)
                            sNum = 59;
                        break;
                    }
                    case 4:             //在设置船号的状态
```

```
            {       if(--ch==255)
                        ch=12;
                    break;
            }
            case 5:                         //在设置币数的状态
            {       if(--bs==0)
                        bs=6;
                    break;
            }
            default:
                break;
        }
        cbs=bs;                             //将币数的计数值调整到与币数的设置相同
        break;
    }
    case 0xfd:                              //音量+
    {   switch(SetStatus)
        {
            case 1:                         //在设置小时数的状态
            {       if(++hNum>23)
                        hNum=0;
                    break;
            }
            case 2:                         //在设置分钟数的状态
            {       if(++mNum>59)
                        mNum=0;
                    break;
            }
            case 3:                         //在设置秒数的状态
            {       if(++sNum>59)
                        sNum=0;
                    break;
            }
            case 4:                         //在设置船号的状态
            {       if(++ch>12)
                        ch=0;
                    break;
            }
            case 5:                         //在设置币数的状态
```

```
            {     if( ++ bs>6)
                      bs = 1;
                  break;
            }
            default:
                break;
        }
        cbs = bs;                            //将币数的计数值调整到与币数的设置相同
        break;
    }
    case 0xfb:                               //下一曲
    {      if(SetStatus == 0)                //目前状态是 0
               SetStatus = 1;                //进入设置小时状态
        else if(SetStatus == 1)
               SetStatus = 2;                //进入设置分钟状态
        else if(SetStatus == 2)
               SetStatus = 3;                //进入设置秒状态
        else if(SetStatus == 3)
               SetStatus = 4;                //进入设置船号状态
        else if(SetStatus == 4)
               SetStatus = 5;                //进入设置投币数状态
        else if(SetStatus == 5)
               SetStatus = 1;                //又循环切换到设置小时状态
        break;
    }
    case 0xf7:                               //上一曲
    {      if(sdbz == 0)
               sdbz = 1;
        else
               sdbz = 0;                     //切换顺、倒或倒、顺计时状态
        if(sdbz)                             //如果是顺计数
               tNum1 = 0;                    //从 0 开始计数
        else
               tNum1 = tNum;                 //否则从预定数开始往下减
        break;
    }
    case 0xef:                               //手动
    {     break;
    }
```

```
        case 0xdf:                      //投币
        {    break;
        }
        default:
            break;
    }
}
/**********************************************************************
函数功能:读取键值,并返回相应值,状态3专门使用的键检测函数
入口参数:无
返    回:如果有键按下,则返回键值;无键按下,返回0
备    注:无
**********************************************************************/
uchar Key_3()
{    uchar tmp;
    uchar Kvalue;
    Kvalue = PreKey_3();
    if(Kvalue == 0xff)
        return 0;                       //无键按下,直接返回
    else
        mDelay(10);                     //否则延时10ms
    Kvalue = PreKey_3();                //再次取虚拟键值
    if(Kvalue == 0xff)
        return 0;                       //无键按下,返回
    else
    {    for(;;)
        {    tmp = PreKey_3();
            if(tmp == 0xff)
                break;
        }
        return Kvalue;                  //否则处理键值
    }
}
/**********************************************************************
函数功能:读取键值,并返回相应值
入口参数:无
返    回:如果有键按下,则返回键值;无键按下,返回0
备    注:无
**********************************************************************/
```

```
uchar Key()
{     uchar tmp;
    uint iTmp = 0;
    uchar Kvalue;
    Kvalue = PreKey();                    //取虚拟键值
    if(Kvalue == 0xff)
        return 0;                         //无键按下,直接返回
    else
        mDelay(10);                       //否则延时 10ms
    Kvalue = PreKey();                    //再次取虚拟键值
    if(Kvalue == 0xff)
        return 0;                         //无键按下,返回
    else
    {     for(;;)
        {     tmp = PreKey();
            if(tmp == 0xff)
                break;
            if( ++ iTmp == 5000)          //调节“==”右边的数字,可以连续按住多长时间返回
                break;
        }
        return Kvalue;                    //否则处理键值
    }
}
/**********************************************************************
函数功能:检测遥控输出模块,并返回相应的值
入口参数:无
返    回:返回检测到的 8421 码
备    注:遥控接收模块的四个输出端子 D0～D3 接到 P2.7～D2.4
**********************************************************************/
uchar wirless()                           //无线遥控检测
{     uchar wDat = 0;
    uchar tmp;
    wDat = P2;
    wDat& = 0xf0;                         //低 4 位清 0
    wDat = _cror_(wDat,4);
    for(;;)
    {     tmp = P2;
        tmp& = 0xf0;
        tmp = _cror_(tmp,4);
```

```
        if(tmp == 0)                    //按键释放才确认一次检测成功
            break;
    }
    return WirTab[wDat];                //返回的是按键值,这个值通过查表获得
}

/*****************************************************************
函数功能:保存各种设置好的数据
入口参数:无
返    回:无
备    注:无
*****************************************************************/
void WriteData()
{
    WrenCmd();                          //开启写允许
    ByteWrite(0,bs);
    WrenCmd();                          //开启写允许
    ByteWrite(1,hNum);
    WrenCmd();                          //开启写允许
    ByteWrite(2,mNum);
    WrenCmd();                          //开启写允许
    ByteWrite(3,sNum);
    WrenCmd();
    ByteWrite(4,ch);                    //写入船号
    WrenCmd();
    ByteWrite(5,sdbz);                  //写入顺/倒计时
    WrdiCmd();                          //关闭写允许
}
/*****************************************************************
函数功能:初始化定时器及外围功能模块
入口参数:无
返    回:无
备    注:无
*****************************************************************/
void init()
{   WrsrCmd(0x1c);                      //写保护,600ms看门狗
    P1 = 0;                             //关闭所有灯
    TMOD = 0x11;                        //T0和T1均设置为16位定时器
    TR0 = 1;                            //开启T0
```

```
    TR1 = 1;                                    //开启 T1
    EA = 1;                                     //开总中断
    ET0 = 1;                                    //定时器 T0 中断允许
    ET1 = 1;                                    //定时器 T1 中断允许
    CH452_Write(CH452_SYSON2W);                 //两线制方式
    CH452_Write(CH452_NO_BCD);                  //非 BCD 译码,6 个数码管
    DispBuf[0] = Hidden;DispBuf[1] = Hidden;
    DispBuf[2] = Hidden;DispBuf[3] = Hidden;
    DispBuf[4] = Hidden;DispBuf[5] = Hidden;
    Disp();
    Relay = RelayOn;                            //继电器吸合
}
```


【程序分析】

本文件中包括了键盘处理、系统初始化、数据保存等多个函数。其中键盘处理中使用了“虚拟键值”这样一个概念,下面对此进行分析。

通常为使用方便,按键总是取一个 I/O 口中的若干位,此时可以使用各种方法对端口进行处理。但也有一些场合(如本例中),使用不同 I/O 口中的若干位,而这些键又相互关联,合在一起处理较为方便。为此,本程序中引入了虚拟键值的概念。通常程序处理分成两部分,即读取键值和对键值进行处理。而本程序中则分成 3 个部分:取虚拟键值,读取键值,对键值进行处理。

这样做的好处是将按键所对应的 I/O 口与键值彻底分离,不论硬件电路如何设计,都可以采用与传统的键处理(读取键值和对键值进行处理)相似的编程方法,所要做的工作不过是根据硬件的不同编写虚拟键值程序而已。这样可以充分利用以往的编程经验及代码,并使硬件电路设计获得最大的灵活性。

以本程序为例,取虚拟键值是这样处理的。

① 定义各按键对应的引脚。

```
sbit    Tb = P3^7;              //投币
sbit    Sd = P3^6;              //手动
sbit    Syq = P2^3;             //上一曲
sbit    Xyq = P2^2;             //下一曲
sbit    Ylz = P2^1;             //音量 +
sbit    Ylj = P2^0;             //音量 -
```

② 对这此引脚进行处理,将其值合成到一个字节中。

```
    Tb          = 1;Sd          = 1;
    Syq         = 1;Xyq         = 1;
```

```
    Ylz          = 1;Ylj          = 1;     //将相应的引脚置为高电平
    Ktmp = Ktmp<<1;
    if(Tb)
        Ktmp| = 0x01;
    Ktmp = Ktmp<<1;
⋮
    Ktmp| = 0xc0;                          //是高 2 位置 1
    return Ktmp;                           //返回虚拟键值
```

这样,就完成了虚拟键值的处理过程。

如图 11-8 所示是键盘处理流程图,从图中可看到,读取键值仍采用传统的键盘读取方式。

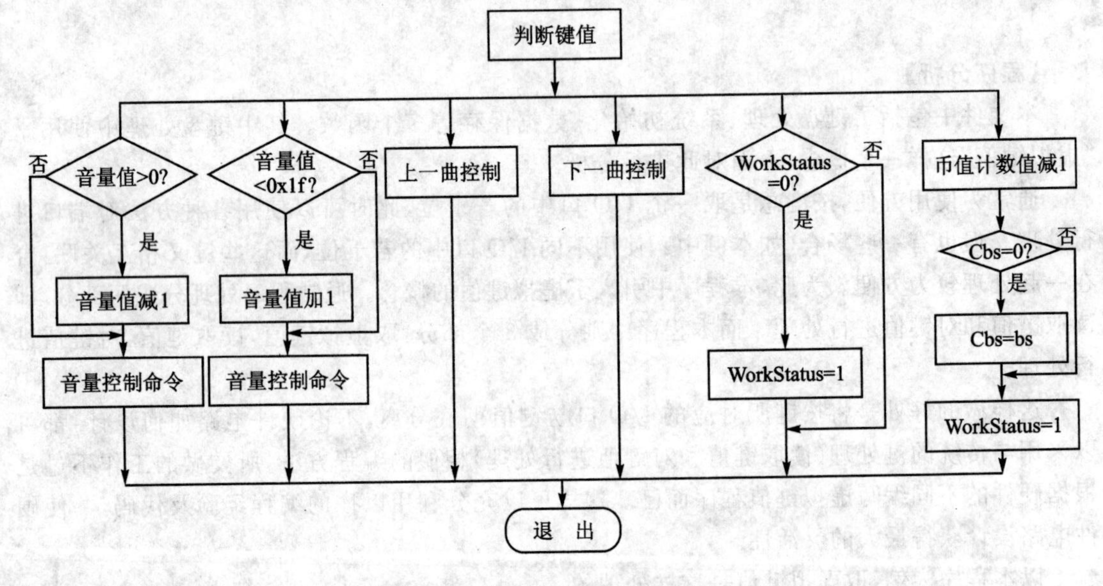

图 11-8 键盘处理程序流程图

3. CH452 相关程序分析

关于 CH452 芯片的代码,可以在该芯片生产商的主页(http://www.wch.cn)获得。这里列出了部分关于 CH452 操作的有关代码,供读者参考。CH452.H 文件如下:

```
/* CH451 和 CH452 的常用命令码 */
#define CH452_NOP         0x0000          //空操作
#define CH452_RESET       0x0201          //复位
#define CH452_LEVEL       0x0100          //加载光柱值,需另加 7 位数据
⋮
#define CH452_DIG6        0x0e00          //数码管位 6 显示,需另加 8 位数据
```

```
#define CH452_DIG7        0x0f00                 //数码管位 7 显示,需另加 8 位数据

// BCD 译码方式下的特殊字符
#define     CH452_BCD_SPACE     0x10
⋮
#define     CH452_BCD_DOT_X     0x80
// 有效按键代码
#define     CH452_KEY_MIN       0x40
#define     CH452_KEY_MAX       0x7F
// 2 线接口的 CH452 定义
#define     CH452_I2C_ADDR0     0x40          //CH452 的 ADDR = 0 时的地址
#define     CH452_I2C_ADDR1     0x60          //CH452 的 ADDR = 1 时的地址,默认值
#define     CH452_I2C_MASK      0x3E          //CH452 的 2 线接口高字节命令掩码
//可以供外部调用的程序
extern unsigned char CH452_Read(void);        //从 CH452 读取按键代码
extern void CH452_Write(unsigned short cmd);  //向 CH452 发出操作命令
```

上面的文件是由生产厂商提供的,其中一些定义是根据 CH452 芯片的特性来确定的,作为芯片的使用者,只需要学会使用即可,不必深究定义中一些数值的含义。

除了一些定义以外,还需要确定引脚等一些与所用单片机硬件相关定义。这些定义统一保存在 PIN. H 文件中,实际使用时根据实际硬件修改本文件即可。

```
#include <reg52.h>
#include <intrins.h>
/* 延时 1μs 子程序,主要用于 2 线接口,与单片机速度有关 */
#define     DELAY_1US       {_nop_();}          // MCS51≤20MHz
/* 2 线接口的连接,与实际电路有关 */
sbit    CH452_SCL = P3^0;
sbit    CH452_SDA = P3^1;
/* 2 线接口的位操作,与单片机有关 */
#define     CH452_SCL_SET       {CH452_SCL = 1;}
#define     CH452_SCL_CLR       {CH452_SCL = 0;}
#define     CH452_SCL_D_OUT     {}
// 设置 SCL 为输出方向,对于双向 I/O 需切换为输出
#define     CH452_SDA_SET       {CH452_SDA = 1;}
#define     CH452_SDA_CLR       {CH452_SDA = 0;}
#define     CH452_SDA_IN        (CH452_SDA)
#define     CH452_SDA_D_OUT     {}
// 设置 SDA 为输出方向,对于双向 I/O 需切换为输出
#define     CH452_SDA_D_IN      {CH452_SDA = 1;}
```

```
// 设置 SDA 为输入方向,对于双向 I/O 需切换为输入
```

有了这两个文件以后,可以更好理解下面的 CH452.C 文件。

```
#include    "PIN.H"                          //修改该文件以适应硬件环境/单片机型号等
#include    "CH452CMD.H"                     //CH452 常量定义
/*********************************************************************
函数功能:CH452 初始化程序
参    数:无
返    回:无
备    注:无
*********************************************************************/
void CH452_I2c_Start_2(void)
// 操作起始,两线制方式,SDA 用做中断输出,使用以下两个函数
{
    CH452_SDA_SET;
    CH452_SDA_D_IN;                          //设置 SDA 为输入方向
    CH452_SCL_CLR;
//通知 CH452,将要对其操作,此段时间不能产生按键中断
    CH452_SCL_D_OUT;                         //设置 SCL 为输出方向
    do {
        DELAY_1US;                           //保留足够的时间给 CH452 产生中断
        DELAY_1US;
    } while ( CH452_SDA_IN == 0 );           //CH452 正在请求中断?
    DELAY_1US;
    CH452_SDA_SET;                           //发送起始条件的数据信号
    CH452_SDA_D_OUT;                         //设置 SDA 为输出方向
    CH452_SCL_SET;
    DELAY_1US;
    CH452_SDA_CLR;                           //发送起始信号
    DELAY_1US;
    CH452_SCL_CLR;                           //钳住 I2C 总线,准备发送或接收数据
    DELAY_1US;
}
/*********************************************************************
函数功能:CH452 操作结束
参    数:无
返    回:无
备    注:无
*********************************************************************/
```

```
void CH452_I2c_Stop_2(void)                //操作结束
{
    CH452_SDA_CLR;
    CH452_SDA_D_OUT;                       //设置 SDA 为输出方向
    DELAY_1US;
    CH452_SCL_SET;
    DELAY_1US;
    CH452_SDA_SET;                         //发送 I²C 总线结束信号
    DELAY_1US;
    CH452_SDA_D_IN;                        //设置 SDA 为输入方向
    DELAY_1US;
}
/*********************************************************************
函数功能:向 CH452 写入 1 字节数据
参    数:待写入数据
返    回:无
备    注:无
*********************************************************************/
void CH452_I2c_WrByte(unsigned char dat)   //写 1 字节数据
{
    unsigned char i;
    CH452_SDA_D_OUT;                       //设置 SDA 为输出方向
    for(i = 0;i! = 8;i++)                  //输出 8 位数据
    {
        if(dat&0x80) {CH452_SDA_SET;}
        else {CH452_SDA_CLR;}
        DELAY_1US;
        CH452_SCL_SET;
        dat<< = 1;
        DELAY_1US;
        DELAY_1US;
        CH452_SCL_CLR;
        DELAY_1US;
    }
    CH452_SDA_D_IN;                        //设置 SDA 为输入方向
    CH452_SDA_SET;
    DELAY_1US;
    CH452_SCL_SET;                         //接收应答
    DELAY_1US;
```

```
    DELAY_1US;
    CH452_SCL_CLR;
    DELAY_1US;
}
/*************************************************************************
函数功能:为 CH452 写入命令
参    数:待写入的命令字
返    回:无
备    注:无
*************************************************************************/
void CH452_Write(unsigned short cmd)                          //写命令
{
    CH452_I2c_Start_2();                                      //启动总线
#ifdef    ENABLE_2_CH452                                      //若有两个 CH452 并连
        CH452_I2c_WrByte((unsigned char)(cmd>>7)&CH452_I2C_MASK|CH452_I2C_ADDR0);
                                                              // CH452 的 ADDR = 0 时
#else
        CH452_I2c_WrByte((unsigned char)(cmd>>7)&CH452_I2C_MASK|CH452_I2C_ADDR1);
                                                              // CH452 的 ADDR = 1 时(默认)
#endif
        CH452_I2c_WrByte((unsigned char)cmd);                 //发送数据
        CH452_I2c_Stop_2();                                   //结束总线
}
```

4. MP3 模块的操作

关于 MP3 模块的操作与使用方法在购买 MP3 播放模块时获得,只要将其加入 Keil 工程中即可。在 sxqs.c 文件中调用其提供的“上一曲”、“下一曲”、“音量+”、“音量-”等函数来使用这一模块。

```
#include "reg52.h"
#include "intrins.h"
#include "mp3cmd.h"
/*
发送字节数    功能代码    按键代码        返回数据
02H            2BH         00~37        正确     错误
                                        02BH     010H
 */
/* 延时时间根据晶振频率来决定,延时要 3ms,本程序是 12MHz */
sbit sda = P0^7;
sbit scl = P0^6;
```

```
sbit cs = P0^4;
unsigned char xr_jcq;
bit  m_CRC = 1;
void delay (void)
{
 ⋮
}
/ * I²C 操作函数 * /
void start(void)
{
 ⋮
}
/ * I²C 操作函数 * /
void stop(void)
{
 ⋮
}
void xr_1byte(unsigned char  byte)
{
 ⋮
}
void dc_1byte()
{
 ⋮
}
//全部曲目循环播放
void qxb()
{
 ⋮
}
//模拟按键操作,以实现“上一曲”功能
void syq()
{
 ⋮
}

//模拟按键操作,以实现“下一曲”功能
void xyq()
{
```

```
 ⋮
}
//音量控制,yl 的值为 00～1f
void send_volume(unsigned char yl)
{
 ⋮
}

void zdc()
{
 ⋮
}

void tzbf()                    //停止播放
{
 ⋮
}
```

第 12 章

智能仪器设计

制作智能仪器是单片机的一种重要用途。本章通过对一台智能仪器设计过程的介绍，了解单片机对浮点数的处理方法，学习使用 LED 数码管显示小数的方法。

12.1 设计任务分析

在智能仪器的设计中，常有这样一种要求：使用面板按键来设置一个系数，通过 A/D 转换或计数等方式得到的一个数值乘以该系数，将得到的值在 LED 数码管上显示出来。

在这样的设计要求中，所设置的系数往往是一个小数，这样进行乘法后，所得到的结果也会是一个小数。如果输入的数变动范围比较大，那么所得到的结果也会有比较大的变动范围。设有如下的要求：

系数范围：0.001～9.999；

计数输入：1～4294967295；

显示器：6 位 LED 数码管。

要求将计数值乘以系数后用数码管显示出来，并且显示尽可能多的小数位数。通过计算不难得到，所要显示值的范围在系数为 0.001 时最小。当系数值为 0.001 时，最小显示值为 0.001；而计数值很大或者系数较大时，显示值最多可能达到 999999。数的范围变化如此之大，必须采用浮点数才能够满足要求。为此，下面首先对浮点数的相关知识进行介绍，然后编程来实现这一要求。

12.2 浮点数

通常人们书写时常用如下方式：

$$17.3 = 1.73\text{E}1 = 1.73 \times 10^{1}$$

$$-2345.67 = -2.34567\text{E}3 = -2.34567 \times 10^{3}$$

$$-0.00012345 = -1.2345\text{E}-4 = -1.2345 \times 10^{-4}$$

这实质上就是浮点记数法。与定点数相比，浮点数在运算、存储等方面要复杂得多。下面学习有关浮点数的基本知识。

12.2.1　浮点数的基本知识

浮点记数方法将一个数用3部分来表示，第1部分为数符，表示正、负数；第2部分表示这个数的有效数字，与相对精度有关；第3部分表示这个数的数量级。在计算机中，数符通常用字节中的一位来表示，规定正数用0表示，负数用1表示；有效数字部分又称为尾数，用若干字节的纯小数表示；数量级部分又称为阶码，它本身也有正负，用二进制补码整数表示。

同样的数值可以有多种浮点数表达方式，如17.3可以表达为1.73×10^{1}、0.173×10^{2}或者0.0173×10^{3}。因为这种多样性，所以有必要对其加以规范化以达到统一表达的目标。对于十进制浮点数来说，规范的浮点数表达方式具有如下形式：

$$\pm d.dd\cdots d\times10^{e}$$

其中，$d.dd\cdots d$即尾数，10为基数，e为指数。尾数中数字的每个数字d介于0和基数之间，包括0。小数点左侧的数字不为0。

12.2.2　C51中的浮点数

12.2.1小节讨论的是十进制浮点数的表示方法。单片机内部的数值表达是基于二进制的，二进制数同样可以有小数点。

1. 二进制浮点数的表示方法

二进制浮点数的表法方法类似于十进制，只是基等于2，而每个数字d只能在0和1之间取值。例如：二进制数10101.101相当于：

$$1\times2^{4}+0\times2^{3}+1\times2^{2}+0\times2^{1}+1\times2^{0}+1\times2^{-1}+0\times2^{-2}+1\times2^{-3}$$

写成通用表达式为：

$$\pm d.dd\cdots d\times2^{e}$$

其中，d在0和1之间取值，e用1字节来表示。对有符号数，取值范围为－127～＋128。尾数用3字节(24位)来表示，由于每个尾数的最高位(即小数点前的1位)总是1，所以不必存储，第1位作为符号位。这样，在计算机内部数据表示的通用格式为：

SEEE EEEE EMMM MMMM MMMM MMMM MMMM MMMM

其中：

S　尾数的符号位，0表示正，1表示负；

E　指数的值，实际存储的是相对于127的偏移量；

M　24位的尾数(实际存储23位)。

0是一个特殊的值，其指数和尾数都是0。以下以举几个例子来说明。

(1) －12.5

这个数在C51中的存储方式为0xC1480000。为什么会是这样的一个数呢？该数用二进制来表示，即：

$$11000001010010000000000000000000B$$

其中，第1位是尾数的符号位，这里是1，说明这是一个负数。指数的值是其后的8位即第1字节的低7位和第2字节的第1位，组合起来就是：10000010B，相当于十进制的130。尾数是其后的23位，即10010000000000000000000B。实际尾数是用24位来表示的，它的最高位总是1。因此，这个数实际上是：1.10010000000000000000000B，注意其小数点位置。

接着，要根据指数值来调整尾数的小数点了。如果指数大于127，那么小数点将右移；而如果指数小于127，那么小数点将左移。移动的位数是指数相对于127的偏移量，刚才我们已计算出指数值是130，那么偏移量是130－127＝3。这样调整后的数变为：

$$1100.10000000000000000000B$$

这个就是最终的数。计算一下：

$$2^{3}+2^{2}+2^{-1}=12.5$$

加上最前面的符号位，因此结果就是－12.5。

(2) 0.125

这个数在C51中的存储方式是0x3E000000，写成二进制数就是：

$$00111110000000000000000000000000B$$

其中：第1位是尾数的符号位，这里是0，说明这是一个正数。指数是其后的8位，即第1字节的低7位和第2字节的最高位即：01111100B，就是十进制数的124。而尾数是其后的23位，即00000000000000000000000B，但实际的尾数是24位，第1位总是1，所以真实的尾数是：1.00000000000000000000000B。

接着根据指数来调整小数点的位置，由于124小于127，因此，小数点要左移，左移的位数是127－124＝3位。这样，最终得到的数是：

$$0.00100000000000000000000000B$$

计算一下：$1\times2^{-3}=0.125$。

2. 关于浮点数精度的讨论

(1) 使用浮点数并非精度很高

基于习惯性思维，人们会认为，使用了小数点，可以使得所处理的数据获得很高的精度。其实这是不对的，使用浮点数的原因是它能够表达的数的范围很大，而并非精度很高。对于单精度数，由于只有24位二进制位的尾数（其中一位隐藏），所以可以表达的最大尾数为$2^{24}-1=16\,777\,215$。也就是说，单精度的浮点数可以表达的十进制数值中，真正有效的数字不高于8位。

(2) 十进制小数转换为二进制

十进制小数转化为二进制小数的方法是不断地乘以2并取整数部分，但是这种变换本身就会产生误差。例如一个十进制小数0.337转化为二进制小数：

$$0.337\times 2=0.674 \quad 0$$
$$0.674\times 2=1.348 \quad 1$$
$$0.348\times 2=0.696 \quad 0$$
$$0.696\times 2=1.392 \quad 1$$
$$0.392\times 2=0.784 \quad 0$$
$$0.784\times 2=1.568 \quad 1$$
$$\vdots$$

这种计算有可能是无穷无尽的，但实际运算中不能无限地算下去，只能取有限的二进制位数。如果计算到这里作为结束，那么就认为0.337的二进制小数是0.010101B。下面再将这个二进制转化为十进制：

$$1\times 2^{-2}+1\times 2^{-4}+1\times 2^{-6}=0.25+0.0625+0.015625=0.328125$$

这个数与0.337相差了0.008875。仔细分析不难发现，只有尾数是5且位数有限的十进制小数才有可能做到精确转换。可见，对于绝大多数的十进制小数来说，转化为二进制小数本身就有误差。综合第(1)条所讨论的精度情况，对于单精度浮点数来说，其有效的精度一般不会超过7位。

(3) Keil C51中没有双精度浮点数

在Keil C51中可以使用double来定义双精度符号数，但C51处理double型数据的方法和处理float型数据的方法是相同的，因此实际运算时double型数据并不会比float型数据得到更高的精度。例如：

```
double x = 10.002;
double y;
y = x * 12.3456;
```

得到的结果是y＝123.4807(理论上y＝123.4806912)。

由此可知，浮点数远比整数复杂得多。这提醒我们，在进行浮点运算时，要特别小心。例如，判断两个整数变量a、b是否相等，可以这样来写：

```
int a,b;
⋮                          //对a,b进行计算等操作
if(a == b)
⋮
else
⋮
```

但是，对于浮点数这样编写可能就要出问题。

例如：

```
float a,b;
⋮        //经过计算,理论上a和b都应等于0.0123
if(a == b)
⋮
```

这样写很有可能会出问题,因为a和b也许永远无法做到真正完全相等,该条件永远无法实现。但如果写成:

```
if(a>= b + p)
⋮
```

其中p是一个非常小的数,如0.00001等,就比较合理,不容易出错。

3. 浮点数中的特殊值

除了正常的浮点数以外,还有一些浮点数错误值。这些错误值作为IEEE的标准而存在,在自己编程时,可以使用函数检查,以确认是否有这种错误产生。IEEE中定义的浮点错误值为:

NaN　　0xFFFFFFF,不是一个数;

＋INF　0x7F80000,正无穷大(正数溢出);

－INF　0xFF80000,负无穷大(负数溢出)。

当出现诸如对一个负数开根、零除以零等操作时,将会产生NaN错误。如果有两个很大的数相乘,而其结果已超过C51中浮点数所能表达的范围,此时产生一个正数溢出错误。这可以让程序员有可能通过编程来发现这样的错误,从而作出适当的处理,因此产生正数溢出比简单地让这个数等于浮点数所能表达的最大数更有价值。对于负数来说,也会有这样一个溢出问题,因此,在C51中分别定义了正无穷大和负无穷大两个特殊值。

C51提供了_chkfloat_函数以便快速地检查是否有浮点数错误。

```
#include <intrins.h>
unsigned char _chkfloat_(float val);      /* 检测错误 */
```

chkfloat 函数用于检测浮点数的状态。返回的数值表示浮点数的状态,即

0:标准的浮点数;

1:浮点数0;

2:＋INF(正溢出);

3:－INF(负溢出);

4:NaN(非数值)。

例如:

```
#include <intrins.h>
#include <stdio.h>
```

```
char _chkfloat_ (float);
float f1, f2, f3;
void tst_chkfloat (void)
 {
    f1 = f2 * f3;
    switch (_chkfloat_ (f1))
      {
        case 0:
            printf ("result is a number\n"); break;
        case 1:
            printf ("result is zero\n"); break;
        case 2:
            printf ("result is +INF\n"); break;
        case 3:
            printf ("result is -INF\n"); break;
        case 4:
            printf ("result is NaN\n"); break;
      }
 }
```

4. 浮点数运算注意事项

虽然浮点数能够表达的数值范围很大，但实际运算中仍要注意一些原则：

- 避免两个极大数相乘；
- 避免两个相近数相减；
- 避免用极小数做分母。

通常这些并不会在运算的最终结果中出现，但如果不注意，它们可能会在运算的中间步骤中出现，从而造成运算的误差增加或者不能获得正确的运算结果。

例如：有3个浮点数，$a=1.3\times10^{20}$，$b=2.4\times10^{20}$，$c=3.4\times10^{15}$，要求 $a\times b/c$ 的值。如果采用下面的方法：

```
float a = 1.3e20;
float b = 2.4e20;
float c = 3.4e15;
float x;              //中间结果
x = a * b;
x = x/c;
```

就不合适，因为 $a\times b$ 的结果大于浮点数所能表达的范围。结果如图12-1所示。

而采用：

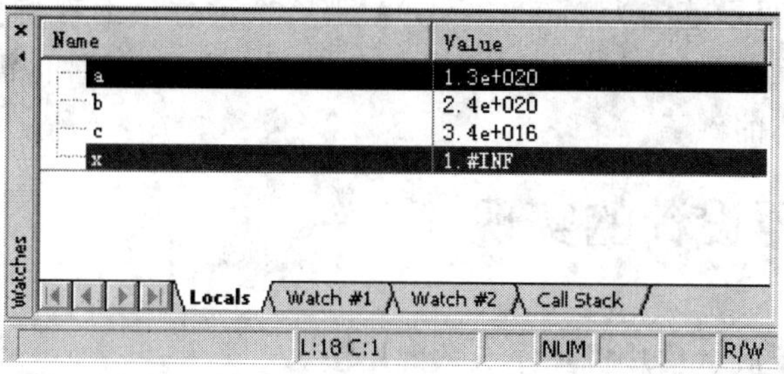

图 12-1　运算结果出现 INF 错误

```
x = a/c;
x = x * b;
```


就能够正确地进行运算，并获得正确的结果。

12.2.3　浮点数转化为整型数

如果仅需将浮点数的整数部分转化为整型数，则直接将 float 型的数据赋给整型变量即可。例如：

```
float x = 3.4567;
int a = 0;
⋮
a = (int)x;
```

不要小看这么一段程序，实际运作中，C51 需要调用一个函数来完成这项工作，并且这项工作需要消耗 500 多个机器周期的时间。这就是通常所说的，单片机程序中加入浮点运算后速度会明显变慢的原因之一。将浮点数转化为整数后，就可以使用传统的方法对整数处理以得到待显示的各位数值。但是如果需要将小数点后的数值也显示出来，就不能这样做。

通常，要处理浮点数的小数部分都是在计算的最后，要将数值显示出来，就需要将浮点数转化成为十进制 BCD 码。

一种思路是先将小数扩大一定的倍数，然后取整数部分，将剩下的小数部分舍去，在显示的时候，根据扩大的倍数在相应的数码管上点亮小数点，这样就能将小数部分显示出来。

例如，将某数 12.34508 在数码管上显示出来，实际的硬件中，数码管的位数总是有限的，假设仪器上用到的数码管是 4 位，那么应该显示 12.34，而其后不管有多少位，都不能显示出来。这样，只要将这个待显示数乘以 100，再对其取整，得到一个整数 1234，然后将此数显示出来。在编写显示程序时，在显示倒数第 2 位数码管时，点亮小数点，那么人们实际看到的就是显示 12.34。这种方式请参考第 15 章全数字信号发生器中的例子。

这种方式可以显示小数点，但其局限性也很明显，即能够显示数的范围有限。如果要求显示的数据范围很大，如显示范围为0.001～9999，那么这种方法编程将会变得很复杂，并且效率很低。而当所要显示的位数更多时，这种方法几乎不可实现。这时，需要使用其他方法来实现，详见12.3节中介绍的例子。

12.3 智能仪器设计的实现

本节的目的是为了演示单片机中浮点数的用法。

【例　子】设计一个智能仪器，能使用键盘设置系数，系数的值在0.001～9.999范围内变化，显示值等于系数乘以计数值，其值可以在0.001～999999范围内变化，采用6位数码管来显示数据。

这个例子采用多模块编程，如图12-2所示。

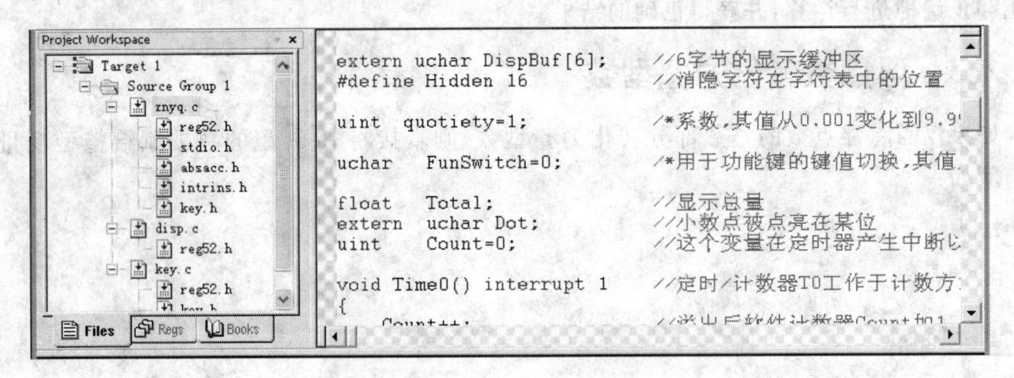

图12-2　智能仪器多模块编程

从图中可以看到，一共有3个程序znyq.c、disp.c、key.c，分别为主程序模块、显示程序模块和按键处理模块。下面对各段程序分别加以说明。

1. 主程序模块

主程序如下：

```
#include <reg52.h>
#include <stdio.h>
#include<absacc.h>
#include <intrins.h>
#include <key.h>

/*有关全局变量的定义*/
extern uchar DispBuf[6];          //6字节的显示缓冲区，这个变量在disp.c中定义
#define Hidden 16                 //消隐字符在字符表中的位置
uint  quotiety=1;                 //系数，其范围为0.001～9.999
```

```
uchar    FunSwitch = 0;
/*用于功能键的键值切换,其值为 0、1,分别表示显示总量和显示系数*/

float    Total;                      //显示总量
extern   uchar Dot;                  //小数点被点亮在某位,这个变量在 disp.c 中定义
uint     Count = 0;
//软件计数器,这个变量在定时器产生中断以后加 1,与定时器一起构成 32 位的计数器
/*******************************************************************
函数功能:定时/计数器 T0 中断程序
参    数:无
返    回:无
备    注:定时/计数器 T0 工作于计数方式
*******************************************************************/
void Time0() interrupt 1
{    Count++;                        //溢出后,软件计数器 Count 加 1
}
void main()
{
        unsigned long lTemp = 0;
        uint iTmp = 0;
        uchar cTemp = 0;
        uchar cBuf[12];
        uchar i;
        P2 = 0xff;
        P0 = 0x1f;                   //数码管全部熄灭
        TH1 = -(2500/256);
        TL1 = -(2500 % 256);         //12 MHz 晶振时为 4 ms 一次中断
        TMOD = 0x15;                 //T/C1 工作于定时器方式 1,T0 工作于计数方式 1
        ET1 = 1;
        EA = 1;
        ET0 = 1;
        TR0 = 1;
        TR1 = 1;
/*以上为初始化部分*/
        for(;;)
        {
          if(cTemp = Key())          //调用键盘扫描程序,获得返回值
             KeyValue(cTemp);        //如有返回值不为 0,说明有键按下,进行键值处理
          switch(FunSwitch)
          {
             case 0:                 //显示总量
```

```
{
    lTemp = Count;                  //取得软件计数值
    iTmp = TH0;                     //读取 T0 计数器的高 8 位
    cTemp = TL0;                    //读取 T0 计数器的低 8 位
    if(cTemp == 0)                  //如果读到的是 0
        iTmp = TH0;                 //可能在读此数时 TH0 已发生变化,因此重读一次
    lTemp * = 65536l;               //软件计数器的值扩大 65536 倍
    lTemp + = iTmp * 256 + cTemp;   //加上 T0 中的计数值
    Total = (float)lTemp;           //准备计算总量,先将计数值转为浮点数
    Total * = quotiety;             //计数值乘以系数
    Total/ = 1000;                  //结果除以 1000,因为 quotiety 的值在 1～9999
                                    //之间,但表示 0.001～9.999
    sprintf(cBuf, "%.5lf", Total);          //将浮点数转化为字符数组
    for(i = 0;i<12;i++)
    //这段代码是查找浮点数组的末尾位置,即包括整数和小数部分的总长度值
    {   cTemp = cBuf[i];
        if(cTemp == 0)
        break;
    }
    Dot = i - 6;                            //小数点应该显示在最末一位整数位上
    for(i = 0;i<6;i++)                      //准备将字符数组送去显示
        DispBuf[i] = cBuf[i] - 0x30;        //将 ASCII 字符转为数字
    break;
}  /* case 0 end */
case  1:                                    //显示系数
{
    Dot = 2;                     //在显示系数时,小数点固定显示在第 3 位数码管上
    DispBuf[0] = 10;             //第 1 位数码管显示字符 A,表示正在进行系数的设置
    DispBuf[1] = Hidden;         //第 2 位数码管不显示
    iTmp = quotiety;             //将系数变量 quotiety 的值送给无符号整型变量 iTmp
    DispBuf[5] = iTmp % 10;      //iTmp 的值除 10 取余即得到最末位的数值
    iTmp/ = 10;              //将 iTmp 除以 10,由于其为整型变量,因此,最后一位被舍去
    DispBuf[4] = iTmp % 10;      //再次除 10 取余,得到次低位的值
    iTmp/ = 10;                  //iTmp 除以 10,再次舍去最低位
    DispBuf[3] = iTmp % 10;      //iTmp 除 10 取余得末位数
    DispBuf[2] = iTmp/10;        //iTmp 除 10 得前面的数
    break;
} /* case end */
}/* switch end */
}
}
```

【程序分析】

这是整个程序中的主模块,其流程图如图12-3所示。

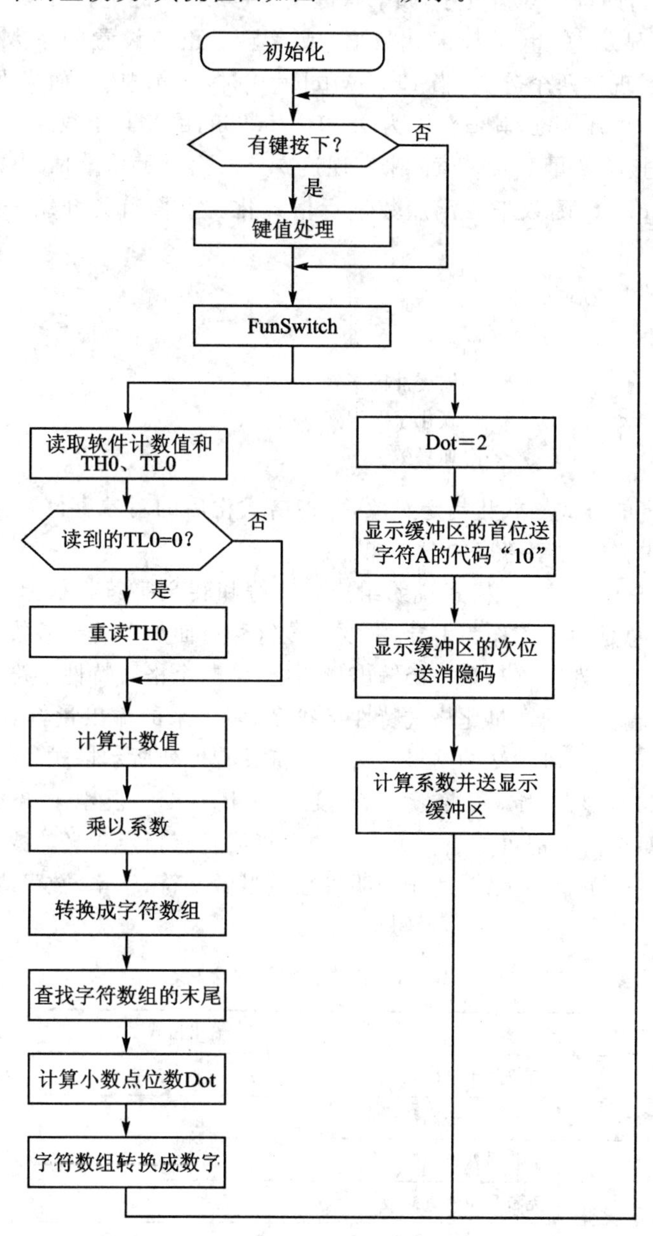

图12-3 主程序流程图

2. 显示程序模块

系统初始化以后，即调用键盘程序，如果有键按下，则对按键进行处理并获得键值。随后程序有两个分支，即显示总量（系数×计数值）或者显示正在设置的系数。通过变量 FunSwitch 值的变化来实现这两个分支，当 FunSwitch＝0 时，显示总量；而当 FunSwitch＝1 时，显示系数值。系数一共有 4 位，其值范围为 0.001～9.999，因此其小数点可以固定显示在第 3 位数码管上，程序直接给变量 Dot 赋值 2 来实现这一点。而显示总量时，小数点的位置在不断变化，程序使用了 sprintf 函数来对浮点数进行格式化。下面首先介绍一下 sprintf 的有关知识。

sprintf 函数的原型为：

```
int sprintf (
char *buffer,              /* 存储缓冲区指针 */
const char *fmtstr         /* 格式化字符串 */
[, argument]…);            /* 附加参数 */
```

该函数使用指定的方式格式化指定对象，并将格式化后的对象存储在存储缓冲区中指针所指的区域中。其中格式化字符串的含义如下：

格式字符由字符、转义序列、格式说明组成。字符和转义字符将被原样复制到输出结果中，而格式特性字符总是由“%”作为引导，需要在该符号后面加上若干参数。格式字符串是从左往右读，第一个格式特性字符与第一个输出量匹配，第二个格式特性字符与第二个输出量匹配，以此类推。如果输出量的数量比格式特性字符多，多出来的输出量将被忽略；如果附加参数比格式字符少，将产生不可预知的结果。格式字符具有下列所示格式：

% 标志 宽度 .精度 {b|B|l|L} 类型

格式字符中的每个区域都可能是一个单个的字符或具有指定含义的数字。

区域“类型”是一个单个的字符，用于说明参数被当做字符、字串、数字或指针，详细说明见表 12-1。

表 12-1 格式化字符的含义

字 符	参数类型	输出格式
d	int	有符号十进制数
u	unsigned int	无符号十进制数
o	unsigned int	无符号八进制数
x	unsigned int	无符号十六进制数
f	float	浮点数，使用格式[－]ddd.dddd
e	float	浮点数，使用格式[－]d.dddde[－]dd

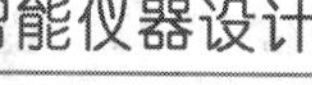

续表 12-1

字　符	参数类型	输出格式
e	float	浮点数，使用格式[－]d.dddde[－]dd
g	float	浮点数，既可以使用 f 格式也可以使用 e 格式，取决于给定值及精度使用哪种格式更紧凑
g	float	与 g 格式相同
c	char	有符号字符型
s	generic *	具有 null 字符的字符串
p	generic *	指针，使用格式 t:aaaa。这里 t 是存储类型(c:代码空间；I:内部 RAM；x:扩展的外部 RAM 空间；p:扩展的外部一页 ROM)。aaaa 是一个十六进制数的地址

直接给出字母 b、B 和 l、L 可以比类型指定符号优先。

看一看程序中的写法：

```
sprintf(cBuf, "%.5lf", Total);
```

其含义为：将 Total 这个变量按照 5 位小数的要求格式化，整数部分未作要求，有多少位就输出多少位，将结果写入 cBuf 指针所指的内存空间中。

由于设计中采用了 6 位数码管，因此实际工作时必须保证数据的整数位不多于 6 位。或者换一种说法：当设计者对所需显示的数据进行分析，确认其整数部分不超过 6 位时，设计中采用了 6 位数码管。

6 位数码管在显示小数时，至少第 1 位必须是整数，因此，最多可能只显示 5 位小数。当然，本例中系数只有 4 位小数，而计数值又是整数，因此实际上最多只会显示 4 位小数。不过为了更具有一般性，本例中还是作为 5 位小数来处理。这样，至多 6 位整数加上至多 5 位小数，可能会有多至 11 位数据储存在 cBuf 缓冲区中。换言之，在定义 cBuf 时其长度不得小于 11。

由于小数位数不能事先确定，因此在将待显示的数送入 cBuf 后，需要判断小数点的位数，并且将此位数赋给一个变量 Dot，以便利用这个变量在 disp.c 中点亮相应位的小数点。

判断小数点的方法是查找浮点数组的末尾位置，即找到包括整数和小数部分的总长度值。找到之后，减去 5 位小数即可得到整数部分的长度。查找数组末尾位置的方法是找到数字 0，找到 0 就说明找到了浮点数组的末尾。如果所要显示的数据中有 0 会不会造成误判断呢？不用担心，要显示的数字在 cBuf 中是以 ASCII 码来保存的，数字 0 被保存为 0x30。

例如：12.5 这个数，在浮点数组中的形式如图 12-4 所示。

可见，虽然看起来这个数只有 1 位小数，但 sprintf 函数会当做 12.50000 处理，即补足 5 位小数。

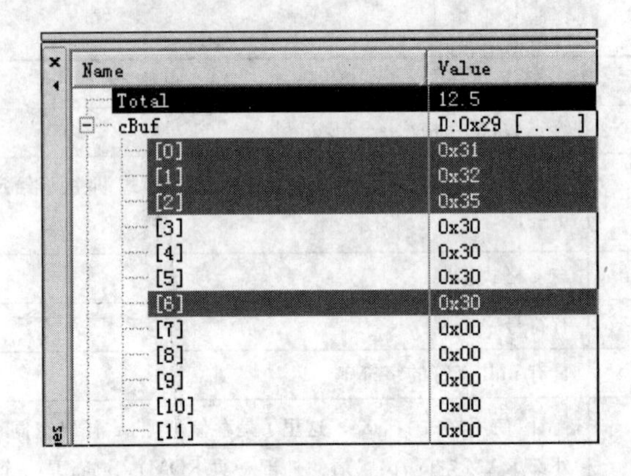

图 12-4　浮点数在内存中的存放

小数点应该在第 2 位数码管上，确定小数点的代码如下：

```
for(i = 0;i<12;i++)
{    cTemp = cBuf[i];
     if(cTemp == 0)
     break;
}
Dot = i - 6;            //i 的值表示数据的总长度值
```

这样，Dot 表示要显示的小数点的位置，对于这个例子来说，Dot＝1。在 Disp.c 文件中可以看到，这个数将与显示程序配合，在第 2 位数码管上显示出小数点来。

如果要将此数送去数码管显示，则要将待显示的数由 ASCII 码转为数值，方法是将值减去 0x30。如果是送去 LCD 显示，由于其直接显示 ASCII 码，因此就不需要再进行变换。

由于数码管只有 6 位，因此，只能显示前 6 位数字，将 cBuf 的前 6 位送到显示缓冲区，程序如下：

```
for(i = 0;i<6;i++)                      //准备将字符数组送去显示
     DispBuf[i] = cBuf[i] - 0x30;       //将 ASCII 字符转为数字
```

至此，浮点数转化为 BCD 码的工作完成，在显示缓冲区里已是待显示的数据了。下面的 disp.c 程序要完成的工作是将显示缓冲区中的内容显示出来，并且根据 Dot 的值在相应的数码管上点亮小数点。

```
Disp.c
#include "reg52.h"
typedef unsigned char uchar;
typedef unsigned int  uint;
```

```
uchar code BitTab[] = {0x7F,0xBF,0xDF,0xEF,0xF7,0xFB};
uchar code DispTab[] = {0xC0,0xF9,0xA4,0xB0,0x99,0x92,0x82,0xF8,0x80,0x90,0x88,0x83,0xC6,
                        0xA1,0x86,0x8E,0xFF};

uchar DispBuf[6];              //6 字节的显示缓冲区
uchar Dot;                     //小数点控制,值在 1~5 之间,0 表示没有小数点
extern uchar FunSwitch;
extern uchar ShiftKey;
/**********************************************************************
函数功能:定时器 T1 中断处理程序
参    数:无
返    回:无
备    注:定时/计数器 T1 用于显示
**********************************************************************/
void Timer1() interrupt 3
{    uchar tmp;
     bit sMark;
     bit BitLamp;                           //控制显示位闪烁的标志
     static uchar tCount;                   //计数器,显示程序通过它得知现正显示哪位数码管
     static uchar sCount;                   //秒计数器
     TH1 = (65536 - 2500)/256;
     TL1 = (65536 - 2500) % 256;            //定时时间为 2500 个周期
     sCount ++ ;
     if(sCount> = 200)                      //2.5ms×200 = 500ms
     {    sCount = 0;
          sMark = ~sMark;
     }
     if(FunSwitch == 0)
          BitLamp = 1;                      //如果正在显示计数值,则没有显示闪烁的问题
     else
     {
          if(sMark&&(tCount == ShiftKey))   //如果秒标志为 1,并且是当前操作位
                BitLamp = 0;                //显示标志为零
          else
                BitLamp = 1;                //否则显示标志为 1
     }
     tmp = BitTab[tCount];                  //取位值
     P2 = P2|0xfc;                          //P2 与 11111100B 相“或”
     P2 = P2&tmp;                           //P2 与取出的位值相“与”
```

```
    tmp = DispBuf[tCount];                        //取出待显示的数
    tmp = DispTab[tmp];                           //取字形码
    if((tCount == Dot)&&(Dot! = 5))
    /* 如果 Dot 不等于 5(Dot 等于 5 说明小数在最末位,此时不应显示小数点),且计数值等于小数点
       控制位数 */
    tmp& = 0x7f;                                  //点亮小数点
    if(BitLamp)                                   //如果 BitLamp 为 1
        P0 = tmp;                                 //将字形码送到 P0 口
    else                                          //否则
        P0 = 0xff;                                //将 0xff 送到 P0 口,停止所有显示
    tCount ++ ;
    if(tCount == 6)
        tCount = 0;
}
```


【程序分析】

这是一个定时中断服务程序。进入定时中断后,重置 TH1 和 TL1 的定时初值。由于所用的晶振频率为 12 MHz,因此 TH1=(65536−2500)/256;TL1=(65536−2500)%256。设置的定时时间为 2500 μs,即 2.5 ms,当然,实际的时间要略长一些,不过,本程序并不涉及精确的定时要求,因此,程序中未作修正。sCount 是一个计数器,每计到 200,就让一个标志 sMark 取反,同时让 sCount 回 0。这样的效果就是每 2.5 ms×200=500 ms 使得 sMark 取反一次。

接下来要区分显示总量与设置系数时不同的特性。因为在设置系数时,当前操作位要闪烁显示,以指示操作者,因此,这里判断 FunSwitch 是否为 0? 如果是 0,说明正在显示总量,不需考虑显示闪烁问题。否则判断 sMark 是否等于 1,并且当前显示的位是否是当前正在操作的位。当前操作位通过变量 ShiftKey 来实现。

```
if(sMark&&(tCount == ShiftKey))            //如果秒标志为 1 并且是当前操作位
```

这里用到的 FunSwitch 和 ShiftKey 都是全局变量,前者在 znyq.c 文件中定义,而后者在 key.c 文件中定义,因此在 disp.c 文件中这两个变量定义是这样的:

```
extern uchar FunSwitch;
extern uchar ShiftKey;
```

设置好 BitLamp 标志后,接下来就是一些常规操作。根据显示计数器来取字形码,取出字形码后,首先要实现小数点的点亮。根据 Dot 的值及显示计数器的值来决定是否要点亮小数点。如果这两者相等,则说明需要点亮小数点,用 0x7f(01111111B)与字形码相“与”,不论当前正在显示的字形码是什么,总是让其最高位为 0。最高位所对应的正是小数点 h 笔段,将这样的数字送到 P0 口,将会点亮小数点。

显示完小数点以后，接下来要实现当前显示值闪烁提示的工作。程序中根据 BitLamp 的值来决定是否将字形码送到 P0 口。如果该位是 1，那么将字形码送到 P0 口，以显示相应的字符；如果该位是 0，则将 0xff 送到 P0 口，使得该位字符不显示(消隐)。这样，就实现了当前操作位每 0.5 s 亮/灭一次。有关该段程序的流程如图 12－5 所示。

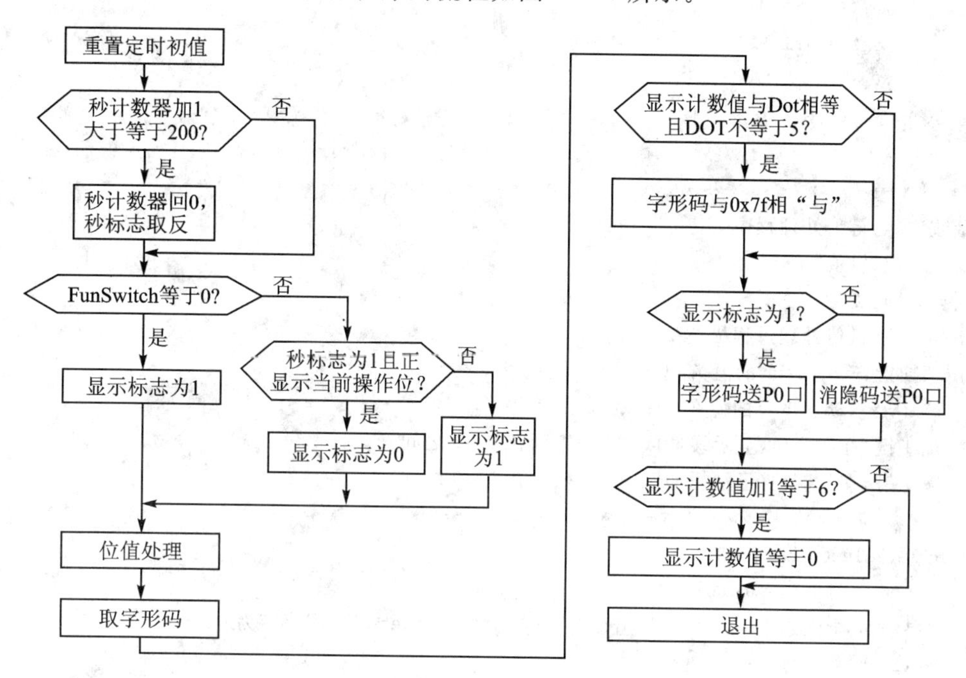

图 12－5　定时中断流程图

3. 按键处理模块

第 3 个文件是 key.c，用以实现按键操作。

```
#include "reg52.h"
#include "key.h"
extern uint quotiety;                //系数，在 znyq 中定义
extern uchar DispBuf[6];             //6 字节的显示缓冲区
uchar ShiftKey = 0;                  //控制字，控制哪位是当前操作位，用以键盘和显示程序中传递
extern uchar FunSwitch;
//用于功能键的键值切换，其值为 0、1，分别表示显示总量和显示系数
/***********************************************************
函数功能：延时程序
参    数：延时时间，毫秒数
返    回：无
```

```
备    注:无
*******************************************************************/
void mDelay(uchar j)
{   uchar i = 0;
    for(;j>0;j--)
    {  for(i = 0;i<125;i++)
         {;}
    }
}
/*******************************************************************
函数功能:键值处理程序
参    数:键值
返    回:无
备    注:键值处理过程描述如下:
1. 切换键,FunSwitch 的值,在 0~1 之间循环
2. shift 键,ShiftKey 的值在 2~5 之间循环
3. 加 1 键,在相应位(显示缓冲区)加 1(控制在 0~9 之间)
4. 减 1 键,在相应位(显示缓冲区)减 1(控制在 0~9 之间)
*******************************************************************/
void KeyValue(uchar KeyVal)
{    bit    kProc = 0;
//如果经过加 1 或减 1 处理,则该值变为 1,在计算 quotiety 后,该值变为 0
    switch (KeyVal)
    {
        case 0xfb:                          // P3.2 引脚所接按键用于切换功能
        {
            FunSwitch++;
            if(FunSwitch == 2)              //FunSwitch 值在 0~1 之间变化
                FunSwitch = 0;
            ShiftKey = 2;                   //保证总是从第 1 位开始操作
            break;
        }
        case 0xf7:                          //P3.3 引脚所接为移位键
        {   if(FunSwitch == 0)              //如果未按下设置键,则该键封锁,以下 3 键相同
                break;
            ShiftKey++;
            if(ShiftKey>= 6)
                ShiftKey = 2;               //保证 ShiftKey 键值在 2~5 之间变化
            break;
```

```
        }
        case 0xef:                          //P3.4 接加 1 键
        {
            if(FunSwitch == 0)              //不是在设置系数,直接返回
                break;
            if( ++ ( * (DispBuf + ShiftKey)) == 10)
            //对显示缓冲区加 1,然后判断是否到 10,如果到了 10,回 0
            * (DispBuf + ShiftKey) = 0;
            kProc = 1;
            break;
        }
        case 0xdf:                          //P1.5 接减 1 键
        {
            if(FunSwitch == 0)              //不是在设置系数,直接返回
                break;
            if( -- ( * (DispBuf + ShiftKey)) == 0xff)
            //对显示缓冲区减 1,然后判断是否到了 0xff,如果到了 0xff,即回到 9
            * (DispBuf + ShiftKey) = 9;
            kProc = 1;
            break;
        }
    }
    if(kProc)
    {   quotiety = DispBuf[2] * 1000 + DispBuf[3] * 100 + DispBuf[4] * 10 + DispBuf[5];
        //计算系数
        kProc = 0;
    }
}
/ * KeyValue()函数结束 * /
/ ****************************************************************
函数功能:读取键值并返回
参    数:无
返    回:键值
备    注:无
****************************************************************/
uchar Key(void)                             //键盘处理
{
    uchar Key = 0;
    uchar temp = 0;                         //暂存键值
```

```
    Key = P3;                                       //取 P3 口的值
    Key = Key|0xc3;
    if(0xff! = Key)                                 //有键按下
    {   mDelay(10);                                 //延时 10ms
        P3 = P3|0x3c;
        Key = P3;
        Key = Key|0xc3;
        if(Key! = 0xff)                             //确实有键按下
        {
            temp = Key;
            for(;;)                                 //等待按键结束
            {   Key = P3;
                Key = Key|0xc3;
                mDelay(10);
                if(Key = = 0xff)
                {
                    break;
                }
            }
            return (temp);
        }
    }
    return 0;                                       //无键按下
}
```

【程序分析】

key.c 文件中主要包括了 Key 函数和 KeyValue 函数。其中第一个函数是取键值，然后返回，对这个函数不进行详细介绍。KeyValue 函数用来对键值进行处理，其中有几点需要说明。

① 防止误操作。在仪器运行时，某些键只有在进入特定状态后才允许被处理，否则会导致混乱。程序中作了如下处理：

```
case 0xf7:                      //P3.3 接移位键
{       if(FunSwitch = = 0)     //如果未按下设置键，则该键封锁，以下 3 键相同
            break;
```

即在 FunSwitch 等于 0 也就是在显示总量时，如果按下了移位键、加 1 键、减 1 键都是无效的，不能对其进行处理。

② 切换到设置系数时，总是从最高位开始设置。这是按键设计中的一个细节问题，如果不注意，会造成混乱。程序中的处理方法非常简单，如下面的程序所示。

```
ShiftKey = 2;                //保证总是从第 1 位开始操作
```

即进入设置状态时，将用于移位控制的 ShiftKey 变量值置为 2 即可。

【程序实现】

本程序可以使用硬件来进行调试，如果没有硬件，也可以使用作者所开发的 dpj. dll 实验仿真板来演示。关于实验仿真板的详细介绍，请参考文献[12]，这里不进行详细介绍，仅说明如何使用这一文件。

到 http://www.mcustudio.com 下载实验仿真板的压缩文件，解压后，将其中的 dpj. dll 文件复制到 Keil 文件的安装文件夹下。例如，某机的 Keil 软件安装在 D 盘 Keil 文件夹下，那么就将该文件复制到 D:\Keil\Bin 文件夹下即可。

建立名为 znyq 的工程文件，将这 3 个源程序输入，加入工程。设置工程，在调试时使用 dpj. dll 实验仿真板。单击工具栏上的按钮，打开 Optins for Target'Target 1'对话框，选中 Debug 选项卡，在 Parameter 文本框中输入 - ddpj，如图 12 - 6 所示。

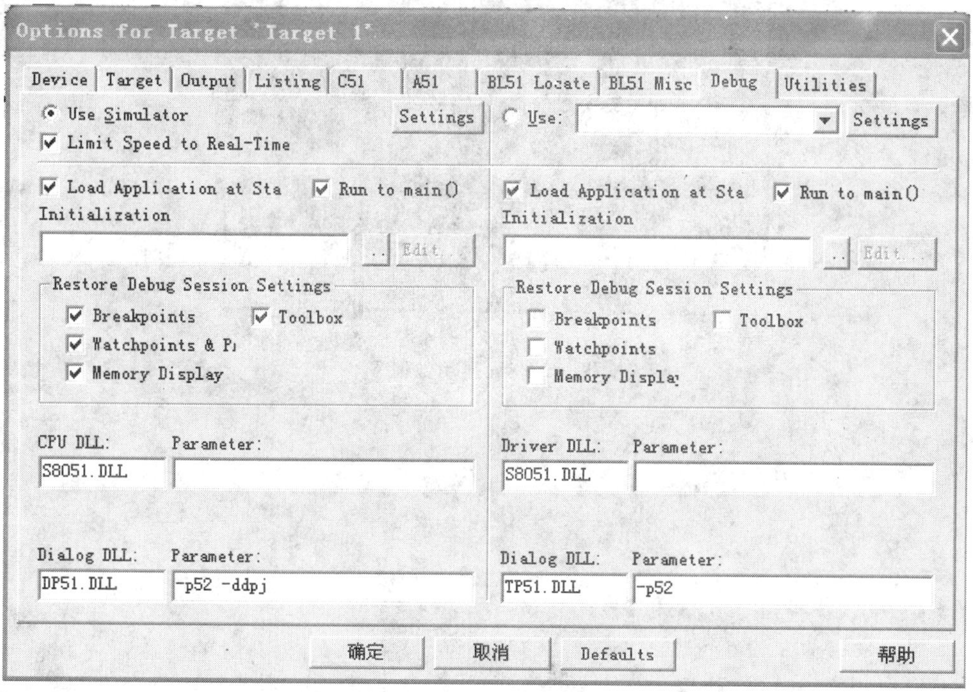

图 12 - 6　设置工程

编译、链接无误后按 Ctrl+F5 运行程序，选择菜单 Peripherals→单片机实验仿真板，打开单片机实验仿真板，即可在该板上练习设置的方法。

如图 12 - 7 所示是设置系数时的状态。

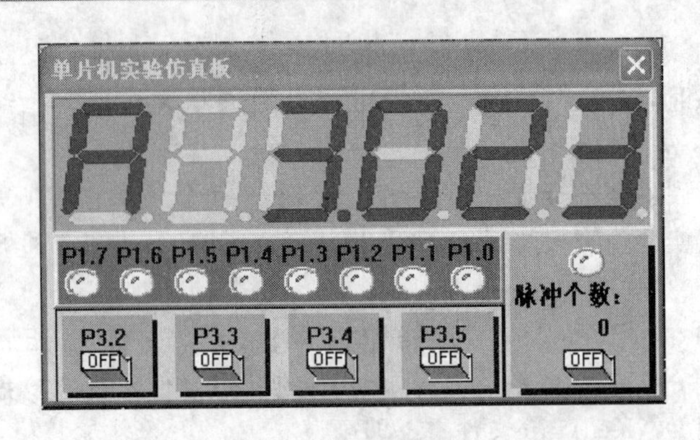

图 12-7　设置系数

系数设置完成后，按下 P3.2 按钮回到计数状态，然后按下 P3.4 按钮实现计数功能，此时所计的数据将会乘以系数，并显示出来，如图 12-8 所示。

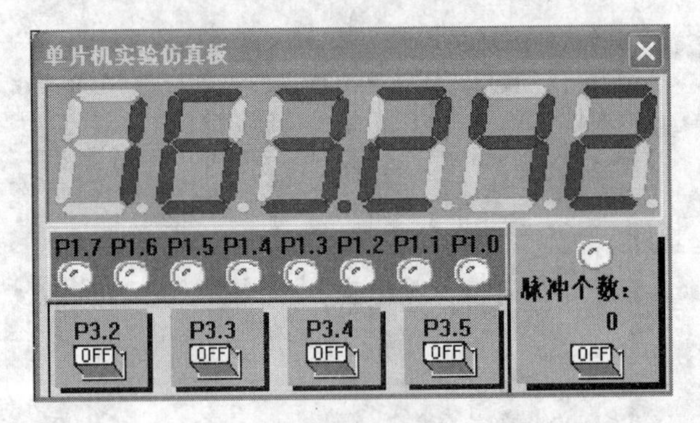

图 12-8　显示数值

第13章

便携式无线抢答器

无线通信应用日益广泛，在单片机领域中的应用也不例外。虽然对于未经过专业训练的人而言，高频信号处理是极为困难的，但目前的应用大多是基于平台概念开发出来的模块，其使用并不困难，其一般应用甚至比一些常规器件还要简单。

本章介绍一个便携式无线抢答器。有线抢答器使用时需要现场布线，较为麻烦，而无线抢答器使用较为方便。这个应用系统由两部分组成，第1部分是主持人的手持式终端机，由一块点阵型液晶显示屏和按键等部分组成。第2部分是按钮站，按钮站与终端机之间进行无线通信。

13.1 便携无线抢答器方案选择

目前广泛使用的无线模块有：315M无线发射接收、433M无线发射接收、2.4G无线发射接收等。因为此前作者使用315M模块做过有关项目，因此，我们开始选择了315M无线模块。搜索网络可以发现，有关无线抢答器的文章非常多，绝大部分也都是采用315M模块，但并未搜索到相应的销售产品。相对于有线抢答器，无线的优点十分突出，而市场上却没有对应的产品，这使我们对于315M模块能否用于该项目心存疑虑，决定必须通过测试来查找无产品销售的原因。

通过对315M模块的实际测试，我们发现了使用该模块无法解决的问题：同频干扰。设有A、B两个发射源，如果两者同时发射，那么接收方将收不到任何信号。抢答者在按下按钮时，理论上总会有些许差异，不太可能完全是在同一时间按下。但实际上，接收端对于发射端的时长有一定的要求，大约需要发送端持续发射信号有数十毫秒左右的时间才能完成一次信号的接收。这个时间要求太长了，抢答激烈时，两个按钮完全可能在相差数毫秒时间之内按下。这样，两个按钮站发射的信号将都不能被接收端接收到，这是客户无法接受的。使用315M模块的抢答器无法解决这一问题，这也正是该方案仅停留于理论上而无法应用于实际产品的原因。

通过检索发现，使用2.4G的模块可以解决这一问题。因此，本抢答器使用2.4G模块进行无线通信。本项目要求便携易用，因此，其手持式终端机要求用电池供电。经过在市场上查找，发现一款适用的外壳，其上方可以安装一块液晶显示屏，而下方则贴一张自行设计的薄膜面板。如图13-1所示是手持终端与2只按钮盒放在一起的图片。

如图 13－2 所示是便携式无线抢答器手持式终端电路原理图。从图中可以看到，整个电路非常简洁，由键盘、点阵式液晶屏和无线模块等部分组成。

下面分别介绍各部分功能。

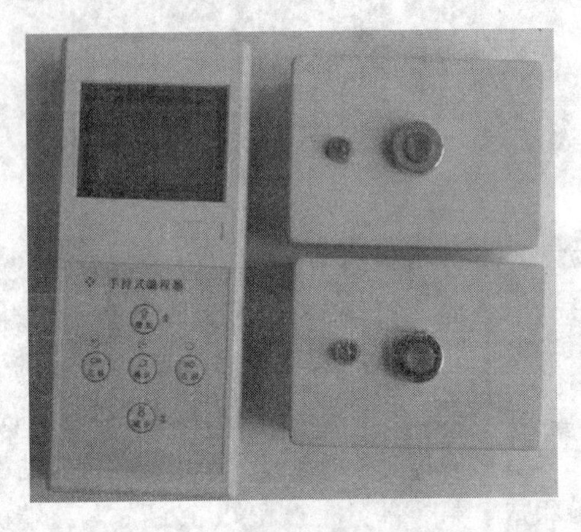

图 13－1　手持式终端与 2 只按钮盒

13.2　点阵型液晶屏简介

点阵式液晶显示屏又称为 LCM，它既可以显示 ASCII 字符，又可以显示包括汉字在内的各种图形。目前，市场上的 LCM 产品非常多，从其接口特征来分可以分为通用型和智能型两种。智能型 LCM 一般内置汉字库，具有一套接口命令，使用方便；通用型 LCM 必须由用户自行编程来实现各种功能，使用较为复杂，但其成本较低。LCM 的功能特点主要取决于其控制芯片，目前常用的控制芯片有 T6963、HD61202、SED1520、SED13305、KS0107、ST7920、RA8803 等。其中使用 ST7920 和 RA8803 控制芯片的 LCM 产品一般都内置汉字库，而使用 RA8803 控制芯片的 LCM 产品一般都具有触摸屏功能。

13.2.1　FM12864I 及其控制芯片 HD61202

如图 13－3 所示是 FM12864I 产品的外形图。

这款液晶显示模块使用的是 HD61202 控制芯片，内部结构示意图如图 13－4 所示。由于 HD61202 芯片只能控制 64×64 点，因此产品中使用了 2 块 HD61202，分别控制屏的左、右两个部分。也就是说，这块 128×64 的显示屏实际上可以看成是 2 块 64×64 显示屏的组合。除了这两块控制芯片外，图中显示还用到了一块 HD61203A 芯片，但该芯片仅供内部使用以提供列扫描信号，没有与外部的接口，使用者无需关心。

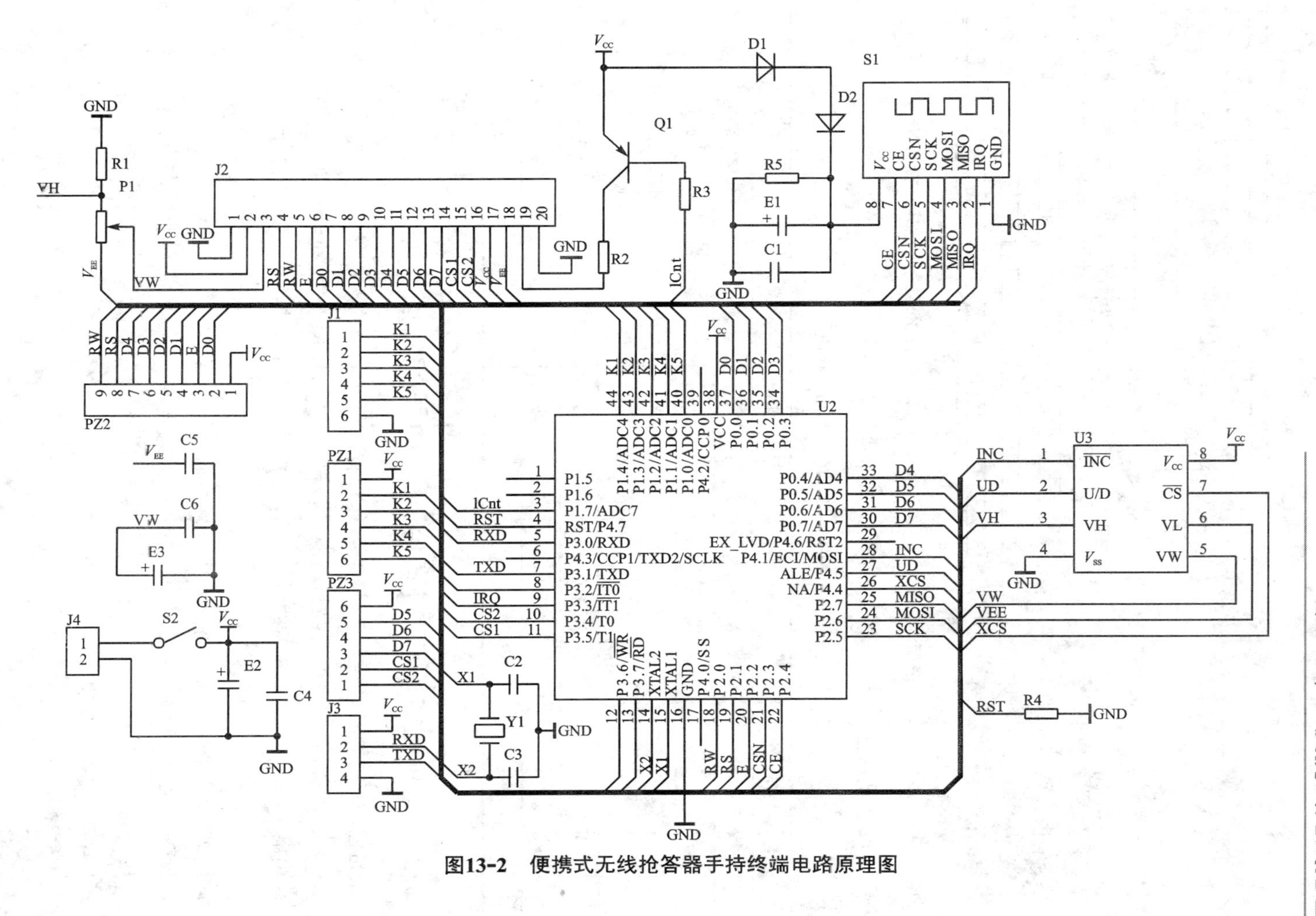

图13-2　便携式无线抢答器手持终端电路原理图

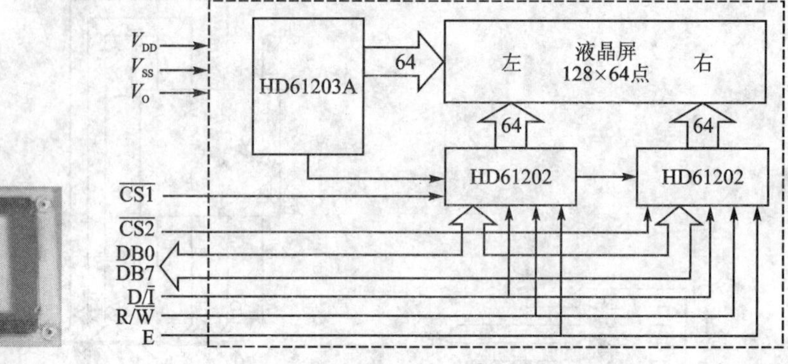

图 13－3 FM12864I 外形图

图 13－4 FM12864I 的内部结构示意图

这块液晶显示器共有 20 个引脚，其引脚排列如表 13－1 所列。

表 13－1 FM12864 接口

编 号	符 号	引脚说明	编 号	符 号	引脚说明
1	V_{SS}	电源地	15	CSA	片选 IC1
2	V_{DD}	电源正极(＋5 V)	16	CSB	片选 IC2
3	V_{O}	LCD 偏压输入	17	RST	复位端(H:正常工作,L:复位)
4	RS	数据/命令选择端(H/L)	18	V_{EE}	LCD 驱动负压输出(－4.8 V)
5	R/$\overline{W}$	读/写控制信号(H/L)	19	BLA	背光源正极
6	E	使能信号	20	BLK	背光源负极
7～14	DB0～DB7	数据输入口			

13.2.2 HD61202 及其兼容控制驱动器的特点

HD61202 及其兼容控制驱动器是一种带有列驱动输出的液晶显示控制器，它可与行驱动器 HD61203 配合使用，组成液晶显示驱动控制系统。HD61202 芯片具有如下特点：

- 内藏 64×64 共 4 096 位显示 RAM，RAM 中每位数据对应 LCD 屏上一个点的亮暗状态。
- HD61202 是列驱动，具有 64 路列驱动输出。
- HD61202 读/写操作时序与 68 系列微处理器相符，因此它可直接与 68 系列微处理器接口相连；在与 80C51 系列微处理器接口时要进行适当处理，或使用模拟口线的方式。
- HD61202 占空比为 1/32～1/64。

13.2.3　HD61202及其兼容控制驱动器的指令系统

HD61202的指令系统比较简单，总共只有7种。

1. 显示开/关指令

R/W	D/I	DB7	DB6	DB5	DB4	DB3	DB2	DB1	DB0
0	0	0	0	1	1	1	1	1	1/0

说明：表中前两列是此命令所对应的引脚电平状态，后8位是读/写字节。以下各指令表中的含义相同，不再重复说明。

该指令中，如果DB0为1，则LCD显示RAM中的内容；如果DB0为0，则关闭显示。

2. 显示起始行ROW设置指令

R/W	D/I	DB7	DB6	DB5	DB4	DB3	DB2	DB1	DB0
0	0	1	1	显示起始行0～63					

该指令设置对应液晶屏最上面一行显示RAM的行号。有规律地改变显示起始行，可实现显示滚屏的效果。

3. 页设置指令

R/W	D/I	DB7	DB6	DB5	DB4	DB3	DB2	DB1	DB0
0	0	1	0	1	1	1	页号0～7		

显示RAM可视为64行，分8页，每页8行对应1字节的8位。

4. 列地址设置指令

R/W	D/I	DB7	DB6	DB5	DB4	DB3	DB2	DB1	DB0
0	0	0	1	显示列地址0～63					

设置页地址和列地址，就能唯一地确定显示RAM中的一个单元。这样MCU就可以用读指令读出该单元中的内容，用写指令向该单元写进1字节数据。

5. 读状态指令

R/W	D/I	DB7	DB6	DB5	DB4	DB3	DB2	DB1	DB0
1	0	BUSY	0	ON/OFF	REST	0	0	0	0

该指令用来查询 HD61202 的状态。执行该条指令后，得到一个返回的数据值，根据数据各位来判断 HD61202 芯片当前的工作状态。各参数含义如下：

BUSY ：1 为内部在工作；0 为正常状态；

ON/OFF：1 为显示关闭；0 为显示打开；

REST：1 为复位状态；0 为正常状态。

如果芯片当前正处在 BUSY 和 REST 状态，除读状态指令外，其他指令均无操作效果。因此，在对 HD61202 操作之前要查询 BUSY 状态，以确定是否可以对其进行操作。

6. 写数据指令

R/W	D/I	DB7	DB6	DB5	DB4	DB3	DB2	DB1	DB0
0	1	写数据指令							

该指令用以将显示数据写入 HD61202 芯片中的 RAM 区中。

7. 读数据指令

R/W	D/I	DB7	DB6	DB5	DB4	DB3	DB2	DB1	DB0
1	1	读数据指令							

该指令用以读出 HD61202 芯片 RAM 中指定单元的数据。

读/写数据指令每执行完一次，读/写操作列地址就自动增 1。特别要注意的是，进行读操作之前，必须要有一次空读操作，紧接着再读，才会读出所要读的单元中的数据。

13.2.4 字模的产生

图形液晶显示器的重要用途之一是显示汉字，编程的重要工作之一是获得待显示汉字的字模。目前，网络上可以找到各种各样的字模软件。为用好这些字模软件，有必要学习字模的一些基本知识，才能理解字模软件中一些参数设置的方法，以获得正确的结果。

1. 字模生成软件

如图 13-5 所示是某字模提取软件取模方式的设置，其中用黑框圈起来的是其输出格式及取模方式设定部分。

使用该软件生成字模时，按需要设定好各种参数后，单击“参数确认”按钮。界面右下角的“输入字串”按钮变为可用状态，在该按钮前的文本输入框中输入需要转换的汉字，单击“输入字串”按钮，即可按所设定的输出格式及取模方式来获得字模数据。如图 13-6 所示即按所设置方式生成“电子技术”这 4 个字的字模表。

从图 13-5 中可以看到该软件有 4 种取模方式，实际应用时究竟应选择何种取模方式，取决于 LCM 点阵屏与驱动电路之间的连接方法。下面就来介绍这 4 种取模方式的具体含义。

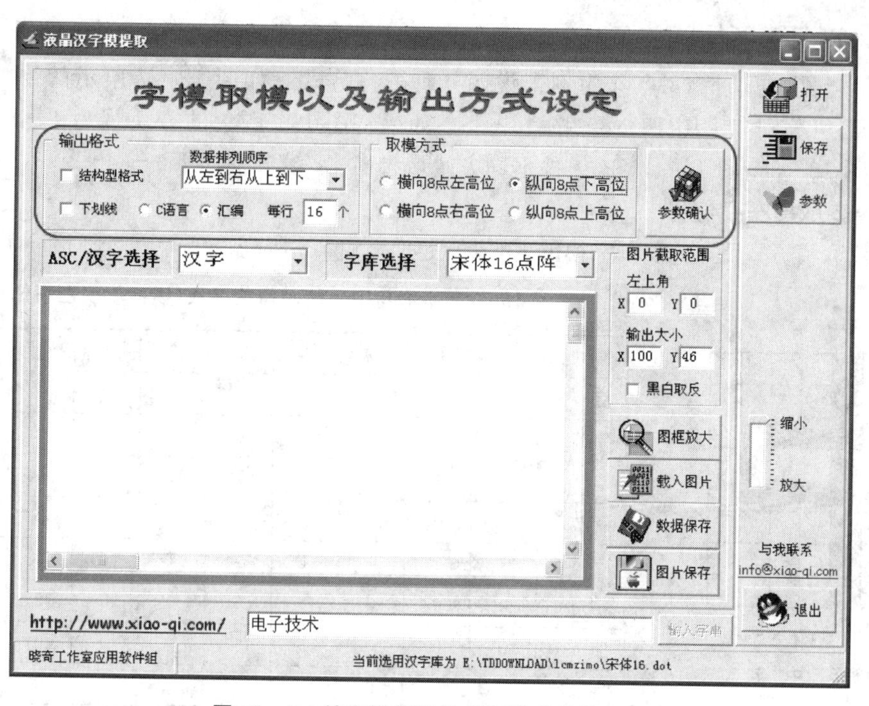

图 13-5　某字模提取软件取模方式的设置

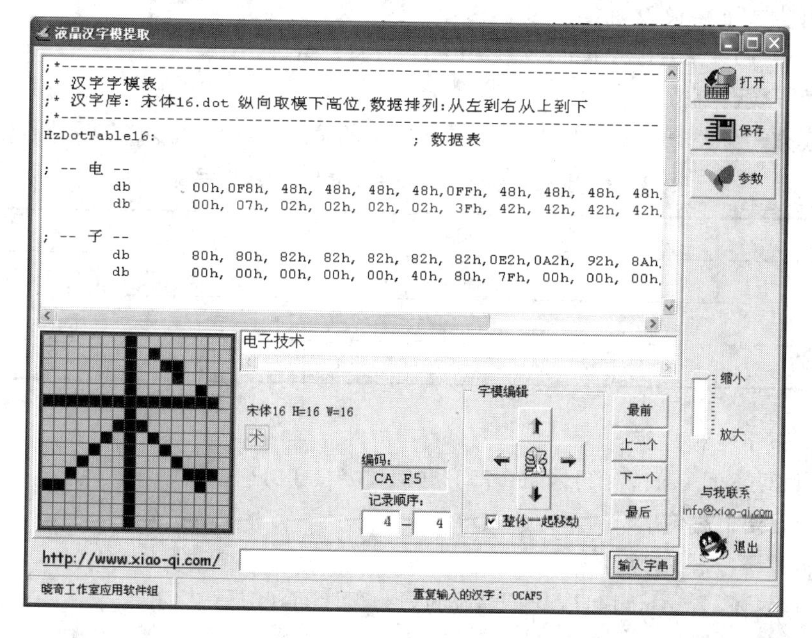

图 13-6　按所设定方式生成字模表

2. 8×8点阵字模的生成

为简单起见，先以8×8点阵为例来说明几种取模方式。如图13-7所示的“中”字，有4种取模方式，可分别参考图13-8～图13-11。如果将图中有颜色的方块视为1，空白区域视为0，则按图13-8～图13-11这4种不同方式取模时，字模分别如下。

(1) 横向取模左高位

在这种取模方式下，字形与字模的对照关系如表13-2所列。

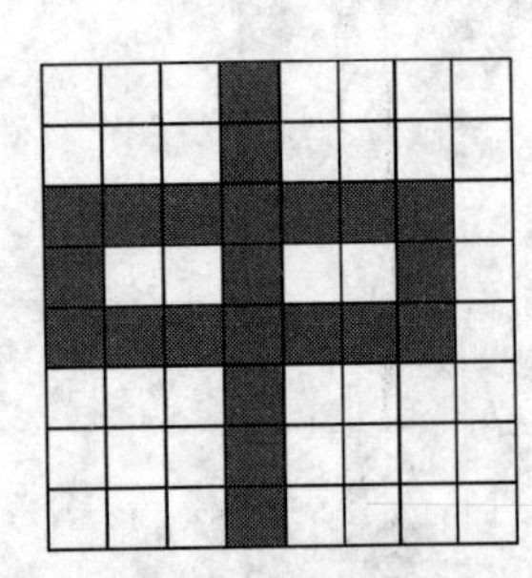

图13-7 在8×8点阵中显示“中”字

表13-2 字形与字模的对照关系表(横向取模左高位)

位	7	6	5	4	3	2	1	0	
字节1	0	0	0	1	0	0	0	0	10H
字节2	0	0	0	1	0	0	0	0	10H
字节3	1	1	1	1	1	1	1	0	0FEH
字节4	1	0	0	1	0	0	1	0	92H
字节5	1	1	1	1	1	1	1	0	0FEH
字节6	0	0	0	1	0	0	0	0	10H
字节7	0	0	0	1	0	0	0	0	10H
字节8	0	0	0	1	0	0	0	0	10H

即在该种方式下字模表为：

ZM　　DB:10H,10H,0FEH,92H,0FEH,10H,10H,10H

(2) 横向取模右高位

这种取模方式与表13-2类似，区别仅在于表格的第一行，即位排列方式不同，见表13-3。

表13-3 字形与字模的对照关系表(横向取模右高位)

位	0	1	2	3	4	5	6	7	
字节1	0	0	0	1	0	0	0	0	08H
⋮									
字节8	0	0	0	1	0	0	0	0	08H

在该种方式下字模表为：

ZM　　DB:08H,08H,7FH,49H,7FH,08H,08H,08H

(3) 纵向取模下高位

在该种方式下字模表为：

ZM　　DB:1CH,14H,14H,0FFH,14H,14H,1CH,00H

(4) 纵向取模上高位

在该种方式下字模表为：

ZM DB:38H,28H,28H,0FFH,28H,28H,38H,00H

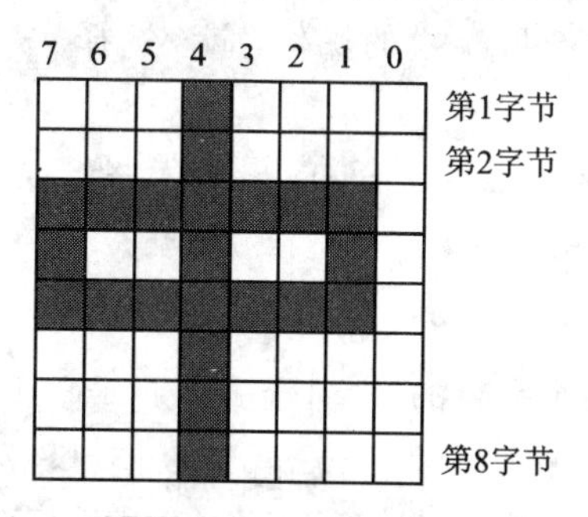

图 13-8 横向取模左高位

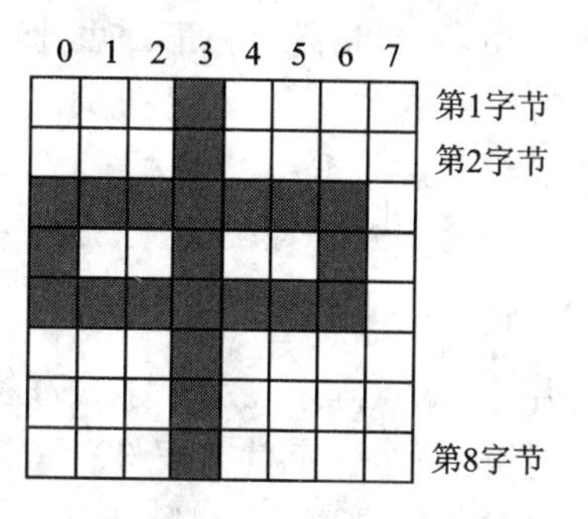

图 13-9 横向取模右高位

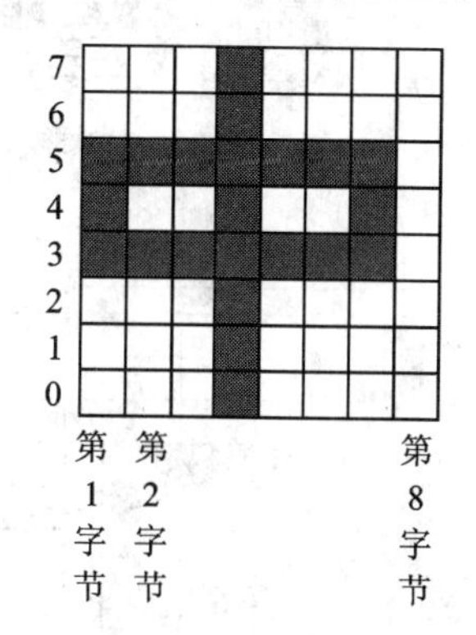

图 13-10 纵向取模上高位

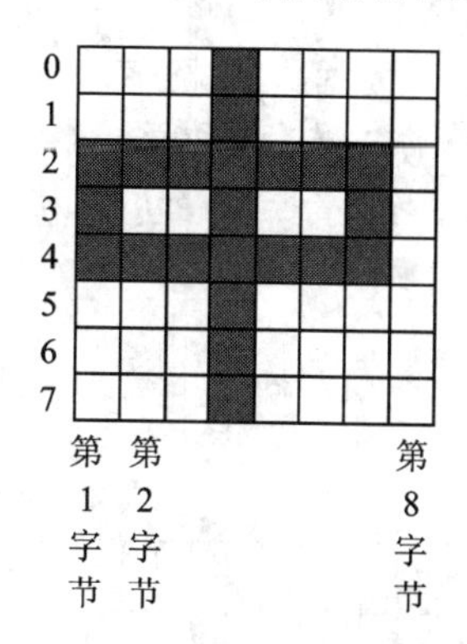

图 13-11 纵向取模下高位

究竟应该采取哪一种取模方式,取决于硬件电路的连接方式。

图 13-12 所示是 HD61202 内部 RAM 结构示意图,从图中可以看出每片 HD61202 可以

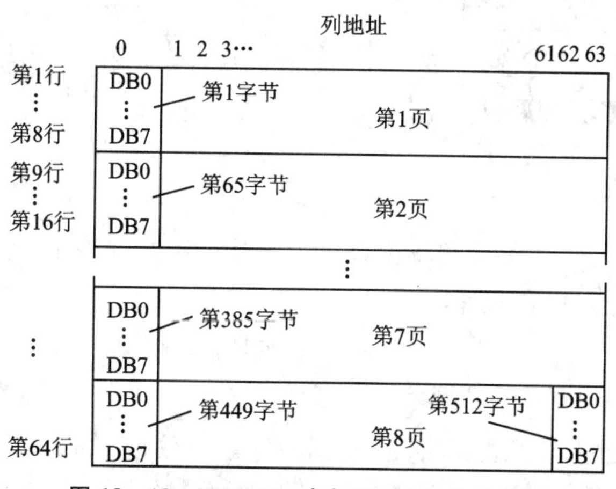

图 13-12 HD61202 内部 RAM 结构示意图

控制 64×64 点。为方便 MCU 控制，每 8 行称为 1 页，这样，一页内任意一列的 8 个点对应 1 字节的 8 个位，并且是高位在下。由此可知，如果要进行取字模的操作，应该选择“纵向取模、高位在下”的方式。

字模数据取决于 RAM 结构，而数据排列方式则与编程方法有关。下面介绍 16 点阵字模产生的方法。

3. 16 点阵字模的产生

通常用 8×8 点阵来显示汉字太过粗糙，为显示一个完整的汉字，至少需要 16×16 点阵的显示器。这样，每个汉字就需要 32 字节的字模，这时就需要考虑字模数据的排列顺序。图 13－5 所示软件中有两种数据排列顺序，如图 13－13 所示。

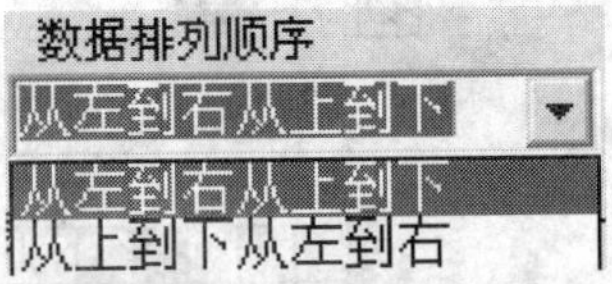

数据排列顺序
从左到右从上到下
从左到右从上到下
从上到下从左到右

图 13－13　数据排列方式

要解释这两种数据排列顺序，就要了解 16 点阵字库的构成。如图 13－14 所示，是“电”字的 16 点阵字形。

这个 16×16 点阵的字形可以分为 4 个 8×8 点阵，如图 13－15 所示。

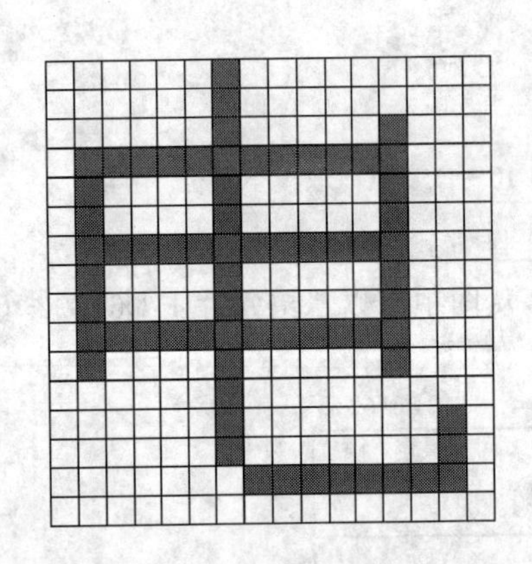

图 13－14　“电”字的 16 点阵字形

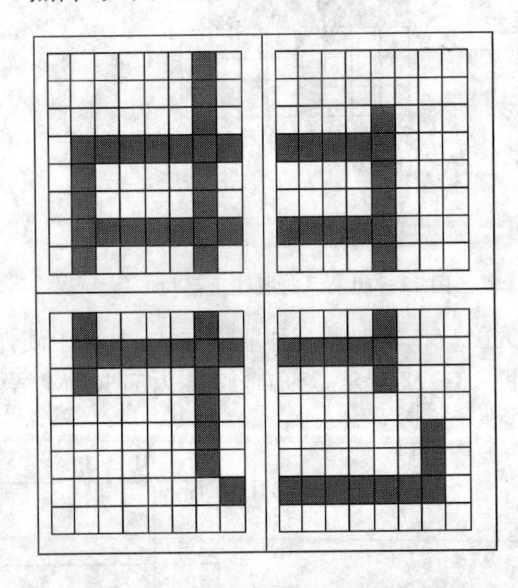

图 13－15　将 16×16 点阵分成 4 个 8×8 点阵

这 4 个 8×8 点阵的每一部分的取模方式由上述 4 种方式确定，每个部分有 8 字节的数据。各部分数据的组合方式有两种，第 1 种是“从左到右，从上到下”，字模数据应该按照、、、的顺序排列，即先取第 1 部分的字模数据共 8 字节，然后取第 2 部分的 8 字节，放在第 1 部分的 8 字节之后。剩余的 2 部分以此类推，这种方式不难理解。

第 2 种数据排列顺序是“从上到下，从左到右”，字模数据按照、、、的顺序排列，但其排列方式并非先取第 1 部分 8 字节，然后将第 2 部分的 8 字节加在第 1 部分的 8 字节之后；而是第1部分的第1字节之后是第2部分的第1字节，然后是第1部分的第2字节，后面接着的是第2部分的第2字节，以此类推。如果按此种方式取模，则部分字模如下：

```
DB      00H, 00H,0F8H, 07H, 48H, 02H, 48H, 02H
⋮
```

读者可以对照字形来看，其中第1和第2字节均为00H，从图13-15中可以看到这正是该字形左侧的上下两个部分的第1字节。而0F8H和07H则分别是左侧上下两个部分的第2字节，余者以此类推。

这两种方法获得的字模并无区别，究竟采用哪种方式取决于编程者的编程思路。

目前在网络上可以找到的字模软件非常多，参数设置包括参数名称等也各不相同，但理解了上述原则就不难进行相关参数的设定了。

13.2.5 LCM驱动程序

在了解了控制芯片内部的结构以后，就能编写驱动程序了。只要将数据填充到相应的RAM位置，即可在显示屏上显示出相应的点。

```
/**********************************************************************
函数功能:判断第1块控制芯片是否可以写入
入口参数:无
返    回:可以写入时退出本函数,否则无限循环
备    注:无
**********************************************************************/
void WaitIdleL()                                 //判断当前是否能够写入指令
{   uchar cTmp;
    DPort = 0xff;
    RsPin = 0;RwPin = 1;CsLPin = 1;
    EPin = 1;
    nop4;
    for(;;)
    {   cTmp = DPort;
        nop4;
        if((cTmp&0x80) = = 0)                    //如果 DPort.7 = 1,循环
            break;
    }
    nop4;
    EPin = 0;
    CsLPin = 0;
}
```

```
/**********************************************************************
函数功能:判断第2块控制芯片是否可以写入
入口参数:无
返    回:可以写入时退出本函数,否则无限循环
备    注:无
**********************************************************************/
void WaitIdleR()                                  //判断当前是否能够写入指令
{    uchar cTmp;
    DPort = 0xff;
    RsPin = 0;RwPin = 1;CsRPin = 1;
    EPin = 1;
    nop4;
    for(;;)
    {    cTmp = DPort;
        nop4;
        if((cTmp&0x80) == 0)                      //如果DPort.7 = 1,循环
            break;
    }
    nop4;
    EPin = 0;
    CsRPin = 0;
}
/**********************************************************************
函数功能:将控制字写入第1块控制芯片
入口参数:待写入的控制字
返    回:无
备    注:无
**********************************************************************/
void LcmWcL(uchar Dat)                            //LCM左写命令
{    WaitIdleL();                                 //等待上一命令完成结束
    DPort = Dat;                                  //送出命令
    RsPin = 0;RwPin = 0;CsLPin = 1;               //RS = 0,RW = 0,CSL = 1
    EPin = 1;                                     //E = Plus
    nop4;
    EPin = 0;
    CsLPin = 0;
}
/**********************************************************************
函数功能:将控制字写入第2块控制芯片
```

```
入口参数:待写入的控制字
返    回:无
备    注:无
********************************************************************/
void LcmWcR(uchar Dat)                          //LCM 右写命令
{    WaitIdleR();                               //等待上一命令完成结束
    DPort = Dat;                                //送出命令
    RsPin = 0;RwPin = 0;CsRPin = 1;             //RS = 0,RW = 0,CSR = 1
    EPin = 1;
    nop4;
    EPin = 0;
    CsRPin = 0;
}
/********************************************************************
函数功能:将数据写入第1块控制芯片
入口参数:待写入的数据
返    回:无
备    注:无
********************************************************************/
void LcmWdL(uchar Dat)                          //LCM 左写数据
{    WaitIdleL();                               //等待上一命令完成结束
    DPort = Dat;                                //送出数据
    RsPin = 1;RwPin = 0;CsLPin = 1;             //RS = 1,RW = 0,CSL = 1
    EPin = 1;
    nop4;
    EPin = 0;
    CsLPin = 0;
}
/********************************************************************
函数功能:将数据写入第2块控制芯片
入口参数:待写入的数据
返    回:无
备    注:无
********************************************************************/
void LcmWdR(uchar Dat)                          //LCM 右写数据
{    WaitIdleR();                               //等待上一命令完成结束
    DPort = Dat;                                //送出数据
    RsPin = 1;RwPin = 0;CsRPin = 1;             //RS = 1,RW = 0,CSR = 1
    EPin = 1;
```

```
    nop4;
    EPin = 0;                                        //形成脉冲
    CsRPin = 0;
}
/*********************************************************************
函数功能:将数据写入指定位置
入口参数:待写入的数据,x 座标,y 座标
返    回:无
备    注:根据 xpos 的值自动判断对 2 块 HD61202 中的哪一块芯片操作
*********************************************************************/
void LcmWd(uchar Dat,uchar xPos,yPos)
{    uchar xTmp,yTmp;
    xTmp = xPos;
    yTmp = yPos;
    yTmp& = 0x07;
    yTmp + = 0xb8;
    xTmp& = 0x3f;
    xTmp| = 0x40;
    if(xPos<64)
    {
        LcmWcL(yTmp);                                //设页码
        LcmWcL(xTmp);                                //设列码
    }
    else
    {
        LcmWcR(yTmp);
        LcmWcR(xTmp);
    }
    if(xPos<64)                                      //xPos 小于 64 则对 CSL 操作
    {
        LcmWdL(Dat);
    }
    else
    {
        LcmWdR(Dat);
    }
}
/*********************************************************************
函数功能:用指定数据填充屏幕数据
```

```
入口参数:FillDat 填充数据
返    回:无
备    注:无
***************************************************************************/
void LcmFill(uchar FillDat)
{    uchar xPos = 0;
     uchar yPos = 0;
     for(;;)
     {    LcmWd(FillDat,xPos,yPos);
          yPos& = 0x07;
          xPos ++ ;
          if(xPos> = 128)
          {    yPos ++ ;
               xPos = 0;
          }
          if(yPos> = 0x8)
          {    yPos = 0;
               break;
          }
     }
}
/***************************************************************************
函数功能:在指定位置显示 1 个 ASCII 字符
入口参数:HzNum 汉字字形表中位置
         xPos  显示起点的 x 座标,可用值为 0~(127 - 8)
         yPos  显示起点的 y 座标,可用值为 0~6
         attr  为 1 时在最低行显示一条线,用以形成光标的效果
返    回:无
备    注:无
***************************************************************************/
void AscDisp(uchar AscNum,uchar xPos,uchar yPos,bit attr)
{    uchar i,hTmp,lTmp;
     for(i = 0;i<8;i ++ )
     {    hTmp = ascTab[AscNum][i * 2];
          lTmp = ascTab[AscNum][i * 2 + 1];
          if(attr)                                    //反色显示
          {
               lTmp| = 0xc0;
          }
```

```
        LcmWd(hTmp,xPos + i,yPos);
        LcmWd(lTmp,xPos + i,yPos + 1);
    }
}
/********************************************************************
函数功能:在指定位置显示 1 个汉字
入口参数:HzNum  汉字字形表中位置
        xPos  显示起点的 x 座标,可用值为 0~(127 - 16)
        yPos  显示起点的 y 座标,可用值为 0~6
        attr  属性,1 时反色显示
返    回:无
备    注:一个汉字将占用 2 行 y 座标,即第 0 行显示汉字后须在第 2 行显示,
        否则将吃掉上一行的汉字
汉字字模规则:纵向取模下高位。数据格式:从上到下,从左到右
********************************************************************/
void ChsDisp16(uchar HzNum,uchar xPos,uchar yPos,bit attr)
{    uchar i,hTmp,lTmp;
    for(i = 0;i<16;i ++ )
    {     hTmp = DotTbl16[HzNum][i * 2];
         lTmp = DotTbl16[HzNum][i * 2 + 1];
        if(attr)                                  //反色显示
        {     hTmp = ~hTmp;
            lTmp = ~lTmp;
        }
        LcmWd(hTmp,xPos + i,yPos);
        LcmWd(lTmp,xPos + i,yPos + 1);
    }
}
/********************************************************************
函数功能:整屏显示一个 logo
入口参数:pLogo 指向 logo 数组
返    回:无
备    注:logo 尺寸为 128 × 64
取模规则:纵向取模下高位。数据格式:从上到下,从左到右
********************************************************************/
void LogoDisp(uchar * pLogo)
{    uchar i,j;                                   //i 表示行,j 表示列
    for(j = 0;j<8;j ++ )
    {     for(i = 0;i<128;i ++ )
```

```
        {    LcmWd( * pLogo,i,j);
            pLogo++;
        }
    }
}
//显示汉字字符串
void PutString(uchar * pStr,uchar xPos,uchar yPos,bit attr)
{    uchar cTmp;
    uchar i = 0;
    for(;;)
    {    cTmp = * (pStr + i);                        //取字符表中的字符数据
        if(cTmp == 0xff)
            break;
        if(cTmp<128)                                  //显示汉字
            ChsDisp16(cTmp,xPos + i * 16,yPos,attr);
        i++;
    }
}
/***********************************************************************
函数功能:复位液晶控制芯片
入口参数:无
返    回:无
备    注:无
***********************************************************************/
void LcmReset()
{    LcmWcL(0x3f);                                   //开左 LCM 显示
    LcmWcR(0x3f);                                    //开右 LCM 显示
    LcmWcL(0xc0);                                    //设定显示起始行
    LcmWcR(0xc0);                                    //设定显示起始行
}
```

13.3　无线模块

2.4G 模块种类很多,这里使用的是 nRF24L01 芯片制作的模块。nRF24L01 是一款新型单片射频收发器件,工作于 2.4～2.5 GHz ISM 频段。内置频率合成器、功率放大器、晶体振荡器、调制器等功能模块,并融合了增强型 ShockBurst 技术,其中输出功率和通信频道可通过程序进行配置。该芯片的特点如下:

- 真正的 GFSK 单收发芯片;

- 内置链路层；
- 增强型 ShockBurst；
- 自动应答及自动重发功能；
- 地址及 CRC 检验功能；
- 数据传输率为 1 Mbps 或 2 Mbps；
- SPI 接口数据速率为 0～8 Mbps；
- 125 个可选工作频道；
- 很短的频道切换时间，可用于跳频；
- 与 nRF 24XX 系列完全兼容；
- 可接受 5V 电平的输入；
- 20 引脚 QFN 4 4 mm 封装；
- 极低的晶振要求 60 ppm；
- 低成本电感和双面 PCB 板；
- 工作电压为 1.9～3.6 V。

使用者既可以直接购买 nRF24L01 芯片来制作，也可以使用市场上提供的各种各样的模块。由于本次开发属于小批量制作范畴，因此，直接购买了无线通信模块。

由于所有信号处理的技术细节都被封装于模块之中，留给用户的就是一个 SPI 接口，编写程序较为容易。

从以下提供的部分代码可以简单了解该模块的控制方法。

```
/*********************************************************************
函数功能:初始化 nRF24L01 芯片
入口参数:无
返    回:无
备    注:无
*********************************************************************/
void init_nrf24l01(void)
{
    CE = 0;                                          // 芯片允许
    CSN = 1;                                         // SPI 禁止
    SCK = 0;                                         // SPI 时钟线初始化
}
/*********************************************************************
函数功能:读 nRF24L01 芯片寄存器的值
入口参数:无
返    回:无
备    注:无
```

```
*****************************************************************************/
uchar SPI_RW(uchar byte)
{
        uchar bit_ctr;
        for(bit_ctr = 0;bit_ctr<8;bit_ctr++)                    //输出 8 位数据
        {
            MOSI = (byte & 0x80);
            byte = (byte << 1);                                 //移位
            SCK = 1;                                            //置时钟线为高
            byte |= MISO;                                       //获得当前位的值
            SCK = 0;                                            //时钟线拉低
        }
        return(byte);                                           //返回读到的值
}
/*****************************************************
函数功能：将 * pBuf 指针所指缓冲区数据发送到 nRF24L01 芯片中
/*****************************************************/
uchar SPI_Write_Buf(uchar reg, uchar * pBuf, uchar bytes)
{
          uchar status,byte_ctr;
          CSN = 0;                                              // CSN 引脚拉低,初始化 SPI
          status = SPI_RW(reg);                                 // 选择寄存器并返回其值
          for(byte_ctr = 0; byte_ctr<bytes; byte_ctr++)         // 写入数据
                SPI_RW( * pBuf++);
          CSN = 1;                                              // 置高
          return(status);                                       // 返回状态值
}
```

其他的函数就不再逐一列出了，通常在购买无线模块时，可以得到完整的驱动程序代码。

13.4　手持式终端的软件设计

虽然本项目的技术难度并不高，但用到了多个模块，如 LCM、nRF24L01、键盘处理、EEPROM 数据存储等。因此，编程时采用了多模块方案，简洁易用，可移植性好。在 μV3 中的项目如图 13-16 所示。

整个项目由 main.c、lcm.c、fun.c、nrff24l01.c、eeprom.c 等文件组成，各个 c 源程序文件又有相应的头文件。其中 main.c 是主程序文件，它调用各文件提供的各种函数，完整地实现整个项目的功能；lcm.c 提供各种有关点阵型液晶操作的函数；fun.c 提供键盘操作、字符显示

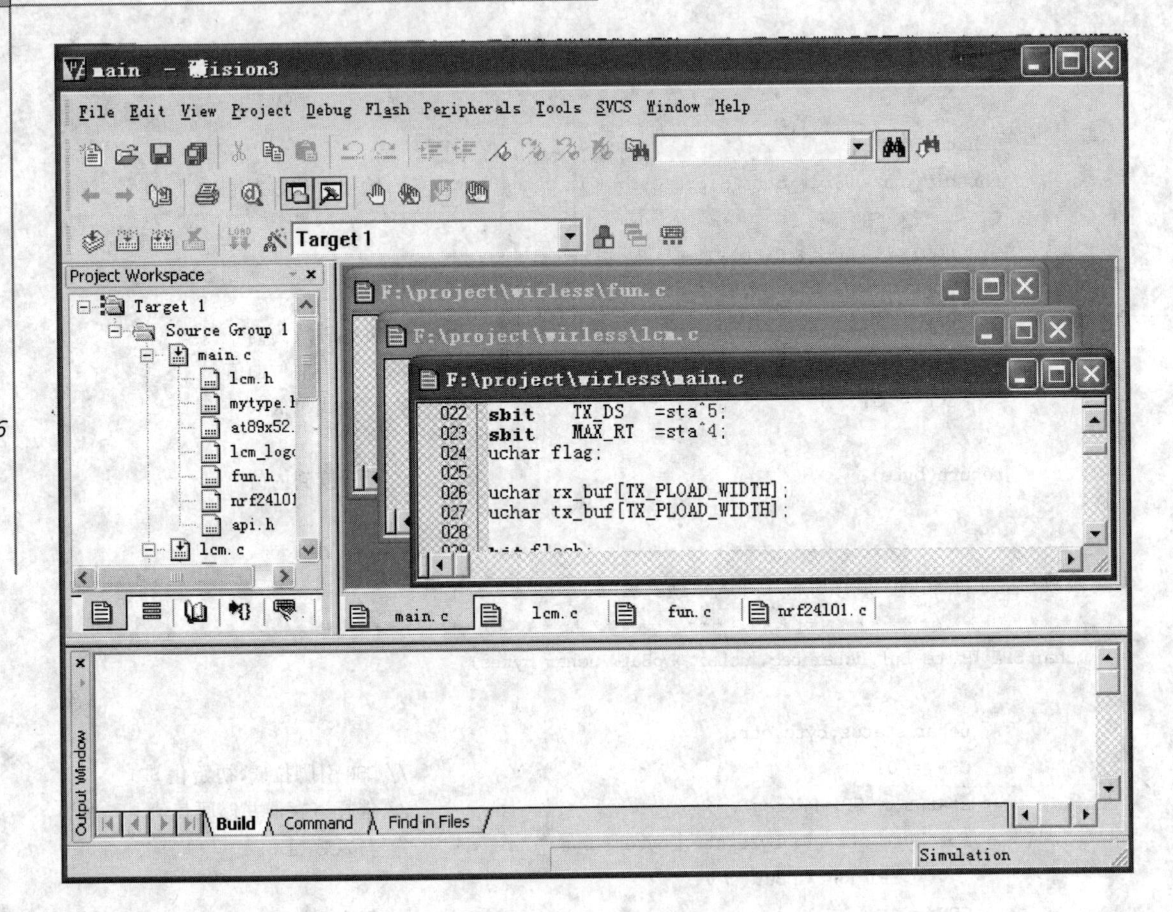

图 13－16　μV3 中的项目

等函数；nRF24L01 提供有关 nRF24L01 操作的函数；eeprom.c 则提供对芯片内置 EEPROM 读/写的函数。

以下对各个函数进行分析。首先分析 fun.c 源程序，在 fun.c 中，有大量的字符串显示函数。在本项目中，使用了小汉字表，即把项目中所需要的汉字提取出来，存放在一个二维数组中，如下所示。

```
#include "mycype.h"
//////////////////////////////////////////////////////////////////////////////////
//汉字字模表
//汉字库:宋体 16.dot 纵向取模下高位,数据排列:从上到下从左到右
//////////////////////////////////////////////////////////////////////////////////
unsigned char code DotTb116[][32] =          //数据表
{
```

```
//--回--
    0x00,0x00,0xFC,0x7F,0x04,0x20,0x04,0x20,
    0x04,0x20,0xE4,0x2F,0x24,0x24,0x24,0x24,
    0x24,0x24,0xF4,0x2F,0x24,0x20,0x04,0x20,
    0x04,0x20,0xFE,0x7F,0x04,0x00,0x00,0x00,
//--答--   1
    0x00,0x04,0x10,0x04,0x08,0x02,0x07,0x01,
    0x8C,0xFD,0x54,0x45,0x26,0x45,0x14,0x45,
    0x28,0x45,0x47,0x45,0x8C,0xFD,0x14,0x01,
    0x06,0x03,0x04,0x06,0x00,0x02,0x00,0x00,
    ⋮
```


这个数组被保存为一个独立的文件 chsdot.h，包含在 lcm.c 文件中，如图 13-17 所示。

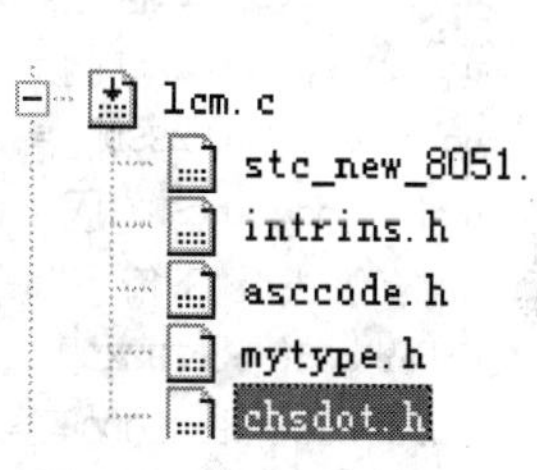

图 13-17　字形码数据文件包含于 lcm.c 文件中

当提取汉字字形码时，需要知道这个汉字在数组中的位置，例如“回”字的字形码数据是 DotTbl16[0][0]～DotTbl16[0][31]，而“答”的字形码数据是 DotTbl16[1][0]～DotTbl16[1][31]。为方便编程和阅读，将这里用到的所有汉字与其编号的对应关系列于表 13-4 中。

表 13-4　汉字表

编　号	0	1	2	3	4	5	6	7	8	9	10	11	12	13
字　符	回	答	设	定	联	机	通	信	选	择	执	行	准	备
编　号	14	15	16	17	18	19	20	21	22	23	24	25	26	27
字　符	工	作	完	成	号	选	手	犯	规	站	数	页	返	回
编　号	28	29	30	31	32	33	34	35	36	37	38	39	40	41
字　符	主	单	确	认	失	败	！	：	↑	←	→	↓		发
编　号	42	43	44	45	46	47	48	49		50		51		52
字　符	送	请	开	始	修	改	置	↑↓		←→		空格		无
编　号	53	54	55	56	57	58	59	60	61	62	63	64	65	
字　符	线	抢	器	时	间	超	错	误	等	待	还	剩	秒	

以下列出 Fun.c 源程序，然后再进行分析。

```
#include "mytype.h"
#include "STC_NEW_8051.H"
#include "lcm.h"
#include "fun.h"
```

```
#include "nrf24l01.h"
#include "eeprom.h"

/*以下根据小汉字表而制作的是字符串,以0xff结束*/
uchar code strZBWC[] = {12,13,14,15,16,17,0xff};        //准备工作完成
uchar code strXZZX[] = {40,44,45,0xff};                  //"回车"开始
uchar code strSJSD[] = {56,57,2,3,35,0xff};              //时间设定
uchar code strHXS[] = {18,19,20,0xff};                   //选手号
uchar code strZBKS[] = {12,13,44,45,0xff};               //准备开始
uchar code strLJTX[] = {4,5,6,7,0xff};                   //联机通信
uchar code strQHD[] = {43,0,1,0xff};                     //请回答
uchar code strFG[] = {21,22,0xff};                       //犯规
uchar code strTXSB[] = {6,7,32,33,34,0xff};              //通信失败
uchar code strZSSD[] = {23,24,2,3,0xff};                 //站数设定
uchar code strSDXZ[] = {36,39,46,47,51,37,8,9,0xff};
//"上箭头"、"下箭头"修改,"左箭头"选择
uchar code strFHZXD[] = {40,26,27,28,8,29,51,51,0xff};  //"回车"返回主选单
uchar code strWXQDQ[] = {52,53,54,1,55,0xff};           //无线抢答器
uchar code strCSCW[] = {58,56,59,60,0xff};              //超时错误
uchar code strDDQD[] = {61,62,54,1,0xff};               //等待抢答
uchar code strSJ[] = {56,57,63,64,35,0xff};             //时间还剩
uchar code strM[] = {65,0xff};                           //秒

bit     SendReady;
bit     msMark;
extern  bit flash;
extern  bit DispFlash;
extern  uchar TimCnt;

extern  uchar status;
extern  bit CommErr;                                     //通信错误

extern  uchar rx_buf[TX_PLOAD_WIDTH];
extern  uchar tx_buf[TX_PLOAD_WIDTH];
uint    LedCntTim = 0;
extern  bit reqComm;
extern  uchar CommCount;
extern  bit Jsks;
uchar   cTimCnt = 10;
bit     sMark;
```

```
/*************************************************************************
函数功能:定时器 T0 中断服务程序
参    数:无
返    回:无
备    注:当晶振频率为 12MHz 时,第 1ms 中断 1 次,并置位毫秒标志,每 1000 次中断,更新一次刷屏控
       制变量 flash,并置位秒标志
*************************************************************************/
void Timer0() interrupt 1
{    uint Count;
      TH0 = (65536 - 1000)/256;
      TL0 = (65536 - 1000) % 256;             //定时时间为 1000 个周期
      if  (++Count>=1000)
{
Count = 0;
f lash = ! flash;
DispFlash = 1;
sMark = 1;                                    //秒标志置 1
}
msMark = 1;                                   //毫秒标志置 1
}
/*************************************************************************
函数功能:定时器、串行口初始化
参    数:无
返    回:无
备    注:11.0592MHz 晶振,19200bps
*************************************************************************/
void Timer_Uart_init(){
    TMOD = 0x21;                              //T0、T1 工作于 16 位定时模式
    TH0 = (65536 - 1000)/256;
    TL0 = (65536 - 1000) % 256;               //定时时间为 1000 个周期
    TH1 = 0xfd;
    TL1 = 0xfd;
    SCON  =  0xd8;
    PCON  =  0x80;
    TR1  =  1;
    TR0 = 1;
    EA = 1;
    ET0 = 1;
}
```

```
/**********************************************************************
函数功能:通过串行口发送数据
参    数:待发送数据
返    回:无
备    注:无
**********************************************************************/
void UartSend(uchar Dat)
{
    SBUF = Dat;
    for (;;)
    {     if (TI)
            break;
    }
    TI = 0;
}
/**********************************************************************
函数功能:延时程序
参    数:延时时间(毫秒数)
返    回:无
备    注:利用定时中断标志 msMark 做的延时程序
**********************************************************************/
void mDelay(uint DelayTim){
    static uint uCount;
    for (;;)
    {
        if (msMark == 1)
        {
            msMark = 0;
            uCount ++ ;
        }
        if (uCount> = DelayTim)
        {
            uCount = 0;
            break;
        }
    }
}
/**********************************************************************
函数功能:通信程序
```

```
参    数:无
返    回:无
备    注:根据 status 的值发送相应的数据,然后转入接收状态
*************************************************************************/
void Comm()
{
    uchar i;
    if (SendReady)
        return;                             //如果已经发射完成,则直接退出
    if (status == 2)
    {
        tx_buf[0] = 0x55;tx_buf[1] = 0xaa; //开按钮端的灯
        tx_buf[2] = 0xee;
    }
    else{
        tx_buf[0] = 0x12;tx_buf[1] = 0x12; //清按钮站的 reckey 标志,关按钮站的灯
        mDelay(100);                        //这一功能需要延时 100ms 再发出
    }
    Clr_Tx_FiFo();                          //清除发射时的 FIFO
    for(i = 0;i<2;i++)
    {     TX_Mode();                        //发射数据
        SPI_RW_Reg(WRITE_REG + STATUS,SPI_Read(READ_REG + STATUS));
                                            //清除 TX_DS 中断标志
        mDelay(15);                         //延时 15ms
    }
    RX_Mode();                              //准备接收数据
    Clr_Rx_FiFo();                          //清除接收 FIFO
    mDelay(1);                              //延时 1ms
    SendReady = 1;
}
/*************************************************************************
函数功能:键值处理程序
参    数:键值
返    回:无
备    注:无
*************************************************************************/
void KeyProc(uchar KeyV)
{     LedCntTim = 0;
    LedCnt = 0;                             //开启背光
```

```
DispFlash = 1;                          //刷新显示
if(KeyV == UPARROW)                     //Up 键按下
{    if(status == 0)                    //设置地址
     {    if( ++ TimCnt>99)
             TimCnt = 1;
     }
}
else if(KeyV == DOWNARROW)              //Down 键按下
{
     if(status == 0)                    //设置地址
     {    if( -- TimCnt<1)
             TimCnt = 99;
     }
}
else if(KeyV == LEFTARROW)              //左箭头键按下,移位
{    LcmFill(0);
     if(status == 0)
     {    status = 1;  }                //切换到要求进行通信确认的位置
     else if(status == 1)
     {    status = 0;  }
}
else if(KeyV == ENTER)
{    LcmFill(0);
     if(status == 1)
     {    cTimCnt = TimCnt;
          Jsks = 1;                     //计时开始
          status ++ ;
          SendReady = 0;                //清除该标志位,以便 Comm 函数能执行发射函数
     }
     if(status>2)                       //按下后返回主选单,同时通知按钮站关灯,清相关标志
     {    SendReady = 0;
          Comm();
          status = 0;
     }
}
else if(KeyV == RIGHTARROW)             //确认键按下
{
     LcmFill(0);
     if(status == 0)
```

```
        {    status = 1;  }                    //切换到要求进行通信确认的位置
        else if(status == 1)
        {    status = 0;  }
    }
}
/************************************************************************
函数功能:读按键所接引脚的值并判断并返回键值
参    数:无
返    回:键值
备    注:无
************************************************************************/
uchar ReadKey()
{    uchar KeyV = 0xff;
    Key1 = 1;Key2 = 1;Key3 = 1;Key4 = 1,Key5 = 1;          //准备读键值
    if(! Key1) KeyV& = 0xfe;else KeyV| = 0x01;
    if(! Key2) KeyV& = 0xfd;else KeyV| = 0x02;
    if(! Key3) KeyV& = 0xfb;else KeyV| = 0x04;
    if(! Key4) KeyV& = 0xf7;else KeyV| = 0x08;
    if(! Key5) KeyV& = 0xef;else KeyV| = 0x10;
    return KeyV;
}
/************************************************************************
函数功能:保存设定的抢答超时时间
参    数:无
返    回:无
备    注:将设定的抢答超时时间存入单片机内部 EEPROM 中
************************************************************************/
void SaveTim()
{        static uchar Tim;
        if(Tim == TimCnt)                      //如果当前值与此前的一致,不需要保存
            return;
        else
        {    Tim = TimCnt;                     //更新
            EraseSector(0);                    //保存在 0 字节
            eWriteByte(0,Tim);
            iapDisable();                      //写保护
        }
}
```

```
/************************************************************************
函数功能:按键处理
参    数:状态标志
返    回:无
备    注:根据参数决定是否具有连加、连减功能
************************************************************************/
uchar Key(uchar status)
{    uchar cTmp;
    uchar KeyV;
    static uint Count;
    static uint  kCount = firstEnter;
    KeyV = ReadKey();
    if(KeyV! = 0xff)
        mDelay(10);                                   //延时10ms
    else
    {   kCount = firstEnter;return 0;}                //否则返回0(无键按下)
    KeyV = ReadKey();                                 //再次读键值
    if(KeyV = = 0xff)
    {     kCount = firstEnter;return 0;}              //无键按下,返回0
    else                                              //确认有键按下
    {     cTmp = KeyV;
        for(;;)
        {    KeyV = ReadKey();                        //不断读键值
            Count + + ;
            mDelay(1);
            if(KeyV = = 0xff)                         //键已释放
            {      kCount = firstEnter;break;}
            if((KeyV = = UPARROW  )||(KeyV = = DOWNARROW))
            //连加操作只对向上、向下箭头起作用
            {
                if((Count> = kCount)&&(status = = 0))
                //在设定时间时连加才起作用
                {      Count = 0;kCount = Continue;break;}
            }
        }
    }
    return cTmp;                                      //返回键值
}
```

```
/**********************************************************************
函数功能:显示初始状态起始画面,准备开始
参    数:无
返    回:无
备    注:无
**********************************************************************/
void DispChgZs()
{       uchar cTmp1,cTmp2;
        if(! DispFlash)                              //如果 DispFlash = 0
            return;                                  //直接返回
        PutString(strWXQDQ,16,0,0);                  //无线抢答器
        PutString(strSJSD,0,2,1);                    //时间设定
        PutString(strM,112,2,0);                     //秒
        PutString(strZBKS,0,4,0);                    //准备开始
        mDelay(1);
        PutString(strSDXZ,0,6,1);
        mDelay(1);
        cTmp1 = TimCnt/10;
        cTmp2 = TimCnt % 10;
        AscDisp(cTmp1,80,2,0);
        AscDisp(cTmp2,88,2,flash);
}
/**********************************************************************
函数功能:倒计时显示等待时间
参    数:无
返    回:无
备    注:无
**********************************************************************/
void DispWait()
{    uchar cTmp1,cTmp2;
    if(! DispFlash)
        return;
    if(sMark&&Jsks)
    {
        cTimCnt -- ;
        sMark = 0;
    }
    PutString(strDDQD,32,0,0);                       //等待抢答
    PutString(strSJ,0,3,0);                          //还剩时间
```

```
    PutString(strM,112,3,0);
    if(cTimCnt == 0)
    {    LcmFill(0);
        status = 5;
        Jsks = 0;
        return;
    }
    cTmp1 = cTimCnt/10;
    cTmp2 = cTimCnt % 10;
    AscDisp(cTmp1,80,3,0);
    AscDisp(cTmp2,88,3,0);
    PutString(strFHZXD,0,6,1);                              //返回主选单
}
/*************************************************************************
函数功能:显示“回车开始”
参    数:无
返    回:无
备    注:无
*************************************************************************/
void DispComm()
{
    uchar cTmp1,cTmp2;
    if(! DispFlash)                                         //如果 DispFlash = 0
        return;                                             //直接返回
    PutString(strWXQDQ,16,0,0);                             //无线抢答器
    PutString(strSJSD,0,2,0);                               //时间设定
    PutString(strM,112,2,0);                                //秒
    PutString(strZBKS,0,4,1);                               //准备开始
    PutString(strXZZX,80,6,1);
    cTmp1 = TimCnt/10;
    cTmp2 = TimCnt % 10;
    AscDisp(cTmp1,80,2,0);
    AscDisp(cTmp2,88,2,0);
    PutString(strXZZX,80,6,1);                              //回车开始
}
/*************************************************************************
函数功能:显示“* * 号选手请回答”
参    数:无
返    回:无
```

```
备    注:无
******************************************************************/
void DispXsqhd(uchar Xsh)                          //选手请回答,参数为选手号
{    uchar cTmp1,cTmp2;
    if(! DispFlash)
        return;
    cTmp1 = Xsh/10;cTmp2 = Xsh % 10;
    PutString(strWXQDQ,16,0,0);                   //无线抢答器
    AscDisp(cTmp1,8,3,0);
    AscDisp(cTmp2,16,3,0);
    PutString(strHXS,24,3,0);
    PutString(strQHD,72,3,0);
    PutString(strFHZXD,0,6,1);                    //返回主选单
}
/******************************************************************
函数功能:显示"* *号选手犯规"
参    数:无
返    回:无
备    注:无
******************************************************************/
void DispXsqd(uchar Xsh)                           //选手犯规,参数为选手号
{    uchar cTmp1,cTmp2;
    if(! DispFlash)
        return;
    cTmp1 = Xsh/10;cTmp2 = Xsh % 10;
    PutString(strWXQDQ,16,0,0);                   //无线抢答器
    AscDisp(cTmp1,16,3,0);
    AscDisp(cTmp2,24,3,0);
    PutString(strHXS,32,3,0);
    PutString(strFG,80,3,0);
    PutString(strFHZXD,0,6,1);                    //返回主选单
}
/******************************************************************
函数功能:显示"超时错误"
参    数:无
返    回:无
备    注:无
******************************************************************/
void DispOvTim()
```

```
{    if(! DispFlash)
        return;
    PutString(strWXQDQ,16,0,0);                         //无线抢答器
    PutString(strCSCW,16,3,0);                          //超时错误
    PutString(strFHZXD,0,6,1);                          //返回主选单
}

/****************************************************************
函数功能:显示“通信失败”
参    数:无
返    回:无
备    注:无
****************************************************************/
void DispCommErr()
{
    if(! DispFlash)                                     //如果 DispFlash = 0
        return;                                         //直接返回
    PutString(strTXSB,0,0,0);
    PutString(strFHZXD,0,6,1);                          //返回主选单
}
```


以上是 fun.c 源程序,可以看到这个源程序中提供了大量的屏幕显示函数,用来在各种情况下显示相关信息。这些屏幕显示函数中使用了 PutString 函数,这个函数在 lcm.c 中实现,并在 lcm.h 中有其原型说明。将 lcm.h 包含在 fun.c 中以后,就可以使用这个函数了。要使用这个函数,需要提供字符串、X、Y 和属性值。以下面的函数为例:

```
PutString(strWXQDQ,16,0,0);     //无线抢答器
```

其中 strWXQDQ 是字符串定义:

```
uchar code strWXQDQ[] = {52,53,54,1,55,0xff};     //无线抢答器
```

而 16 和 0 是要求该字符串在第 16 列、第 0 行开始显示。最后一个参数 0,是表示该字符串正常显示,而不是反色显示。如果最后一个参数是 1,就是反色显示。通常,这可用来表示该字符串所表达的含义处于“选中”状态。如下面的例子:

```
PutString(strFHZXD,0,6,1);                //返回主选单
```

说明当前“返回主选单”行被选中,按下回车键,执行“返回主选单”的命令。

除了屏幕显示函数以外,fun.c 中还提供了键盘操作、串口定时器初始化、定时中断处理等函数,如图 13-18 所示。大部分函数都是在本书中反复用到过的,或者具有类似功能,因此,这里就不再逐一详细分析了。

main.c 中利用各模块提供的函数，完整地实现抢答器的功能。

```
fun.c
    Comm ()
    DispChgZs ()
    DispComm ()
    DispCommErr ()
    DispOvTim ()
    DispWait ()
    DispXsqd (uchar Xsh)
    DispXsqhd (uchar Xsh)
    Key (uchar status)
    KeyProc (uchar KeyV)
    mDelay (uint DelayTim)
    ReadKey ()
    SaveTim ()
    Timer_Uart_init ()
    Timer0 ()
    UartSend (uchar Dat)
```

图 13-18 fun.c 中提供的各种函数

```
#include    "lcm.h"
#include    "STC_NEW_8051.H"
#include    "lcm_logo.h"
#include    "fun.h"
#include    "nrf24l01.h"
#include    "eeprom.h"
#include    "mytype.h"

#define TX_ADR_WIDTH 5
        // 5 字节 TX(RX)地址宽度
#define TX_PLOAD_WIDTH 20
        // 20 字节 TX payload

uchar    bdata sta;
sbit     RX_DR      =    sta^6;
sbit     TX_DS      =    sta^5;
sbit     MAX_RT     =    sta^4;
uchar    flag;
uchar    group;                                //组数
uchar    rx_buf[TX_PLOAD_WIDTH];
uchar    tx_buf[TX_PLOAD_WIDTH];
bit      flash;
bit      Jsks;                                 //计时开始
bit      DispFlash;                            //显示刷新
uchar    TimCnt = 1;                           //时间
uchar    NowStation = 1;
uchar    status = 0;
bit      CommErr = 1;                          //通信错误

bit      reqComm;
uchar    CommCount;

void main()
{
    uchar KeyV;
    uchar tDat = 0;

    init_nrf24l01();                           //初始化 nrf24l01 无线模块
    RX_Mode();                                 //开机后进入接收模式
```

```
    LedCnt = 0;                         //开启背光
    Timer_Uart_init();
    DispFlash = 1;
    LcmReset();
    LcmFill(0);
    LogoDisp(nBitmapDot);               //显示开机画面
    mDelay(2500);
    LcmFill(0);                         //清除开机画面
    TimCnt = eReadByte(0);
    for (;;)
    {
        KeyV = Key(status);             //带参数调用 Key 函数,以便确认是否需要连加、连减功能
        if (KeyV)                       //有键按下
        {
            KeyProc(KeyV);
        }
        else                            //无键按下
        {
            mDelay(1);
        }
        //有关按键处理到此结束
        switch (status)
        {
            case 0:{
                DispChgZs();break;}                 //显示初始的画面
            case 1:{
                SaveTim();DispComm();break;}        //切换到"联机通信"时
            case 2:{
                Comm();DispWait();break;}           //向从机发出信号,进入等待
            case 3:{
                DispXsqhd(group);break;}            //显示成功抢答的机号
            case 4:{
                DispXsqd(group);break;}             //有人犯规抢答,显示机号
            case 5:{
                DispOvTim();break;}                 //超时
            case 6:{
                DispCommErr();}
            default:break;
        }
```

```
        //开始有关无线接收的处理
        CommErr = 0;
        if (! CommErr)                              //如果没有通信错误的标志，就不断接收
        {
            sta = SPI_Read(STATUS);                 //读状态寄存器
            if (RX_DR)                              //接收到数据
            {
                SPI_Read_Buf(RD_RX_PLOAD,rx_buf,TX_PLOAD_WIDTH);
                                                    //读取接收到的数据并送入接收冲区
                flag = 1;                           //置有数据接收到的标志
            }
            if (MAX_RT)
            {
                SPI_RW_Reg(FLUSH_TX,0);
            }
            SPI_RW_Reg(WRITE_REG + STATUS,sta);
            if (flag)                               //接收到数据
            {
                flag = 0;                           //清接收标志
                UartSend(rx_buf[0]);UartSend(rx_buf[1]);
                if ((rx_buf[0] == 0x1a)&&(rx_buf[1] == 0x15))  //说明对方接收正确
                {   group = rx_buf[2];
                    LcmFill(0);
                    status = 3;                     //切换进入新的状态(显示抢答组数)
                    DispFlash = 1;
                }
                else if ((rx_buf[0] == 0x51)&&(rx_buf[1] == 0xa1))
                {   group = rx_buf[2];
                    LcmFill(0);
                    status = 4;                     //切换进入新的状态(有人抢答)
                    DispFlash = 1;                  //显示刷新
                }
                //如果不正确,那么将进入状态6,显示通信错误
                CommErr = 1;                        //置位标志,不再进入接收处理
            }
        }
        //有关无线接收的处理到此结束
        mDelay(1);
    }
}
```

【程序分析】

程序开始部分是初始化，包括对LCM、nrf24l01模块初始化。接着显示一个Logo图案，并延时2 s时间。随后清除这个Logo图案，读出EEPROM中存储的抢答时间。这一切工作做完以后，进入主循环。

在主循环中分成3部分工作。第1部分是键盘检测操作；第2部分是状态转移法检测，根据status的状态来决定屏幕显示及其他一些功能；第3部分是无线接收，根据接收到的数据进行状态的切换。

思考与实践

为本抢答器设计一个无线串行数据接收模块，这个模块与PC机相连。手持机可与这个无线串行数据接收模块通信，将选手号抢答、犯规等情况显示在PC机的屏幕上。

第 14 章

开放式 PLC 的开发

PLC 以其工作可靠、编程方便被广泛应用于工业控制现场。目前 PLC 常采用梯形图进行编程，广大工程技术人员使用这一工具时基本没有编程方面的困难，因而 PLC 易于在工控现场推广使用。

但是 PLC 价格不菲，而在一些应用场合，如果使用单片机控制板来完成同样的功能，成本可能低至其若干分之一。

目前，市场上已可见多款单片机工控板。虽然这些控制板与 PLC 相比有明显的价格优势，但目前很多工程师仍在观望。部分人进行了一些尝试，总体说来，很多做系统集成的公司或者工业现场的工程师仍不愿用单片机工控板替代 PLC。究其原因，除了在硬件抗干扰等方面尚不完全成熟外，单片机工控板需要使用较为复杂的汇编语言或者 C 语言进行开发，很多人感到畏惧，不愿也不敢去尝试使用。

作者开发了 DKB－1A 型工控板，然后又开发了一套程序，可以使用梯形图为该工控板编写程序。其开发流程如图 14－1 所示。

由图 14－1 可见，开发方法非常简单，即画出梯形图→转换成为 Hex 格式文件→将 HEX 格式文件写入芯片中。

采用这种方法进行开发，基本上不需要任何额外的开发成本，而编程又非常方便。这一产品在网站公开后，很多人表示对此有兴趣。

以此为基础，作者进一步开发了“开放式 PLC”这一产品，其外形如图 14－2 所示，性能如下：

➢ 12 点光耦隔离输入；

➢ 8 点继电器隔离输出；

➢ 板上自带 RS232 通信功能；

➢ 安装有 DS1302 实时钟和后备电池；

➢ 使用 STC12 系列高速芯片，兼容 51 系列，片内 RAM 达 1280 字节；

➢ CPU 具有在线可编程功能，通过 RS232 即可编程，使用方便；

➢ 可安装铁电系列 FLASH(FRAM)；

➢ 1 路高速计数输入；

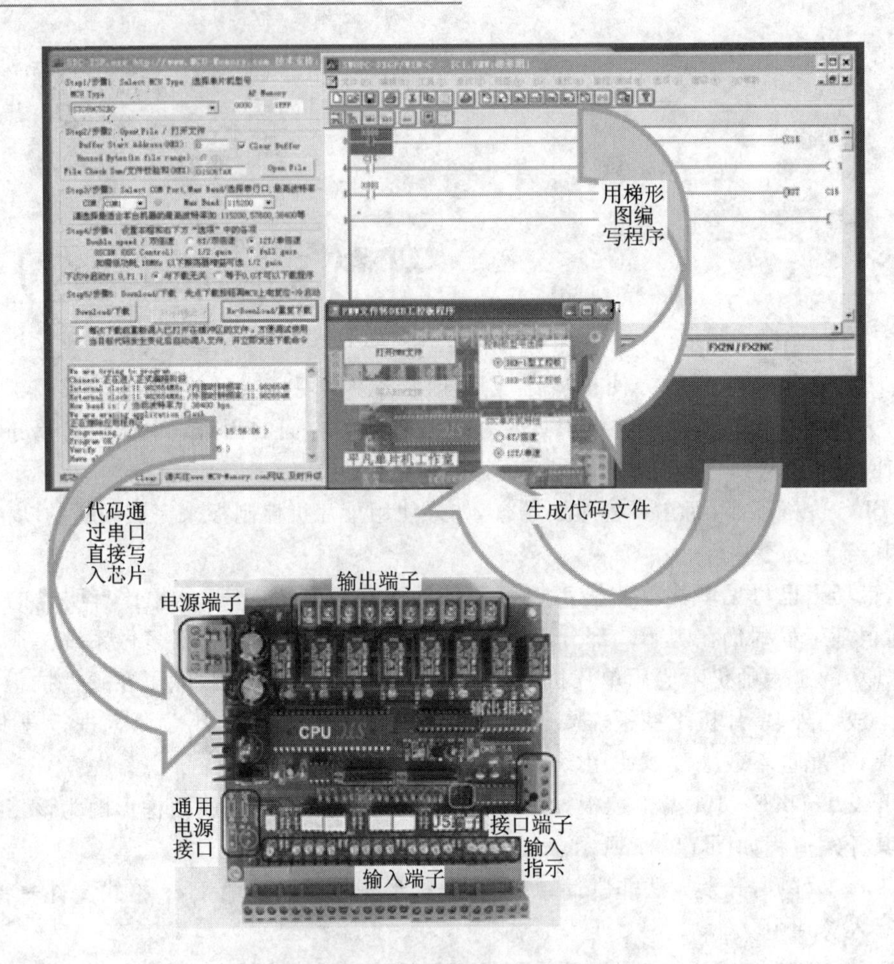

图 14-1 使用梯形图编写工控板程序的流程

图 14-2 开放式 PLC 的外形

➤ 2 路高速脉冲输出；
➤ 2 路 A/D 转换输入；
➤ 2 路可调电位器输入；
➤ 自带 485 通信功能。

这个开放式 PLC 既可以使用汇编语言、C 语言等编程方法来开发，又可以通过梯形图转换成 HEX 文件的方法来开发，非常方便。下面介绍如何实现将梯形图转换成为 HEX 的过程。

14.1　PLC 简介

通常 PLC 指令较多，各种不同型号的 PLC 指令也各不相同。但用于逻辑量处理的指令并不多，各种型号 PLC 的此类指令也是大同小异。表 14－1 列出了某型 PLC 常用的指令及其含义。

表 14－1　梯形图指令及其功能描述

指令助记符	功能描述	指令助记符	功能描述
LD	使常开触点与左母线相连	OUT	线圈驱动指令
LDI	使常闭触点与左母线相连	SET	线圈动作保持指令
LDP	上升沿检出运算开始	RST	解除线圈动作保持指令
LDF	下降沿检出运算开始	PLS	线圈上升沿输出指令
AND	继电器常开触点与其他继电器触点串联	PLF	线圈下降沿输出指令
ANI	继电器常闭触点与其他继电器触点串联	MC	公共串联接点用线圈指令
ANDP	继电器常开触点闭合瞬间与前面的触点串联一个扫描周期	MCR	公共串联接点解除指令
ANDF	继电器常开触点断开瞬间与前面的触点串联一个扫描周期	MPS	运算存储
OR	继电器常开触点与其他继电器触点并联	MRD	存储读出
ORI	继电器常闭触点与其他继电器触点并联	MPP	存储读出和复位
ORP	继电器常开触点闭合瞬间与前面的触点并联一个扫描周期	INV	运算结果取反
ORF	继电器常开触点断开瞬间与前面的触点并联一个扫描周期	NOP	无动作
ANB	电路块之间串联	END	程序结束
ORB	电路块之间并联		

本书不对 PLC 指令详细说明，读者如对这些指令的用法有疑问，可以找相关 PLC 教材阅读。

14.2　梯形图转换方法分析

要使用梯形图的方式来编写单片机程序，关键是将梯形图转化为单片机可以识读的 HEX 格式文件。通常梯形图是用一些专用软件在 PC 机上绘制，如图 14－3 所示是一个简单的梯形图。

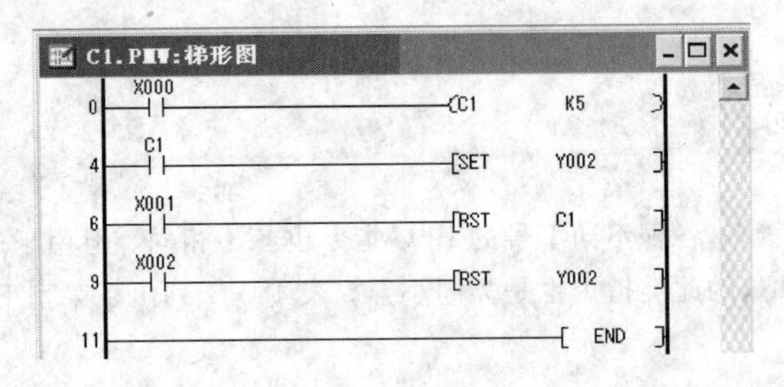

图 14－3　梯形图例子

如果希望采用这种图形化方式来编程，就需要自行开发可以绘制梯形图的软件。限于条件，这种方案不考虑。

不考虑自行开发图形编程软件，那么就要对梯形图进一步分析。对应于梯形图，最终会形成一个指令表，如图 14－3 的梯形图，可以转换为如下指令表：

```
LD    X000
OUT   C1    K5
LD    C1
SET   Y002
LD    X001
RST   C1
LD    X002
RST   Y002
END
```

这是一种文本格式，文本处理较之图形要容易一些。因此，可以考虑编写一段程序，读入每一条指令，然后对其进行解释以直接生成 HEX 格式文件或者生成 C 语言源程序，最后编译、链接生成 HEX 格式文件。这种方式较之上述直接编写图形化软件要方便一些，但仍不是最佳选择。

绘制好的梯形图最终必须保存为文件，对文件分析可以得到诸多有用的信息。因此接下来对各条指令在文件中的保存情况进行分析，以找到每条指令与其保存代码之间的关系。

14.2.1 LD 类指令

LD 类指令功能是使常开触点与左母线连接。LD 指令的操作元件可以是输入继电器 X、输出继电器 Y、辅助继电器 M、状态继电器 S、定时器 T 和计数器 C 中的任何一个。下面首先分析 LD S 类指令。

LD　S*

这是取状态继电器 S 触点的指令。* 的取值为 000～999。S 元件的个数最多为 1 000 个。当 PLC 编程指令为

LD　S0

时，其对应的二进制代码为 00 20。

而当 PLC 指令为

LD　S999

时，其对应的十六进制代码为 0xE7 0x23。

不难看出，代码中第 1 个数是元件号；第 2 个数是命令码，可以用来区分是哪一条指令。

接下来再分析 LD X 类指令。

LD　X*

* 的取值为 0～255，用八进制表示。经过分析，其代码为 * 24，即当指令为 LD X0 时，其对应的代码为 00 24；而当指令为"LD X377"(377 为八进制数，相当于十进制的 255)时，其对应的代码为 00 FF。

下面的指令都是类似的，不再一一分析。表 14－2 给出了指令与其代码之间的对应关系。

表 14－2　LD 类指令与代码的对应关系

指　令	LD S*	LD X*	LD Y*	LD T*	LD M*	LD C*
代　码	00 20～E7 23	00 24～FF 24	00 25～FF 25	00 26～FF 26	00 28～FF 2d	00 2E～FF 2E

注：S* 中的 * 取值为 000～999，M* 中的 * 取值为 0000～1536，其余 * 的取值为 0～255。在书写指令时，X 和 Y 元件中的 * 用八进制书写，其他元件中的 * 均用十进制书写。用指令格式书写 PLC 程序时，不会出现 LD X8 或 LD Y9 之类的指令，因为对 X 或 Y 操作时，其后数字必须是八进制。可以出现 LD　S8 或 LD　M9 之类的指令，因为这些操作数均用十进制表示。表格中代码所在行中的数均为十六进制数，为简单起见，未加前缀 0x。

LDI 类指令称之为"取反指令"，其功能是使常闭触点与左母线连接。LDI 指令的操作元件与 LD 类指令相同。其指令与代码关系如表 14－3 所列。

表 14－3　LDI 类指令与代码的对应关系

指　令	LDI S*	LDI X*	LDI Y*	LDI T*	LDI M*	LDI C*
代　码	00 30～E7 33	00 34～FF 34	00 35～FF 35	00 36～FF 36	00 38～FF 3d	00 3E～FF 3e

注：S* 中的 * 取值为 000～999，M* 中的 * 取值为 0000～1536，其余 * 的取值为 0～255。在书写指令时，X* 和 Y* 中的 * 用八进制书写，其他均用十进制书写。表格中代码所在行中的数均为十六进制数，为简单起见，未加前缀 0x。

14.2.2 AND和ANI类指令

当继电器的常开触点与其他继电器的触点串联时，使用AND指令。AND指令与代码关系如表14-4所列。

表14-4 AND类指令与代码的对应关系

指　令	AND S*	AND X*	AND Y*	AND T*	AND M*	AND C*
代　码	00 40～E7 43	00 44～FF 44	00 45～FF 45	00 46～FF 46	00 48～FF 4d	00 4E～FF 4E

注：S*中的*取值为000～999，M*中的*取值为0000～1536，其余*的取值为0～255。在书写指令时，X和Y元件中的*用八进制书写，其他元件中的*均用十进制书写。表格中代码所在行中的数均为十六进制数，为简单起见，未加前缀0x。

当继电器的常闭触点与其他继电器的触点串联时，使用ANI指令。ANI指令与代码关系如表14-5所列。

表14-5 ANI类指令与代码的对应关系

指　令	ANI S*	ANI X*	ANI Y*	ANI T*	ANI M*	ANI C*
代　码	00 50～E7 53	00 54～FF 54	00 55～FF 55	00 56～FF 56	00 58～FF 5D	00 5E～FF 5E

注：S*中的*取值为000～999，M*中的*取值为0000～1536，其余*的取值为0～255。在书写指令时，X和Y元件中的*用八进制书写，其他元件中的*均用十进制书写。表格中代码所在行中的数均为十六进制数，为简单起见，未加前缀0x。

14.2.3 OR和ORI类指令

继电器的常开触点与其他继电器的触点并联时，使用OR指令。OR类指令与代码关系如表14-6所列。

表14-6 OR类指令与代码的对应关系

指　令	OR S*	OR X*	OR Y*	OR T*	OR M*	OR C*
代　码	00 60～E7 63	00 64～FF 64	00 65～FF 65	00 66～FF 66	00 68～FF 6D	00 6E～FF 6E

注：S*中的*取值为000～999，M*中的*取值为0000～1536，其余*的取值为0～255。在书写指令时，X和Y元件中的*用八进制书写，其他元件中的*均用十进制书写。表格中代码所在行中的数均为十六进制数，为简单起见，未加前缀0x。

继电器的常开触点与其他继电器的触点并联时，使用ORI指令。ORI类指令与代码关系如表14-7所列。

表 14-7 ORI 类指令与代码的对应关系

指 令	ORI S*	ORI X*	ORI Y*	ORI T*	ORI M*	ORI C*
代 码	00 70～E7 73	00 74～FF 74	00 75～FF 75	00 76～FF 76	00 78～FF 7D	00 7E～FF 7E

注：S*中的*取值为000～999，M*中的*取值为0 000～1 536，其余*的取值为0～255。在书写指令时，X和Y元件中的*用八进制书写，其他元件中的*均用十进制书写。表格中代码所在行中的数均为十六进制数，为简单起见，未加前缀0x。

14.2.4 ANB、ORB、MPS、MRD、MPP、INV 指令

在梯形图中，可能会出现电路块与电路块串联或者并联的情况，这时要使用ANB或者ORB指令。在PLC中，有若干个存储运算中间结果的存储器，称为栈存储器。这个栈存储器将触点之间的逻辑运算结果存储后，可以用指令将结果读出，再参与其他触点之间的逻辑运算。这一类指令共有3条，即MPS、MRD和MPP，分别是进栈指令、读栈指令和出栈指令。INV是取反指令，即将当前状态取反。从PLC指令的角度来看，这6条指令并没有较强的关联关系，但是从其代码来看，却有一定的相关性。因此，将这6条指令列在一起，如表14-8所列。

表 14-8 ANB、ORB 等指令与代码的对应关系

指 令	ANB	ORB	MPS	MRD	MPP	INV
代 码	F8 FF	F9 FF	FA FF	FB FF	FC FF	FD FF

注：表格中代码所在行中的数均为十六进制数，为简单起见，未加前缀0x。

14.2.5 MC 指令与 MCR 指令

MC指令称为“主控指令”。通过MC指令的操作元件Y或M的常开触点将左母线临时移到一个所需要的位置，产生一个临时左母线，形成一个主控电路块。而MCR指令称为“主控复位指令”。MCR指令的功能是取消临时左母线，即将临时左母线返回原来位置，结束主控电路块。MC与MCR指令与代码的关系如表14-9所列。

表 14-9 MC、MCR 指令与代码的对应关系

指 令	MC N* M**	MC N* Y**	MCR M0
代 码	0A 00 * 80 ** 88	0A 00 * 80 ** 85	0B 00 *80

注：代码中0A 00是命令码，80前的*值就是指令中N后的数值，88前面的**值就是指令中M后的数值。表格中代码所在行中的数均为十六进制数，为简单起见，未加前缀0x。

14.2.6 OUT 类指令

OUT指令称为“输出指令”或“驱动指令”。驱动指令的操作元件可以是输出继电器Y、辅

助继电器 M、状态继电器 S、定时器 T 和计数器 C 中的任何一个。OUT S、OUT Y 和 OUT M 三类指令与代码的关系如表 14-10 所列。

表 14-10 OUT S、OUT Y、OUT M 指令与代码的对应关系

指令	OUT S*	OUT Y*	OUT M*(*为 0~1535)	OUT M*(*为 1535~3071)
代码	05 00 00 80 ~05 00 E7 83	00 C5~FF C5	00 C8~FF CD	02 00 00 A8~02 00 FF AD

注:指令中 S* 和 M* 中的 * 是一个数,表示元件号,用十进制表示。Y* 中的 * 是一个数,用八进制表示。表格中代码所在行中的数均为十六进制数,为简单起见,未加前缀 0x。

OUT C 和 OUT T 类指令除需要指定元件号以外,还需要指定计数常数、定时常数,因此其代码需要 6 位。例如某条 OUT C 类指令:

OUT　　C0　　K513

其代码格式为:

00　　0E　　01　　80　　02　　80

其中:0E 是命令码;0E 前面的数字 00 是计数器元件号;而第 1 个 80 前面的 01 和第 2 个 80 前面的 02 则表示计数初值,其中 02 为高字节,01 为低字节,即计数初值为 0x201(十进制的 513);而两个 80 则是识别码。这样就可以归纳出 OUT C 类指令和 OUT T 类指令与代码的关系:

指令:OUT　C *　K**

代码:* 0E(**值的低 8 位) 80 (**值的高 8 位) 80

指令:OUT　T*　K**

代码:* 05 (**值的低 8 位) 80 (**值的高 8 位) 80

14.2.7 SET 与 RST 类指令

SET 指令称为"置位指令"。SET 指令的功能是驱动线圈,使其具有自锁功能,维持接通状态。置位指令的操作元件为输出继电器 Y、辅助继电器 M 和状态继电器 S。它们的指令与代码格式各不相同,其指令与代码的对应关系如表 14-11 所列。

表 14-11 SET 类指令与代码的对应关系

指令	SET S*	SET Y*	SET M0~SET M1535	SET M1536~SET M3071
代码	06 00 00 80~06 00 E7 83	* D5	00 D8~FF DD	03 00 00 A8~03 00 FF AD

注:指令中 S* 中的 * 是一个数,表示元件号,用十进制表示。Y* 中的 * 是一个数,用八进制表示。表格中代码所在行中的数均为十六进制数,为简单起见,未加前缀 0x。

RST 指令称为"复位指令"。RST 指令的功能是使线圈复位。复位指令的操作元件为输出继电器 Y、辅助继电器 M、状态继电器 S、积算定时器 T 和计数器 C。其指令与代码的对应关系如表14-12所列。

表14-12　RST类指令与代码的对应关系

指　令	RST S*	RST Y*	RST M0～RST M1535	RST M1536～RST M3071	RST C*
代　码	07 00 00 80～07 00 E7 83	* E5	00 E8～FF ED	04 00 00 A8～04 00 FF AD	0C 00 * 8E

注：指令中S*中的*是一个数，表示元件号，用十进制表示。Y*中的*是一个数，用八进制表示。表格中代码所在行中的数均为十六进制数，为简单起见，未加前缀0x。

14.2.8　LDP和LDF指令

LDP、LDF类指令的功能与LD类指令基本一样，用于常开触点接左母线。但不同的是，LDP指令让常开触点只在闭合的瞬间接到左母线一个扫描周期；而LDF指令让常开触点只在断开的瞬间接到左母线一个扫描周期。LDP和LDF指令的操作元件可以是输入继电器X、输出继电器Y、辅助继电器M、状态继电器S、定时器T和计数器C中的任何一个，其指令与代码的对应关系如表14-13所列。

表14-13　LDP类指令与代码的对应关系

指　令	LDP　S*	LDP　X*	LDP　Y*	LDP　T*	LDP M0～LDP M1535	LDP　C*
代　码	CA 01 00 81 CA 01 E7 83	CA 01 * 84	CA 01 * 85	CA 01 * 86	CA 01 00 88 CA 01 FF 8D	CA 01 * 8E

注：指令中S*中的*是一个数，表示元件号，用十进制表示。Y*中的*是一个数，用八进制表示。表格中代码所在行中的数均为十六进制数，为简单起见，未加前缀0x。

14.2.9　NOP和END指令

NOP指令称为“空操作指令”。NOP指令可以在调试程序时取代一些不必要的指令。

指令：NOP

代码：0xFF　0xFF

空操作指令不做任何动作。

END指令称为“结束指令”。当遇到结束指令后，其后的指令即不再执行。注意结束指令不是要求PLC停机，而是作为一次循环扫描结束的标志。一旦遇到这条指令，说明所有需要分析—执行的指令全部执行完毕，退出指令分析过程；转而将当前输出状态送到输出端口，从输入端口读取输入值并存入内存映像单元中；然后再进行下一轮的取指令—分析和执行指令的循环过程。

指令：END

代码：0F　00

通过对 PLC 指令的分析，我们已掌握了指令与其代码的关系，这种关系完全是一一对应的，因此使用单片机处理 PLC 程序只要处理代码即可。

14.3　使用单片机处理 PLC 程序

PLC 的工作过程是一个不断循环扫描的过程。每一次扫描过程都包括：输入采样、程序执行和输出刷新 3 个阶段，如图 14－4 所示。

① 输入采样阶段：PLC 在输入采样阶段，首先扫描所有输入端，并将各输入端的状态存入对应的输入映像寄存器中。当输入映像寄存器被刷新后，进入程序执行阶段。

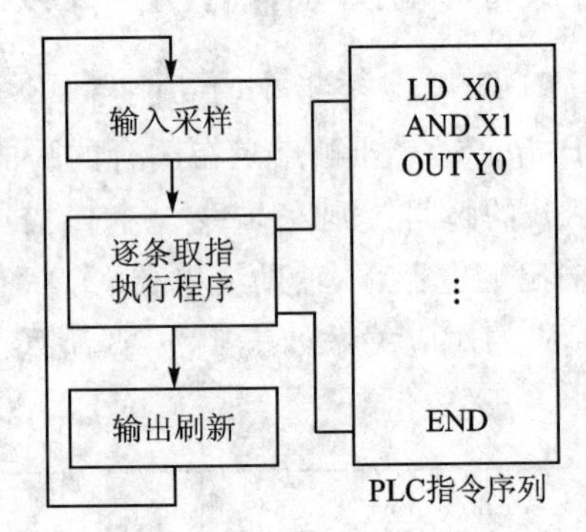

图 14－4　PLC 程序的工作过程示意图

② 程序执行阶段：不论梯形图如何画，是否有分支、块等，最终得到的指令序列是一个一维的指令序列。PLC 按顺序逐句扫描执行程序。当指令中涉及输入状态时，CPU 从输入映像寄存器中读取输入状态，而不是直接去读输入端的状态。当指令需要输出时，CPU 将待输出的数据送到输出映像寄存器，而不是直接进行输出。当执行到结束指令 END 时，结束程序执行阶段，进入输出刷新阶段。

③ 输出刷新阶段：当用户程序执行结束后，输出映像寄存器中所有输出继电器的状态，在输出刷新阶段转存到输出锁存器中，并最终驱动执行机构（晶体管、继电器等动作）。

输出刷新阶段完成后，转到输入采样又开始下一轮循环。只要 PLC 不断电，这个循环就会一直不停地工作下去。

14.3.1　整体流程

使用单片机来处理 PLC 程序时，也必须按照这一工作过程来进行，如图 14－5 所示是这个处理程序的总流程示意图。

程序开始运行后，首先对内存、定时器、I/O 口等进行初始化；然后读入 X 元件值，即输入采样；随后进入逐条取指令—执行指令的阶段，每取一条指令先判断该指令是否是 END 指令，如果不是则要对每一条指令进行分析判断并执行，执行完一条指令后转去取下一条指令并分析执行，如此循环不断。如果取到 END 指令，则进入输出刷新阶段，将 Y 值通过 I/O 口输出。

从 14.2 节的分析可以看出，每一条指令都有其特定的操作码。因此，对操作码进行判断就能知道这条指令要做的工作。除了诸如 NOP、END 等少数指令外，大部分指令都用操作数

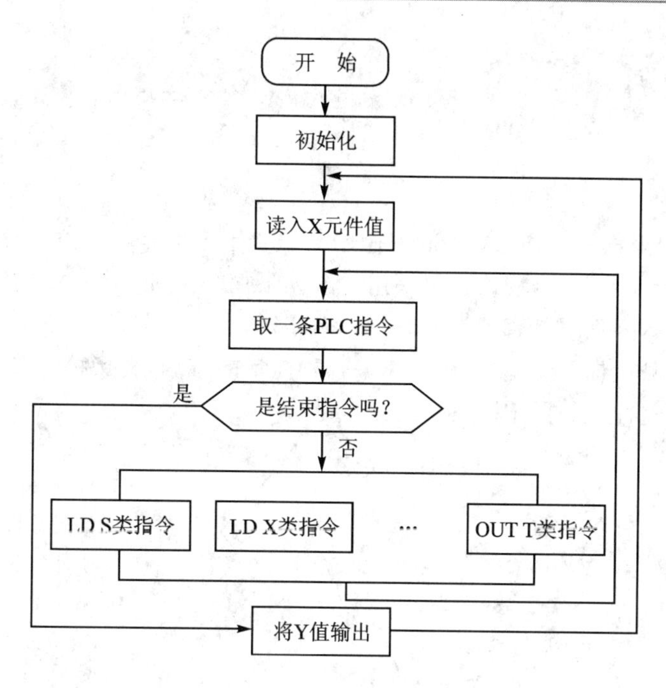

图 14-5　主程序流程图

表示操作对象、参数等特性。因此，编程时先找出操作码，然后通过一个 switch 语句来区分，根据指令的用途查找这条指令的操作码，并且最终完成这条指令的操作。

根据这样的思路，编写出程序。下面是指令处理的部分程序：

```
for(;;)
{   InPut();                                      //读输入数据，即输入采样
    /* 从这里开始一次读指令—处理指令的过程，直到所有指令执行完毕，遇到结束指令 END，才能退
       出这个无限循环 */
    for(i = 0;;)                                  //i 的增加由循环内部控制
    {
        pCode[0] = Code[i];
        i++;
        pCode[1] = Code[i];                       //从指令数组中读出 2 字节的指令
        i++;
        if((pCode[0] == 0x0f)&&(pCode[1] == 0x00))  //结束指令
            break;
        switch (pCode[1])                         //对指令进行分析和执行
        {
        ⋮
        }
```

```
        OutPut();                                   //输出
        ⋮
    }
}
```

【程序分析】

InPut()函数用于输入采样，这一阶段完成以后，接下来就是程序执行阶段，这实际上是一个“读取指令—执行指令”的过程。这里采用一个无限循环来完成这一过程，而退出这个无限循环则通过在循环体内判断是否遇到结束指令来实现。

本段程序用于测试梯形图指令，因此用了一种简单的方法，直接将有关梯形图指令代码放在数组中。例如有这样的一段 PLC 程序：

指 令	代 码	说 明
ld x00	0x00 0x24	取 x0 的状态
out c0 k10	0x00 0x0e 0x0a 0x80 0x00 0x80	设置计数器 c0，计数值为 10
ld c0	0x00 0x2e	取计数器 c0 的输出触点
out y00	0x00 0xc5	驱动 y0 输出
ld x10	0x01 0x24	取 x1 的状态
rst c0	0x0c 0x00 0x00 0x00 0x8e	复位 c0
end	0x0f 0x0	结束

为了用单片机处理这段程序，在程序中定义这样一个数组：

```
uchar Code[] =
{0x00,0x24,0x00,0x0e,0x0a,0x80,0x00,0x80,0x00,0x2e,0x00,0xc5,0x01,0x24,0x0c,0x00,0x00,
 0x8e,0x0f,0x00};
```

这样就描述了这段 PLC 程序。

读取指令时，将指令代码读入两个变量 pCode[0]和 pCode[1]中，同时将指针加 1，指向下一条指令。例如第 1 条指令代码 00 24，其中 24 就是操作码，而 00 就是操作数。

随后就要判断这条指令是否是结束指令。程序通过下面的程序行来判断：

```
if((pCode[0] == 0x0f)&&(pCode[1] == 0x00))          //结束指令
    break;
```

一段 PLC 程序的所有有效指令执行结束时，将遇到“结束”指令。在 for(i=0;;)这个循环中，判断出现了“结束”指令，就将执行 break 指令，结束循环。接下来执行 OutPut 函数，将本段指令执行过程中得到的结果集中输出，并再次回到 for(;;)大循环中，进行下一轮循环。这种循环将一直持续不断地进行直到断电为止。

真正实现 PLC 功能时，不可能通过手工方法将 PLC 指令用数组格式存放在源程序中，而是要将其放在单片机的 ROM 中。如果使用具有 8 KB 容量的单片机 89S52 或者其他类似的芯片，其中前 4 KB 可用于存放 PLC 操作平台的代码，而后 4 KB 则准备用于存放梯形图指令所对应的代码。由于 PLC 的指令大部分为双字节，少量的为 4 字节或者 6 字节，因此，4 KB 代码空间约可放 1000～2000 KB 条指令的 PLC 程序。如果这一容量不够使用，还可以使用具有更大容量的单片机。至于如何将 PLC 图程序文件中的指令部分提取出来，并且与操作平台代码合并，形成一个完整的代码，将在本章的最后一节介绍。

读出存放在 ROM 中的指令是很容易的，使用 C 语言编程时用指针即可做到。下面的函数就是读出 ROM 中存放指令的程序：

```
uchar GetChar(uint CodeAddr)
{    uchar code *p;               //指向程序区的指针
    uchar GetDat;
    p = CodeAddr;                 //将地址值赋给指针变量
    GetDat = *p;                  //读取指针所指 ROM 单元的值
    return GetDat;                //返回读到的值
}
```

调用这段函数时，给出指令所在地址即可读出该地址中所存放的 PLC 指令。

14.3.2　输入采样

InPut()函数用来进行输入采样，即将 X 元件的状态采集到内部映像单元中，该函数如下。

```
/*************************************************************************
函数功能:读取输入端口的数据,并且送入内存映像单元中
参    数:输出数据
返    回:无
备    注:不同的硬件设计,只需改变这个函数即可
*************************************************************************/
void InPut()
{
    InPort1 = 0xff;           //根据准双向 I/O 口要求,输入端口置高电平
    InPort2 = 0xff;           //根据准双向 I/O 口要求,输入端口置高电平
    InDat[0] = InPort1;       //端口 1 读到的数据送到 InDat[0]变量中
    InDat[1] = InPort2;       //端口 2 读到的数据送到 InDat[1]变量中
}
```

变量 InDat[0]和 InDat[1]与输入 X 的对应关系如图 14-6 所示。

位7							位0	变量名
X7	X6	X5	X4	X3	X2	X1	X0	InData[0]
X17	X16	X15	X14	X13	X12	X11	X10	InData[1]

图 14-6　X 元件的内存映像图

在程序执行阶段，所有对X的操作，如LD X0、AND X1之类的指令，都是从InDat[0]及InDat[1]内存单元中获取的端口1和端口2的映像，而不是端口1和端口2的实时状态。

14.3.3 PLC指令的分解

当所取的指令不是结束指令，那么就是一条需要分析和执行的指令，其中pCode[1]中保存的是操作码。接下来通过switch语句来区分不同的指令，程序如下：

```
switch (pCode[1])
{    case 0x20:                                    //LD S类指令
     {    tmp = pCode[0]/8;
          bTmp = testbit(sDat[tmp],pCode[0] % 8);
          if(bTmp)
              setbit(bitVar,pBitVar);              //置位当前系统位变量
          else
              clrbit(bitVar,pBitVar);              //清零当前系统位变量
          pBitVar ++ ;
          break;
     }
    //case 0x21、0x22、0x23  均是S的范围,因本机支持的S值有限,这里仅处理0x20
     case 0x24:                                    //LD X类指令
     {
          tmp = pCode[0]/8;
          bTmp = testbit(InDat[tmp],pCode[0] % 8);
          if(bTmp)
              setbit(bitVar,pBitVar);              //置位当前系统位变量
          else
              clrbit(bitVar,pBitVar);              //清零当前系统位变量
          pBitVar ++ ;
          break;
     }
     case 0x25:                                    //LD Y * 处理
     {    tmp = pCode[0]/8;
          bTmp = testbit(OutDat[tmp],pCode[0] % 8);
          if(bTmp)
              setbit(bitVar,pBitVar);              //置位当前系统位变量
          else
              clrbit(bitVar,pBitVar);              //清零当前系统位变量
          pBitVar ++ ;
          break;
```

```
        }
        ⋮
    }
```

【程序分析】

这段程序中 setbit()、clrbit()、testbit()是分别用于置1、清0和测试某位是否为1的宏，其定义如下：

```
#define  setbit(var, vBit)     ((var) |= (1 << (vBit)))
#define  clrbit(var, vBit)     ((var) &= ~(1 << (vBit)))
#define  testbit(var, vBit)    ((var) & (1 <<(vBit)))
```

第1个参数是字节变量，是用于存储位变量的字节；而第2个参数则是指定操作的某一位，其取值范围为0～7。例如：

```
unsigned char BitVar = 0;
Setbit(BitVar,1);
```

执行完后 BitVar 的值变为 0x02，即 00000010B。

了解了这3个宏的工作原理，就可以解读程序了。以 LD X＊类指令为例：pCode[0]中保存的是操作数，即梯形图指令中 LD X＊中的＊值，由于其值的范围为0～255，即一共256位，因而最多需32字节才能保存这256个位。这里将 pCode[0]/8 的值赋给 tmp，其含义为用来存储这个变量的位在哪个字节中。当然，本程序是针对开放式 PLC 设计的，总共只有12个输入点，因此在本程序设计时只用2字节，但是道理是一样的。

InDat 数组用来存放 InPut()函数所读到的输入触点的值。testbit 宏的第1个参数是字节，其含义已在前一程序行的注释中说明；而第2个参数是这一字节的某一位。

如果要操作 X1，则 pCode[0]＝1，tmp＝0，而 pCode[0]％8＝1，因此，该行程序相当于：

```
bTmp = testbit(InDat[0],1);
```

在得到了当前元件的状态后，根据 bTmp 的值来置位或者复位一个系统变量。这个变量将一直存在于流程中，因为其后的指令需要用到这一变量的状态。例如在 LD X0 指令后，紧接着执行 AND X1 指令，那么在执行 AND X1 指令时，就需要知道 LD X0 指令执行后究竟是0还是1，以便决定本条指令执行完以后究竟是0还是1。但是这里不能简单地使用一个位变量作为系统变量，且看下一节的分析。

14.3.4　系统变量设计

在程序行“setbit(bitVar,pBitVar);”中，bitVar 是一个 char 型变量，其各位分别用来保存当前 LD、LDI 等指令所获取的触点状态。1字节变量有8位，每一位都被独立地用做状态保存，因此，它一共可以保存8个状态。而当前状态究竟保存在哪一个位上，则取决于变量 pBit-

Var 的值。为何要进行这样的处理呢？

如图 14－7 所示是一段 PLC 程序。图的上方是梯形图，下方是对应的指令表。

执行这段程序时，首先取触点 X0 的状态，然后与触点 X2 的“非”状态相“或”，这是第 1 个电路块；接着读入 X1 触点的“非”状态，与触点 X3 的状态相“或”，这是第 2 个电路块；再执行 ANB 指令，将这两个电路块的状态相“与”；最后将结果送到输出触点 Y0 的内存映像中。

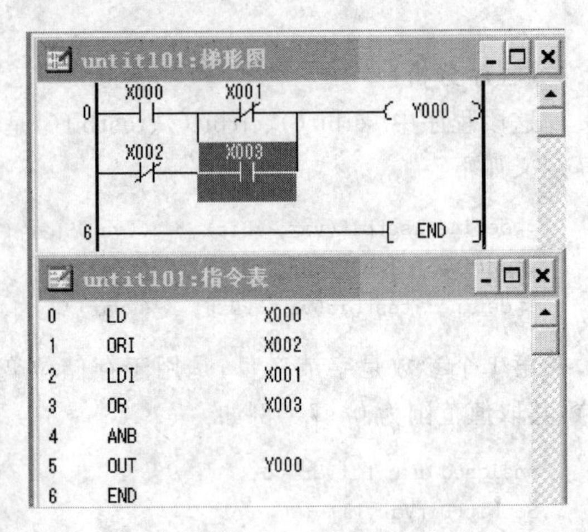

图 14－7　PLC 程序

分析程序可知，当程序的 OUT、SET 等输出指令出现之前或者在两条输出类指令之间有两条及以上 LD 或 LDI 类指令时，那么必然存在电路块形态。即要求对两个电路块的状态进行“块与”(ANB)、“块或”(ORB)之类的操作，这样，必然要求系统中保留这两个电路块各自的状态。因此，程序中一旦执行了 LD 或者 LDI 指令以后，立即执行“pBitVar++；”程序行，令 pBitVar 的值加 1，以便下次执行 LD 或者 LDI 等指令时，将当前状态保存于 bitVar 的下一位上。变量 bitVar 与指针 pBitVar 的示意图如图 14－8 所示，图中所示为系统初始化时，pBitVar＝0 时的状态。每执行完一次 LD 类指令，图中所示指针就左移一格。而一旦遇到 OUT、SET 等输出类指令时，指针又回到 0。

位7							位0	变量名
pS7	pS6	pS5	pS4	pS3	pS3	pS1	pS0	Bit Var
							↑	pBitVar

图 14－8　系统变量保存

对于 AND、ANI、OR、ORI 等指令，不必要如此处理，因为它们只是将取得的元件状态与当前系统所保存的状态作逻辑操作。下面是一段处理 AND X＊的程序：

```
case 0x44:                                    //AND X*
{
    tmp = pCode[0]/8;
    bTmp = testbit(InDat[tmp],pCode[0] % 8);
    bTmp& = testbit(bitVar,(pBitVar - 1));
    if(bTmp)
        setbit(bitVar,pBitVar - 1);           //置位相应的状态位
    else
        clrbit(bitVar,pBitVar - 1);           //清零相应状态位
```

```
    break;
}
```

【程序分析】

程序行“bTmp=testbit(InDat[tmp],pCode[0]%8);”中 tmp 的含义与 pCode[0]%8 的含义如 14.3.3 小节程序分析中所述，这行程序用于读出指定 X 触点的状态，并赋给变量 bTmp。

读出的 bTmp 值与系统的当前状态相“与”，由于在执行完 LD 或者 LDI 指令后 pBitVar 加 1，所以指针总是指向下一个未用的状态位。因此，这里要将 pBitVar 的值减 1，才是指向当前所用的状态位。

如果相“与”的结果为 1，那么置位当前状态位，否则清零当前状态位。注意程序中没有 pBitVar++这样的程序行，这是与 LD、LDI 类指令不同之处。

上面分析了 LD、AND 的几条指令，LD、LDI、AN、ANI、OR、ORI 类其他指令都与此类似，这里就不再逐一分析。下面来看一看其他指令的分析。

14.3.5　计数器类指令

PLC 中的计数器需要用到多个参数，如计数器号、计数器设定值等，因此，每条指令不再是 2 字节，而需要 6 字节。下面来分析一下这类指令的处理方法。

```
case 0x0e:                                        //OUT C类指令,6字节
{     int iTmp;
    pCode[2] = Code[i];
    i++;
    pCode[3] = Code[i];
    i++;
    pCode[4] = Code[i];
    i++;
    pCode[5] = Code[i];
    i++;
    /*当前指令需要6字节,而在程序开始时只读出了2字节,因此,需要再读出剩余的4字节,同时
    让指针i加1*/
    if((pCode[3] == 0x80)&&(pCode[5] == 0x80))        //确认
    /*对于OUT C类指令来说,第4和第6字节均为0x80*/
    {
        tmp = pCode[0]/8;
        iTmp = pCode[4];
        iTmp * = 256;
        iTmp + = pCode[2];
        /*这4行程序用来计算计数器的计数值,计数值超过了1字节所表示的范围,需要用int型
```

```
        变量 iTmp 来表示 */
        if(testbit(bitVar,(pBitVar-1)))
        {    sCount[pCode[0]] = iTmp;                    //pCode[0]中保存的值
             if(Count[pCode[0]]<iTmp)                   //如果计数值小于设定值
             {    if(! bTmp1)                            //如果一直接通,也不能算作计数
                      Count[pCode[0]]++;
             }
             else                                        //已经计到预置值
                  setbit(co[pCode[0]/8],pCode[0]%8);     //设置输出
             bTmp1 = 1;
        }
        else
             bTmp1 = 0;
    }
    pBitVar = 0;                         //执行到 OUT 类指令,则将保存当前状态的状态指针回零
    break;
}
```

【程序分析】

计数器类指令共有 6 字节,因此,一旦判断是要处理计数器类指令,就要再读出 4 字节的代码;随后根据此类指令的第 4 和第 6 字节均为 0x80 的特点进行确认;确认完毕,计算本条指令中计数值,这通过变量 iTmp 来实现;紧接着根据当前系统变量的值来确定是否让计数器加1。在系统中为每个计数器都配备了一个 int 型的计数器,如果当前计数值小于指令中设定的计数值,说明计数要求尚未达到,因此要执行“Count[pCode[0]]++;”这样一个程序行。

本段程序执行之前还要判断前一次扫描状态时 bTmp1 是否为 0,也就是计数输入端是否有断开情况。若 bTmp 不为 1,则说明计数端一直接通。这并不能视作是一次有效计数要求,而是前次计数要求的延续符合。因此,这种情况下就不要执行“Count[pCode[0]]++;”了。

14.3.6 定时器类指令

本小节继续分析 OUT T 类指令的处理方法。这类指令也是 6 字节,第 1 字节是定时器的元件号;第 2 字节是 0x06,这是该条指令的命令码;第 4 和第 6 字节固定为 0x80;第 3 和第 5 字节是定时时间的长度,最大值超过了 255,需要用 2 字节来表示。

```
case 0x06:                              //OUT T 类指令,6 字节
{    int iTmp;
     pCode[2] = Code[i];i++;
     pCode[3] = Code[i];i++;
     pCode[4] = Code[i];i++;
```

```
pCode[5] = Code[i];i++;
if((pCode[3] == 0x80)&&(pCode[5] == 0x80))           //确认
{
    iTmp = pCode[4];
    iTmp *= 256;
    iTmp += pCode[2];
    tmp = pCode[0]/8;
    if(! testbit(T100msi[tmp],pCode[0] % 8))
    /* 如果定时器已在运行,不再初始化数据 */
        sT100ms[pCode[0]] = iTmp;
    if(testbit(bitVar,(pBitVar - 1)))
        setbit(T100msi[tmp],pCode[0] % 8);
    else
    {    clrbit(T100msi[tmp],pCode[0] % 8);
        clrbit(T100mso[tmp],pCode[0] % 8);          //将输出接点也关掉
    }
    pBitVar = 0;                                     //执行 OUT 类指令后,将 pBitVar 回 0
}
```

【程序分析】

每个定时器至少需要1个位变量用来保存当前定时器的触点状态,1个位变量用来保存其线包状态。这里使用 T100msi[0]和 T100msi[1]两个变量作为定时器线包的状态映像,如图14-9所示;使用 T100mso[0]和 T100mso[1]两个变量作为定时器触点的状态映像,如图14-10所示。

位7							位0	变量名
T7i	T6i	T5i	T4i	T3i	T2i	T1i	T0i	T100msi[0]
T15i	T14i	T13i	T12i	T11i	T10i	T9i	T8i	T100msi[1]

图14-9　定时器线包的内存映像

位7							位0	变量名
T7o	T6o	T5o	T4o	T3o	T2o	T1o	T0o	T100mso[0]
T15o	T14o	T13o	T12o	T11o	T10o	T9o	T8o	T100mso[1]

图14-10　定时器触点的内存映像

定时器除了需要线包和触点以外,还需要定时值计数器。因此,每个定时器还配有一个int型的变量作为计数器使用。从这里的分析可以看到,这里所说的定时器是软件定时器,它依赖于硬件定时器来实现。

要实现 PLC 中的定时器，可以有各种方案，下面分析本项目中所采用的方法。以下是定时中断的处理程序：

```
/*********************************************************************
函数功能:定时器 T1 中断处理程序
参    数:无
返    回:无
备    注:无
*********************************************************************/
bit   b100ms;
void Timer1() interrupt 3
{    static uchar c10ms,c100ms;
    uchar i;                                   //循环变量
    TH1 = (65536 - 5000)/256;
    TL1 = (65536 - 5000) % 256;                //重置定时初值 5 ms
    if( ++ c10ms == 2)                         //10 ms 到
    {   c10ms = 0;
        c100ms ++ ;
        b10ms = 1;
    }
    if(c100ms == 10)                           //100 ms 到
    {   c100ms = 0;
        b100ms = 1;
    }
    if(b100ms)
    {    for(i = 0;i<16;i ++ )
       {    if(testbit(T100msi[i/8],i % 8))
            {     if(sT100ms[i]>0)
                      sT100ms[i] -- ;
            }
            if((sT100ms[i] == 0)&&(testbit(T100msi[i/8],i % 8)))
            /* 如果定时器触点接通且此时的计数值为 0 */
                setbit(T100mso[i/8],i % 8);
        }
        b100ms = 0;
    }
}
```

【程序分析】

定时器 T1 每 5 ms 产生一次中断，在中断处理程序中定义了 c10ms、c100ms 两个变量用于计数。当 c100 计数到 10 时，说明 100ms 时间到。随即使用一个循环次数为 16 的循环处理程序对 16 个定时器进行判断，通过 testbit(T100msi[i/8],i%8)这个宏来判断相应定时器线圈是否得电。若得到的返回值为 1，说明线圈得电；否则说明线圈未得电，不作任何处理，处理下一个定时器。若线圈得电，就判断该定时器的计数器值是否大于 0。大于 0，说明定时时间未到，将计数器的值减 1；否则，说明定时时间已到，通过“setbit(T100mso[i/8],i%8);”来置位相应定时器的输出触点。这样，就完成了定时器的功能。

由于本项目中的定时器数量有限，所以可以采用这种方法来实现，即在一次中断中对 16 个软件定时器统一进行处理。如果所做的系统较大，如需要用到 100 个定时器，那就要在中断处理程序中同时对这 100 个定时器进行处理，显然这是难以做到的，因此这种方法再也无法使用。为解决这个问题，可以采用其他的方法，这里就不再讨论了，有兴趣的读者可以自行思考或者在网上查找相关资料。

程序编写到这里后，一个能处理 LD、LDI、AND、OR 等若干条基本指令的程序框架已经搭好。如果输出程序完成，那么就构成一个小的微型系统，能够先用起来了。因此，接下来先写输出程序，而其他指令如 LDF、LDP 则准备在稍后完成。

14.3.7　输出处理

根据前面的分析，PLC 在执行程序阶段，所有的输出指令并不直接进行输出，而是将其送到一个内存映像中。由于 DKB－1A 总共只有 8 位输出，因此这里定义一个 unsigned char 型变量 OutDat 作为 Y 元件的内存映像。Y 元件与变量 OutDat 的映像关系如图 14－11 所示。

位7							位0	变量名
Y7	Y6	Y5	Y4	Y3	Y2	Y1	Y0	OutDat

图 14－11　Y 元件的内存映像图

在程序执行阶段完成后，所有输出被送入变量 OutDat 中，随后执行函数：

```
OutPut(OutDat[0]);          //将数据输出
```

以便将保存在输出映像中的输出数据送到输出锁存器中。

函数 OutPut 的程序代码如下：

```
/********************************************************************
函数功能:将待输出数据送到输出端口
参    数:输出数据
返    回:无
备    注:不同的硬件设计,只需改变这个函数即可
********************************************************************/
void OutPut(uchar OutData)
```

```
{       uchar Tmp1,Tmp2;
        uchar i;
        Cntr = 0;
        _nop_ ();
        _nop_ ();
        OutPort1 = OutData;
        _nop_ ();
        _nop_ ();
        Cntr = 1;
}
```


这样,就完成了PLC工作的一个完整过程。

程序分析到这里,似乎都很好地实现了所有设计要求。于是开始将其他一些未处理的指令逐渐完善起来。但是随着程序编写的完善,系统迅速变得庞大,仅将部分指令加入,编译后的目标代码就远大于4 KB了。这有些出乎预料之外,因为当初只是预算使用4 KB的空间来存放操作系统,因此,使用89S52一类的单片机就足够了。而按目前的情况来看,这是远远不够的。问题出在哪里?应该如何解决呢?如果读者在阅读前面源程序时早已心生疑惑,那么您的疑惑是对的,这是一个代码效率很低的处理方案。效率低的原因在于编程时将每一类指令中的每一条指令都进行了单独处理。

以下将对指令代码进一步分析,以便找出一种效率较高的处理方案。

14.4 较高代码效率的程序

由于14.3节中的程序对每一条指令都进行单独处理,而每一类指令的操作对象都有S、X、Y、T、M、C等多种,因而使得待处理的指令数据量较大,程序量超出了预期要求。这就要求对指令进行分析,进一步找出其共性,从而可以使用公共代码进行处理,减少程序量。以下先对指令的代码进行分析。

14.4.1 指令代码分析

以LD类指令为例,LD S类指令所对应的指令码为0x20～0x23;LD X类指令所对应的指令码为0x24;LD Y类指令所对应的指令码为0x25…分析LDI指令,LDI S类指令所对应的指令码为0x30～0x33;LDI X类指令所对应的指令码为0x34;LDI Y类指令所对应的指令码为0x35…分析AND、ANI、OR、ORI类指令,以操作对象为输入触点X0为例如表14-14所列。

表14-14 对X0元件进行操作的各条指令及代码对应关系表

指 令	LD X0	LDI X0	AND X0	ANI X0	OR X0	ORI X0
代 码	00 24	00 34	00 44	00 54	00 64	00 74

注:代码行中的数据均为十六进制,为简便起见,省略了0x。

LD类指令与代码的关系如表14-15所列。

表14-15 LD类指令与代码的关系

指 令	LD S*	LD X*	LD Y*	LD T*	LD M*	LD C*
代 码	00 20～e7 23	00 24～ff 24	00 25～ff 25	00 26～ff 26	00 28～ff 2d	00 2e～ff 2e

注:代码行中的数据均为十六进制,为简便起见,省略了0x。

两表对比,不难发现规律并找到解决方案。如果将指令码的高4位和低4位分离,那么高4位才真正表示不同的操作方式,而低4位则表示操作元件。这样,就有可能将同一类代码用一条指令来完成。

下面是改进后的程序:

```
⋮
if((pCode[0] == 0x0f)&&(pCode[1] == 0x00))      //结束指令
    break;
cTmp1 = pCode[1]&0xf0;                          //取高4位
cTmp2 = pCode[1]&0x0f;                          //取低4位
switch (cTmp1)
{     case 0x20:                                //LD类指令
    {
        cTmp = OffsetAddr[cTmp2];
        bTmp = testbit(sComponent[pTmp1 + cTmp],pTmp2);
        eCode = 1;
        break;
    }
    case 0x30:                                  //LDI类指令
    {     cTmp = OffsetAddr[cTmp2];
        bTmp = ! testbit(sComponent[pTmp1 + cTmp],pTmp2);
        eCode = 1;
        break;
    }
    case 0x40:                                  //AND类指令
    {     cTmp = OffsetAddr[cTmp2];
        bTmp& = testbit(sComponent[pTmp1 + cTmp],pTmp2);
```

```
            eCode = 2;
            break;
        }
        case 0x50:                              //ANI 类指令
        {     cTmp = OffsetAddr[cTmp2];
            bTmp& = ! testbit(sComponent[pTmp1 + cTmp],pTmp2);
            eCode = 2;
            break;
        }
        case 0x60:                              //OR 类指令
        {     cTmp = OffsetAddr[cTmp2];
            bTmp| = testbit(sComponent[pTmp1 + cTmp],pTmp2);
            eCode = 2;
            break;
        }
        case 0x70:                              //ORI 类指令
        {     cTmp = OffsetAddr[cTmp2];
            bTmp| = ! testbit(sComponent[pTmp1 + cTmp],pTmp2);
            eCode = 2;
            break;
        }
    ⋮
    }
```

短短的几十行程序将 6 类指令全部处理完毕，下面来分析一下程序中的做法。

14.4.2 区分指令类别

将这些指令的操作码与 0xf0 相“与”，得到操作码的高 4 位。对这个高 4 位的操作码进行判断，即可分离出操作码。程序中用 switch/case 结构来完成。

```
    ⋮
    cTmp1 = pCode[1]&0xf0;               //取高 4 位
    ⋮
    switch (cTmp1)                       //根据高 4 位来确定不同的处理方式
    {     case 0x20:                     //是 LD 类指令
        {⋮                               //LD 类指令的处理代码
        }
        case 0x30:                       //是 LDI 类指令
        {⋮
        }
```

```
    ⋮
}
```

14.4.3 内存单元分配

14.3 节中各软元件使用了独立的变量名来表示，现为方便使用，将这些元件统一用一个数组来定义。通用 PLC 都可以提供很多软元件，如 S 元件可以有 1000 个，X 元件至多可以有 256 个，Y 元件至多可以有 256 个等。但是作为一个使用 89S52 单片机的系统，其内部 RAM 的数量有限，因此，不可能提供如此之多的软元件。系统中一共定义了 25 字节的内存变量作为软元件来使用，其中 S 元件 64 个，占用 8 字节；X 元件 16 个，占用 2 字节；Y 元件 16 个，占用 2 字节；T 元件 16 个，占用 2 字节；C 元件 16 个，占用 2 字节；M 元件 64 个，占用 8 字节；特殊元件 8 个，占用 1 字节。

在程序中有这样的定义：

```
uchar sComponent[25];
```

这 25 个内存单元是统一定义的，而其内部的安排则如图 14－12 所示。

软元件	软元件名称与位地址对应关系								字节偏移	统　计
	位7							位0		
S	S7	S6	S5	S4	S3	S2	S1	S0	0	共64点 占8字节
	S15	S14	S13	S12	S11	S10	S9	S8	1	
	⋮									
	S63	S62	S61	S60	S59	S58	S57	S56	7	
X	X7	X6	X5	X4	X3	X2	X1	X0	8	共16点 占2字节
	X17	X16	X15	X14	X13	X12	X11	X10	9	
Y	Y7	Y6	Y5	Y4	Y3	Y2	Y1	Y0	10	共16点 占2字节
	Y17	Y16	Y15	Y14	Y13	Y12	Y11	Y10	11	
T	T7	T6	T5	T4	T3	T2	T1	T0	12	共16点 占2字节
	T15	T14	T13	T12	T11	T10	T9	T8	13	
M	M	M6	M5	M4	M3	M2	M1	M0	14	共64点 占8字节
	⋮									
	M63	M62	M61	M60	M59	M58	M57	M56	21	
C	C7	C6	C5	C4	C3	C2	C1	C0	22	共16点 占2字节
	C15	C14	C13	C12	C11	C10	C9	C8	23	
特殊单元						M8013	M8012	M8002	24	共8点 占1字节

图 14－12　统一安排的内存单元分配

14.4.4　对各软元件进行操作

要对各软元件进行操作，首先要解决寻址问题。在指令的操作码中，低4位表示的是操作元件。以对输入元件X操作为例，LD X类指令操作码为0x24，如果去掉高4位，那么0x04就对应X元件的元件代码。而它要操作的对象，必然是内存中偏移量为8和9的两个内存单元，也就是要建立某种关系，将4与8和9对应起来。同样道理，对S元件的操作，其元件代码为0～3；对Y元件操作其元件代码为0x05；对T元件操作的元件代码为0x06；对于M元件操作的元件代码为0x08～0x0d…这个对应关系可将表14－12第2行中操作码的高4位去掉即可获得。从上面的分析可以看到，表示操作的元件数与内存偏移量之间不存在某种直观的数学对应关系。对于这样的函数关系，简单的处理方法是建立表格。因此，程序中这样定义：

```
code uchar OffsetAddr[] = {0,0,0,0,8,10,12,12,14,14,14,14,14,14,22,24};
```

相当于表14－16所列的一个函数。

表14－16　操作元件数与内存偏移量的函数关系

自变量	0	1	2	3	4	5	6	7	8	9	10	11	12	13	14	15
函数值	0	0	0	0	8	10	12	12	14	14	14	14	14	14	22	24

例如，执行LD S类指令时，由于其指令代码是0x20～0x23，去掉高4位后为0x0～0x3，将0～3作为自变量去查表，得到函数值为0；又如，执行LD X类指令时，指令代码为0x24，去掉高4位得到0x04，用0x04作为自变量去查表，得到函数值为8。请注意分析表格中重复出现的数据的用途，对于S类指令和M类指令不难理解，由于其指令代码占用了多个数字（对于S为0～3，对于M为8～d），因此表格中也要占据相应的位置。而对T操作的指令仅为1个数字（6），为什么表示其内存偏移量的12会出现2次呢？这是因为指令序列低4位中的7未在任何指令中出现，在代码0x26后紧跟着的就是代码0x28。为此，多用一个12来占据空位，实际上，这第2个12可以是任何数。

得到了操作元件所在的内存地址，还没有解决问题，因为PLC是对位进行操作，这里得到的是字节地址，还要将字节地址的各位分配给PLC各软元件所对应的各位。例如X0这个软元件对应偏移量为8的内存单元的位0，X12这个软元件对应偏移量为9的内存单元的位2等。这个操作要通过指令中的操作数来完成。

以指令LD　X12为例来分析，其中12为八进制写法，代码中用十六进制表示为0x0A，因此这条指令变换成代码为0x0A 0x24。将0x0A除以8，得到的商表示本字节单元在其内存变量中的偏移量，得到的余数表示这个字节中的位偏移量。对于X软元件来说，它有2字节，因此，用商表示的偏移量可能为0和1，而除8得到的余数为0～7，即其位偏移量为0～7，对应一个字节的8位。0A除以8得到商为1，表示其使用的内存单元为8＋1＝9（为什么是8请看图

14-12)，而余数为2，表示这个软元件使用了内存单元9的位2。

相关的代码如下：

```
cTmp1 = pCode[1]&0xf0;             //取高4位，确定操作码
cTmp2 = pCode[1]&0x0f;             //取低4位，根据该值确定操作内存的值
switch (cTmp1)                     //根据高4位来确定不同的处理方式
{     case 0x20:                   //这是LD类指令
    cTmp = OffsetAddr[cTmp2];
    /*根据低4位来查表OffsetAddr，即找到该元件在内存中的偏移量*/
    bTmp = testbit(sComponent[pTmp1 + cTmp],pTmp2);
    /*testbit函数的第1个参数是内存单元地址，这里根据pTmp1和cTmp来确定它在所定义数组中
    的位置，其中pTmp1的确定代码如下：
    pTmp1 = pCode[0]/8;            //pCode[0]中存放的是操作元件数，分离出商
    pTmp2 = pCode[0] % 8;          //分离出余数
    */
}
```

这样，就完成了单片机内存变量与PLC指令的对应关系处理。

14.4.5 锁存类指令处理

PLC中的OUT类指令是输出逻辑运算的结果。如有这样的两条指令：

```
LD    X0
OUT   Y0
```

如果X0为1，即输入触点X0闭合，那么Y0将有效，如果是继电器输出，就意味着继电器吸合。而一旦X0变为0，即输入触点X0断开，那么Y0也将随之无效，即继电器断开。而PLC的另一条输出指令SET却并非如此。如有这两样的两条指令：

```
LD   X0
SET  Y0
```

如果X0为0，那Y0不会有效，即继电器不吸合。而一旦X0为1，Y0即变为有效状态，继电器吸合。一旦Y0变为有效以后，即使X0变为0，Y0仍有效，继电器释放。如何来实现这样的效果呢？

程序中另定义了一个数组：

```
uchar sComponentL[24];             //用于SET类指令
```

这个数组与sComponent[25]对应，但专门用于SET类指令。由于sComponent数组的最后一个字节用于特殊寄存器M，而锁存操作是不会对这些变量进行操作的，因此，这里只定义24个变量。事实上，也不存在SET X类的指令，按理说，也不需要与X内存映像对应的锁

存单元。不过为简化起见,这里没有进行特殊处理,相当于浪费掉了 2 字节的 RAM,但是换来了代码的简洁。

当执行 SET 类指令时,如"SET　Y0","SET　M0"等,并不是将输出值送到 sComponent[25]这个数组所对应的 Y 的内存映像区,而是对 sComponentL 这个数组的相应内存映像区进行操作。

```
case 0xd0:                                  //SET  Y*类指令
{     cTmp = OffsetAddr[cTmp2];
      if(bTmp)
          setbit(sComponentL[cTmp + pTmp1],pTmp2);
      pBitVar = pBitStack;
      break;
}
```


而在输出时,是这么处理的:

```
for(i = 0;i<24;i ++ )
{     sComponent|[i] = sComponentL[i];        //如果锁定的变量为 1,则输出变量也为 1
}
```

锁存单元相对于一般的内存映像有优先权,只要锁存单元中相应位是 1,那么输出单元也一定为 1,其对应关系示意图如图 14-13 所示。

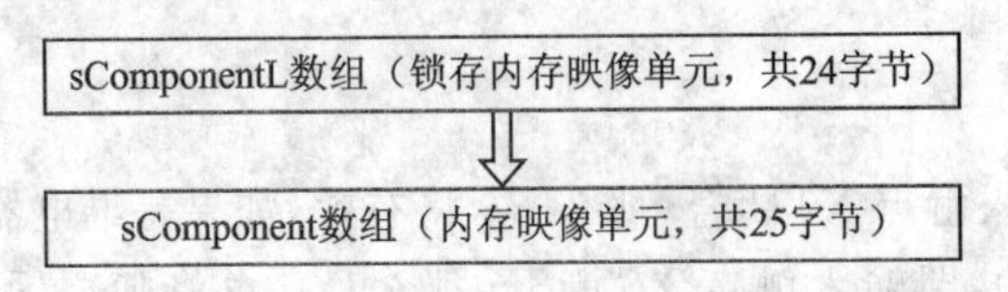

图 14-13　锁存内存映像单元与内存映像单元输出时的关系

14.4.6　沿跳变指令处理

在 PLC 指令中还有一类是对沿跳变起作用的,如 LDF、LDP、ANF、ANP、ORP、ORF 等。以 LDP 指令为例,这条指令与 LD 指令类似,同样是用于常开触点接左母线。但不同的是,LDP 指令让常开触点只在闭合的瞬间接到左母线一个扫描周期。如图 14-14 所示的图中,X0 的常开触点即使一直保持吸合状态,但由于 LDP 指令只在触点闭合的瞬间接到左母线一个扫描周期,因此,Y0 的线圈只得电一个扫描周期就失电了。

所谓沿跳变,实际上就是要判断当前扫描周期的状态和上一扫描周期的状态。如果上一周期状态为 0,当前周期状态为 1,则说明是上升沿;如果上一周期状态为 1,当前周期状态为 0,则说明是下降沿。这样,就还需要一组变量用于保存各元件的前一周期的状态,为此,程序中定义了如下数组:

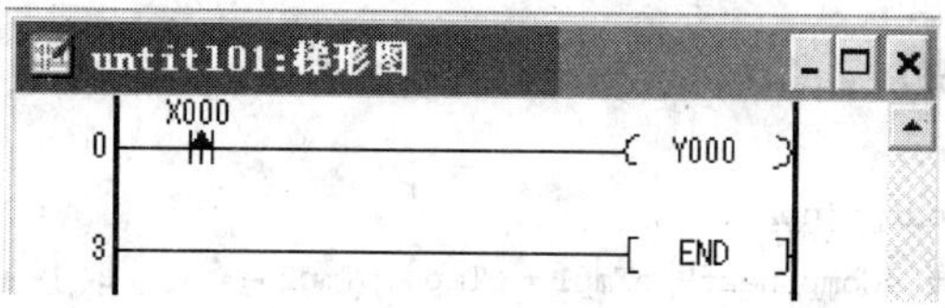

图 14-14 LDP 指令

```
uchar sComponentP[24];                //用于保存上一次的状态,用于 LDF、LDP 等之类的指令
```

这样,每个元件的内存映像就需要 3 位来保存,其中一位用于内存映像,一位用于锁存,另一位用于保存上一次的状态。整个系统的内存映像单元如图 14-15 所示。

sComponentL数组（锁存内存映像单元，共24字节）

sComponent数组（内存映像单元，共25字节）

sComponentP数组（上一扫描周期内存状态映像单元，共24字节）

图 14-15 内存单元映像图

用于 LDP、LDF 之类指令处理的程序如下:

```
case 0x0:                                          //LDP、LDF 等类指令,4 字节
{   bit bTmp2;
    pCode[2] = Code[i];                            //取指令的第 3 字节
    i++;
    pCode[3] = Code[i];                            //取指令的第 4 字节
    i++;
    pTmp1 = pCode[2]/8;
    pTmp2 = pCode[2] % 8;
    cTmp1 = pCode[3]&0xf0;
    cTmp2 = pCode[3]&0x0f;
    if(pCode[0] == 0xca)                           //LDP 类指令,上升沿(由 off→on)
    {
        cTmp = OffsetAddr[cTmp2];
        bTmp1 = testbit(sComponentP[pTmp1 + cTmp],pTmp2);   //取上一次的状态
        bTmp2 = testbit(sComponent[pTmp1 + cTmp],pTmp2);
        if(! bTmp1&bTmp2)
            bTmp = 1;
        else
            bTmp = 0;
        eCode = 1;
```

```
    }
    if(pCode[0] == 0xcb)                                         //LDF类指令,下降沿
    {
        cTmp = OffsetAddr[cTmp2];
        bTmp1 = testbit(sComponentP[pTmp1 + cTmp],pTmp2);        //取上一次的状态
        if(bTmp1&(! testbit(sComponent[pTmp1 + cTmp],pTmp2)))
        //本次为0,上次为1
            bTmp = 1;
        else
            bTmp = 0;
        eCode = 1;
    }
    if(pCode[0] == 0xcc)                                         //ANDP类指令:上升沿"与"
    {
        cTmp = OffsetAddr[cTmp2];
        bTmp1 = testbit(sComponentP[pTmp1 + cTmp],pTmp2);        //取上一次的状态
        if(! bTmp1&testbit(sComponent[pTmp1 + cTmp],pTmp2))
        //上一次为0,且本次为1
            bTmp& = 1;
        else
            bTmp& = 0;
        eCode = 2;
    }
    if(pCode[0] == 0xcd)                                         //ANDF类指令:下降沿"与"
    {
        cTmp = OffsetAddr[cTmp2];
        bTmp1 = testbit(sComponentP[pTmp1 + cTmp],pTmp2);        //取上一次的状态
        if(bTmp1&(! testbit(sComponent[pTmp1 + cTmp],pTmp2)))
        //上一次为1,且本次为0
            bTmp& = 1;
        else
            bTmp& = 0;
        eCode = 2;
    }
    if(pCode[0] == 0xce)                                         //ORP类指令:上升沿"或"
    {
        cTmp = OffsetAddr[cTmp2];
        bTmp1 = testbit(sComponentP[pTmp1 + cTmp],pTmp2);        //取上一次的状态
        if(! bTmp1&(testbit(sComponent[pTmp1 + cTmp],pTmp2)))
```

```
                bTmp| = 1;
            else
                bTmp| = 0;
            eCode = 2;
        }
        if(pCode[0] = = 0xcf)                              //ORP 类指令:下降沿“或”
        {
            cTmp = OffsetAddr[cTmp2];
            bTmp1 = testbit(sComponentP[pTmp1 + cTmp],pTmp2);    //取上一次的状态
            if(bTmp1&(! testbit(sComponent[pTmp1 + cTmp],pTmp2)))
            //上一次为 1,且本次为 0
                bTmp| = 1;
            else
                bTmp| = 0;
            eCode = 2;
        }
    }
```


【程序分析】

这段程序定义了一个变量 bTmp2,用于读取上一扫描周期相应元件的状态。由于这类指令为 4 字节,因此,需要再读入 2 字节的指令,并令计数器 i 加 1。随后对指令进行处理,分离出代码、操作元件等,这在前面已有叙述。随后就是根据不同指令,取当前扫描周期的指定元件状态,取前一扫描周期该元件的状态,如下面两行程序所示。

```
bTmp1 = testbit(sComponentP[pTmp1 + cTmp],pTmp2);      //取上一次的状态
bTmp2 = testbit(sComponent[pTmp1 + cTmp],pTmp2);
```

然后,根据指令来判断是否满足条件。如对于 LDP 类指令,要求上一扫描周期状态为 0、而当前扫描周期状态为 1 时条件成立,程序如下:

```
if(! bTmp1&bTmp2)
    bTmp = 1;
else
    bTmp = 0;
eCode = 1;
```

而条件满足后直接将 bTmp 变量置 1,如不满足则将 bTmp 清 0 即可。

14.4.7　拓展与思考

到目前为止,已基本完成了梯形图转换成 HEX 的设计工作,但还有一些问题需要提出,

供读者思考，以使读者有更大的收获。

① 充分利用片内RAM。开放式PLC中使用了STC12系列芯片，这块芯片中有1024字节的扩展RAM，加上256字节的片内RAM，共有1280字节的RAM。而上面的设计中仅用了256字节RAM，扩展RAM未使用，因此所能使用的PLC软元件(定时器、计数器、内部继电器等)数量都不多。请读者思考，如何充分利用片内的1KB RAM，以实现更多的PLC软件元件？这里提出一个基本指标，即将所有软元件的数量均扩大一倍，请读者编程实现。

② 扩展10ms精度的定时器。本例提供的定时器均为100ms精度，请读者思考，为系统提供10ms精度的定时器16个，并编程实现。

③ 扩展更多的定时器。本例中定时器的代码都是在定时中断程序中处理，不论所写的梯形图是否使用到定时器，用到多少个定时器，程序都会对这些定时器进行处理。当扩展出更多的定时器，如达到100个、1000个时，这样的处理将会严重影响程序的运行。那么如何来实现更多的定时器，而在不使用这些定时器时，又不影响程序的运行？请读者思考。

④ 扩展更多的指令，特别是支持步进指令编程，请读者查找资料并编程实现。

⑤ 如何充分利用开放式PLC提供的高速计数输入、高速脉冲输出？

⑥ 开放式PLC提供了电源下降检测，可以在12V电源下降到10V时产生低电平，该引脚被接到P3.4。请思考如何利用这一功能，以及开放式PLC所提供DS1302片内的RAM，实现PLC中的断电保持继电器功能？

14.5 上位机软件编写

根据前面的分析，编写出用于单片机的平台解释程序。至此，工作才完成一半，另有一个重要的工作是将梯形图代码与单片机平台解释程序合并，最终形成统一的HEX代码，写入单片机内部。

为完成这项工作，也有两种思路。一种方法是设法提取出梯形图代码，然后将提取出的二进制数转化为ASCII码，并与源程序合并，成为源程序中的一部分。源程序合并以后，再通过Keil软件的编译，获得最终的HEX代码。另一种方法是将单片机平台解释程序编译完成，生成HEX代码。从梯形图文件中提取出来的代码直接与HEX代码合并，生成新的HEX代码。这两种方法各有特点，第二种方法灵活性较差一些，但实现的规模要小一些。本书采用第二种方法来实现上位机程序。

14.5.1 Visual Basic 2008 Express 简介

上位机可以采用VB、VC等各种编程软件来实现。Visual Basic速成版是一种快速简易的Microsoft Windows程序创建方式。即使是Windows编程的新手，借助Visual Basic，也可以快速编写出所需程序。

Visual Basic 2008 Express 是免费软件，可以在微软的网站下载使用。这里之所以选择这个软件，是因为它封装了几乎所有与界面操作有关的函数，仅靠“猜”和该软件自身的提示就可以完成相关工作。这样，开发者的全部精力都可以集中于所要完成的核心工作上。同时，其编程语言直观易懂，就算读者没有多少 Windows 下的编程经验，大致也能看懂程序内容。

14.5.2　上位机程序的实现

如图 14 - 16 所示是在 Visual Basic 2008 中编写的源程序示意图。只要读者稍有一点在 Windows 下编程的经验就能看懂。

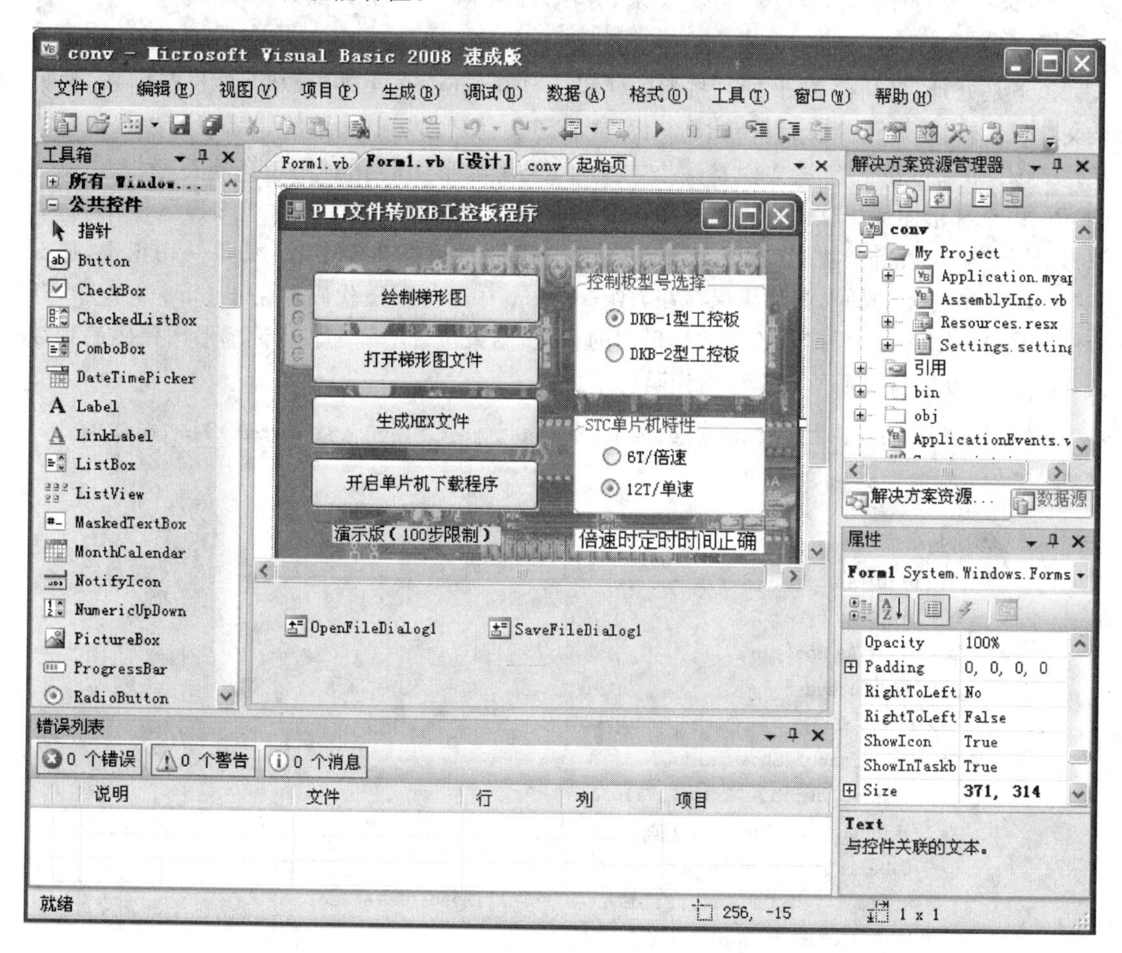

图 14 - 16　使用 Visual Basic 编写上位机程序

由于本书主要是介绍单片机编程，关于 VB 编程的细节和过程这里不一一详述。以下给出部分源程序，并对其功能加以说明。

以下部分是有关全局变量的定义。

```
Public Class Form1
    Dim strTmp(4000) As Byte
    Dim strJs(4096) As Byte
    Dim strjsdb(4096) As Byte
    Dim strjscomm(4096) As Byte
    Dim len As Integer
    Dim fError As Byte = 0
    Dim Demo As Byte = 1              '如果 Demo = 1 是演示版本,只允许有限的步数
Const DemoStep% = 200                 '步数限制值
```


以下是处理“打开梯形图文件”按钮的代码。打开 pmw 文件以后,对文件进行判断,如果该文件长度较短,即可判断为非 pmw 文件,或者该文件已损坏。如果第 348 和第 349 两字节都是 0xff,那么可以判断该文件是一个空文件,或者梯形图转化时第 1 条指令就是空指令 NOP。由于梯形图编缉软件允许第 1 条指令就是空指令 NOP,因此这时应该提醒使用者,如果梯形图的第 1 条指令就是空指令 NOP,应将其删除,然后再进行转化。如果一切正常,那么将第 348 字节开始的梯形图代码保存在数组 strTmp 中。梯形图代码存在于 pmw 文件中,开始位置是第 348 字节,根据所绘制的梯形图的长短,结束位置不确定。当读梯形图代码遇到数据 0x0f 和 0x00 时,说明所有梯形图代码已结束。

```
  Private Sub OpenFiele_Click(ByVal sender As System.Object, ByVal e As System.EventArgs) Handles
OpenFile.Click
        Dim filename As String
        Dim i As Integer
        Dim bTmp1 As Byte
        Dim bTmp2 As Byte
        Dim mExit As Boolean
        Dim k As Integer
        mExit = False
        OpenFileDialog1.ShowDialog()
        filename = OpenFileDialog1.FileName
        If (filename <> Nothing) Then
            Label1.Text = filename
            strTmp = My.Computer.FileSystem.ReadAllBytes(filename)
            k = UBound(strTmp)
            i = 348                   'pmw 文件代码的真正起点
            If (k < 350) Then         'pmw 文件至少有字节
                MsgBox("打开的 pmw 文件有误,请仔细检查!", MsgBoxStyle.OkOnly)
                fError = 1
```

```
        ElseIf ((strTmp(348) = &HFF) And (strTmp(349) = &HFF)) Then
            MsgBox("似乎打开了一个空的 pmw 文件,请仔细检查;或者指令表以 NOP 语句开始,请删除指令表开始处的 NOP 语句", MsgBoxStyle.OkOnly)
            fError = 1
        Else
            Do
                bTmp1 = strTmp(i)
                i = i + 1
                bTmp2 = strTmp(i)
                i = i + 1
                If ((bTmp1 = &HF) And (bTmp2 = &H0)) Then
                    mExit = True
                End If
            Loop While (mExit = False)
            len = i
            fError = 0
        End If
        filename = Nothing          '如果打开文件对话框,又单击了退出,能保证不出错
    End If
    If fError = 0 Then
        Button1.Enabled = True
    Else
        Button1.Enabled = False
    End If
End Sub
```


以下代码处理“生成 HEX 文件”按钮,这段代码将保存有操作平台代码的 strjs 数组与保存有梯形图代码的 strTmp 数组合并,最终将所有数据放入数组 tmp1 中,产生 8192 字节的代码。可以直接将数组 tmp1 以二进制格式存盘,这是一个 bin 文件,这个文件可以被一些编程器识读,并且写入单片机芯片内部。不过,几乎所有的编程器软件都识别 HEX 格式的文件,而并不一定识读 bin 文件。为了达到最好的兼容性,这里 tmp1 数组中的代码转换成为 HEX 格式文件并保存。

```
Private Sub Button1_Click(ByVal sender As System.Object, ByVal e As System.EventArgs) Handles Button1.Click
        Dim j As Integer
        Dim i As Integer
        Dim k As Integer
        Dim tmp1(8191) As Byte
        Dim fileName As String
```

```
Dim binArry(20) As Byte                       '存放代码:字节长度,字节地址
Dim aLen As Integer
Dim iLen As Integer                           '有多少个完整的字节
Dim lLen As Integer                           '剩下的有多少个字节
Dim iLoop As Integer                          '大循环变量

Dim verify As Byte
Dim cVerify(30000) As Byte
Dim d2h() As Byte = {&H30, &H31, &H32, &H33, &H34, &H35, &H36, &H37, &H38, &H39, &H41,
&H42, &H43, &H44, &H45, &H46}
'将数字转换为 ASCII 码的表格
Dim hDat As Byte
Dim lDat As Byte
Dim tmp As Integer
If ((Demo = 1) And ((len - 348) > DemoStep)) Then
    MsgBox("超过了演示版可用的步数", MsgBoxStyle.OkOnly)
    fError = 1
Else
    k = UBound(strJs)
    For i = 0 To k
        tmp1(i) = strJs(i)
    Next
    For i = k + 1 To 4095
        tmp1(i) = Rnd(1) * 21        '产生一些随机数填充保密用
    Next
    j = 4096
    i = 348
    For i = 348 To len
        tmp1(j) = strTmp(i)
        j = j + 1
    Next
End If
'以下将二进制文件转化为 HEX 格式文件
aLen = UBound(tmp1)
iLen = aLen \ 16                              '整个数据段有多少个完整的字节数据
lLen = aLen Mod 16                            '还剩下多少个数据

For iLoop = 0 To iLen - 1
```

```
binArry(0) = &H10
binArry(1) = iLoop \ 16
binArry(2) = (iLoop Mod 16) * 16
binArry(3) = 0
For i = 0 To 15
    binArry(i + 4) = tmp1(iLoop * 16 + i)
Next
'以下计算校验码
tmp = 0
For i = 0 To 19
    tmp = tmp + binArry(i)
Next
verify = tmp Mod 256
verify = Not verify
If (verify < 255) Then
    verify = verify + 1
Else
    verify = 0
End If
'校验码计算结束
'以下开始填充
cVerify(45 * iLoop) = &H3A
For i = 0 To 19
    Dim dTmp As Byte
    dTmp = binArry(i)
    hDat = dTmp \ 16
    lDat = dTmp Mod 16
    cVerify(1 + i * 2 + 45 * iLoop) = d2h(hDat)
    cVerify(2 + i * 2 + 45 * iLoop) = d2h(lDat)
Next
hDat = verify \ 16
lDat = verify Mod 16
'这时的 i = 20
cVerify(1 + i * 2 + 45 * iLoop) = d2h(hDat)
cVerify(2 + i * 2 + 45 * iLoop) = d2h(lDat)
i = i + 1
cVerify(1 + i * 2 + 45 * iLoop) = 13          '回车
cVerify(2 + i * 2 + 45 * iLoop) = 10          '换行
'My.Computer.FileSystem.WriteAllBytes("test1.txt", sVerify, True)
```

```
Next
'以下计算剩下的字节数
binArry(0) = lLen + 1                         '还剩下多少个字节
binArry(1) = iLoop \ 16                       'iloop 已加
binArry(2) = (iLoop Mod 16) * 16
binArry(3) = 0
For i = 0 To lLen
    binArry(i + 4) = tmp1(iLoop * 16 + i)
Next
'以下计算校验码
tmp = 0
For i = 0 To lLen + 4
    tmp = tmp + binArry(i)
Next
verify = tmp Mod 256
verify = Not verify
If (verify < 255) Then
    verify = verify + 1
Else
    verify = 0
End If
cVerify(45 * iLoop) = &H3A
For i = 0 To lLen + 4
    hDat = binArry(i) \ 16
    lDat = binArry(i) Mod 16
    cVerify(1 + i * 2 + 45 * iLoop) = d2h(hDat)
    cVerify(2 + i * 2 + 45 * iLoop) = d2h(lDat)
Next
hDat = verify \ 16
lDat = verify Mod 16

cVerify(1 + i * 2 + 45 * iLoop) = d2h(hDat)
cVerify(2 + i * 2 + 45 * iLoop) = d2h(lDat)
i = i + 1
cVerify(1 + i * 2 + 45 * iLoop) = 13          '回车
cVerify(2 + i * 2 + 45 * iLoop) = 10          '换行
'以下是 HEX 文件最后一行
tmp = 2 + i * 2 + 45 * iLoop
cVerify(tmp + 1) = &H3A
cVerify(tmp + 2) = &H30
```

```
        cVerify(tmp + 3) = &H30
        cVerify(tmp + 4) = &H30
        cVerify(tmp + 5) = &H30
        cVerify(tmp + 6) = &H30
        cVerify(tmp + 7) = &H30
        cVerify(tmp + 8) = &H30
        cVerify(tmp + 9) = &H31
        cVerify(tmp + 10) = &H46
        cVerify(tmp + 11) = &H46
        cVerify(tmp + 12) = 13                              '回车
        cVerify(tmp + 13) = 10                              '换行
        '到此为止,bin 数据转换成为 HEX 格式的工作结束
        If fError = 0 Then
            SaveFileDialog1.ShowDialog()                    '打开文件对话框
            fileName = SaveFileDialog1.FileName
                My.Computer.FileSystem.WriteAllBytes(fileName, cVerify, False)
                MsgBox("转换完成!", MsgBoxStyle.Information)
                Button1.Enabled = False
                fileName = Nothing
                SaveFileDialog1.FileName = Nothing
                Label1.Text = "平凡单片机工作室 http://www.mcustudio.com"
            End If
        End If
    End Sub
```

以下是在程序开始时对应的程序,主要完成调入单片机平台代码的工作,其中单片机平台代码是 conv.dat 文件。这个平台代码调入以后,保存在数组 strJs 中,并将在稍后与梯形图代码合并,生成目标代码。

```
    Private Sub Form1_Load(ByVal sender As System.Object, ByVal e As System.EventArgs) Handles My-
Base.Load
        strjscomm = My.Computer.FileSystem.ReadAllBytes("conv.dat")
        strJs = strjscomm
        If Demo = 1 Then
            Label2.Visible = True
        Else
            Label2.Visible = False
        End If
    End Sub
```

以下代码处理"免断电下载版,单击查看使用说明"标签。这里使用 shell 函数调用hh.exe

以打开 conv. chm 文件,其中 hh. exe 是 Microsoft 提供用于打开. chm 类文件的软件,而 conv. chm 文件是自行编写的帮助文件。

```
    Private Sub Label3_Click(ByVal sender As System.Object, ByVal e As System.EventArgs) Handles La-
bel3.Click
            Shell("hh.exe conv.chm", vbNormalFocus)
    End Sub
```

软件提供的"开启单片机下载程序"和"打开梯形图绘图软件"按钮实现的方法与上面的方法类似,都是通过 shell 函数来调用相应的程序文件。

第 15 章

全数字信号发生器

工业设备常用频率信号作为采集量，如使用光电编码器采集数据。当调试使用频率信号的设备时，由于机械等部分还未动作，无法采集信号，因此需要使用信号发生器提供调试信号。为此准备制作一款能在工业现场使用的全数字信号发生器。对于在工业现场使用的设备，其要求与实验室设备并不相同，如果直接使用实验室中所用的标准信号发生器，往往因其体积过大、价格太高、使用较麻烦而带来不便。工业现场使用的设备，其绝对精度要求并不高，关键要稳定可靠，便于携带和使用。

15.1 仪器性能分析

这个项目的目标是替代工业现场的频率取样装置，典型的如光电编码器。通过调查，确认最终要制作的信号发生器的性能指标如下：

频率范围：0～1 Hz，以 0.1 Hz 步进；1～500 Hz，以 1 Hz 步进。

波形：矩形波或方波均可。

精度：频率值的相对误差不超过±1%。

功能：① 信号发生，信号发生器以给定的频率输出信号；

② 脉冲个数计数，仪器可对本身已发出的脉冲个数进行计数；

③ 设定值存储，每次上电自动调出前次设定的频率值。

15.2 初步设计

在确定了性能指标后，可以进行初步设计。还要考虑其显示、操作等方面的要求，并进一步确定机壳等部分的选购工作。

15.2.1 显示部分

设计要求中的频率设定值最高为 500 Hz，只要 3 位数码管即可满足要求；设计要求中需要对脉冲计数，如果采用 3 位数码管显示，则最大仅能计到 999，太少了一些，因此准备使用 5 位数码管来显示，这样最高可以计到99999。采用5位数码管后，如希望以后能加一些高端点频率(600 Hz、700 Hz、800 Hz、900 Hz、1000 Hz、2000 Hz、5000 Hz、10 kHz等)，就有了足够的扩展余地。

15.2.2 键盘部分

键盘有很多方案可供选择，如工业品中常用的3键方案，当然也可以用多键(如市场上有一些标准的12或16键键盘)等。经过反复比较，考虑到易制作、易使用等诸多因素，结合其他产品的设计经验，最终将按键的个数确定为5个。

键盘操作方案是仪器易用性很重要的方面，这并非仪器的核心部分，但其程序设计的工作量往往占据整个设计的很大一部分。对键盘设计，重要的是要确定各按键功能，描述出各键的具体操作。

要设计按键，首先要清楚仪器的设置要求，本仪器设置要求如下：

① 设定频率值。通过按键调整数码管显示范围为0～500。使用增加键和减少键，当频率显示值为0.1～1时，每按一次增加键或减少键，增加或者减少0.1；当频率显示值为1～500时，每按一次增加或者减少1。如果按住键不放，则进入快速变化状态，设定值以10倍的速度快速增加或减少。

② 显示切换。频率显示：数码管显示设定的频率值。计数值显示：数码管显示自上次清零后发出的脉冲个数值。

③ 开启/停止。切换启动和停止两种状态。处于停止状态时，没有脉冲输出，输出指示灯熄灭；切换到启动状态后，有脉冲输出，输出指示灯闪烁。

④ 清零。清除当前脉冲个数的计数值。

15.2.3 工作过程总体描述

开机后，信号发生器自动运行，有信号输出；按下“开启/停止”键，则信号发生器停止工作，没有信号输出；再次按下“开启/停止”键，则信号发生器又开始工作，继续输出信号。

信号灯用于指示信号发生器工作还是停止。当有信号产生时，信号指示灯闪烁；信号发生器暂停工作时，信号指示灯熄灭。

15.3 硬件电路的设计

在确定了性能指标、操作方案后，可以开始设计，首先要确定信号产生的方式。该信号发生器的绝对精度指标不高，但是其要求的最低频率低至0.1 Hz，而最高分辨率也要求达到0.1 Hz。如果采用模拟技术难以达到，或需要付出较高代价才能做到。考虑到仪器的最高输出频率仅为500 Hz，而且只需要提供方波或矩形波，因此采用单片机做成全数字信号发生器。

15.3.1 整体电路设计

在有了这一设计思想之后，需要确定该方案是否可行。该方案准备采用单片机的定时器产生信号，由于定时器的定时时间只能是整数，因此，不可避免会在一些频率点上产生误差。为此，用Excel对计数值、真实频率值进行了测算，部分表格如表15-1和表15-2所列。经过测算表明，当采用12MHz晶振时，绝对误差最大约0.12Hz(492Hz处)，相对误差最大约0.024%(492Hz处)，可以满足要求，因此决定采用这一方案。当然，这仅是理论值，考虑到单片机定时中断的响应时间等因素，实际的误差肯定要比这个计算值大，但是要达到±1%的精度要求并不难。而其长期工作的稳定性取决于晶振的稳定度，并且晶振频率的变化引起的输出频率的变化也很微小，因此其长期工作稳定性也很好。

表15-1是较高频率测算表格的一部分。

表15-1 较高频率测算

理论频率/Hz	t/μs	真实频率/Hz	绝对误差/Hz	相对误差/%
10	100000	10	0.00E+00	0.00E+00
11	90909	11.00001	1.00E-06	9.09E-08
12	83333	12.00005	4.00E-06	3.33E-07
13	76923	13.00001	1.00E-06	7.69E-08
14	71429	13.99992	-6.00E-06	-4.29E-07
15	66667	14.99993	-5.00E-06	-3.33E-07
16	62500	16	0.00E+00	0.00E+00
17	58824	16.99986	-8.00E-06	-4.71E-07
18	55556	17.99986	-8.00E-06	-4.44E-07
19	52632	18.99985	-8.00E-06	-4.21E-07
20	50000	20	0.00E+00	0.00E+00

表15-2是较低频率测算表格的一部分。

表15-2 较低频率测算

理论频率/Hz	t/μs	次数	真实频率值/Hz	绝对误差/Hz	相对误差/%
0.1	10000000	5000	0.1	0.00E+00	0.00E+00
0.2	5000000	2500	0.2	0.00E+00	0.00E+00
0.3	3333333	1667	0.29994	-2.00E-04	-6.67E-04
0.4	2500000	1250	0.4	0.00E+00	0.00E+00

续表 15-2

理论频率/Hz	$t/\mu s$	次数	真实频率值/Hz	绝对误差/Hz	相对误差/%
0.5	2000000	1000	0.5	0.00E+00	0.00E+00
0.6	1666667	833	0.60024	4.00E-04	6.67E-04
0.7	1428571	714	0.70028	4.00E-04	5.72E-04
0.8	1250000	625	0.8	0.00E+00	0.00E+00
0.9	1111111	556	0.899281	-7.99E-04	-8.88E-04

在确定了信号发生的方式以后，综合初步设计中提出的一些技术指标要求，进一步确定具体的实施方案。根据以往的设计经验，显示部分由单片机的P0口与P2口驱动；数据存储则采用串行EEPROM；信号由单片机的一个I/O口经驱动后输出。

经过上述设计后，可以确定这个仪器的框图如图15-1所示。

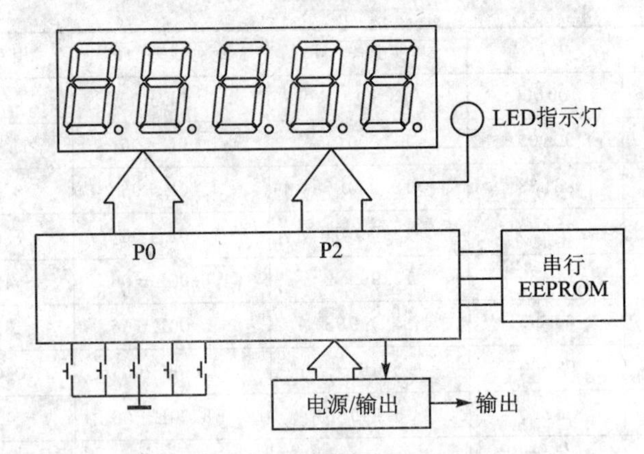

图15-1 初步设计的原理框图

15.3.2 原理图设计

原理框图出来后，选择一款合适的机壳，然后综合考虑按键、数码管的安装方式，以便进行更详细的设计。

数码管和按键必须安装在印刷线路板上才能安装到面板上，拟将数码管与按键安装在一块板上。按此设想考虑连线，数码管与单片机的连线较多，5位数码管需要13根线，再加上按键的连线共有19根。如果将单片机放在另一块板上，必然要用大量导线与键盘显示板连接。而大量的连线是我们不愿意做的，这不仅使得安装困难，而且线易折断造成故障。为此取消原方案，将单片机与数码管、按键装在同一块板上，电源和输出电路放在另一块板上。这样，两块电路板之间只需3根引线即可，大大降低了装配困难，也减少了故障隐患。

整个设计的原理图，如图15-2和图15-3所示。其中图15-2是主板原理图，提供了包

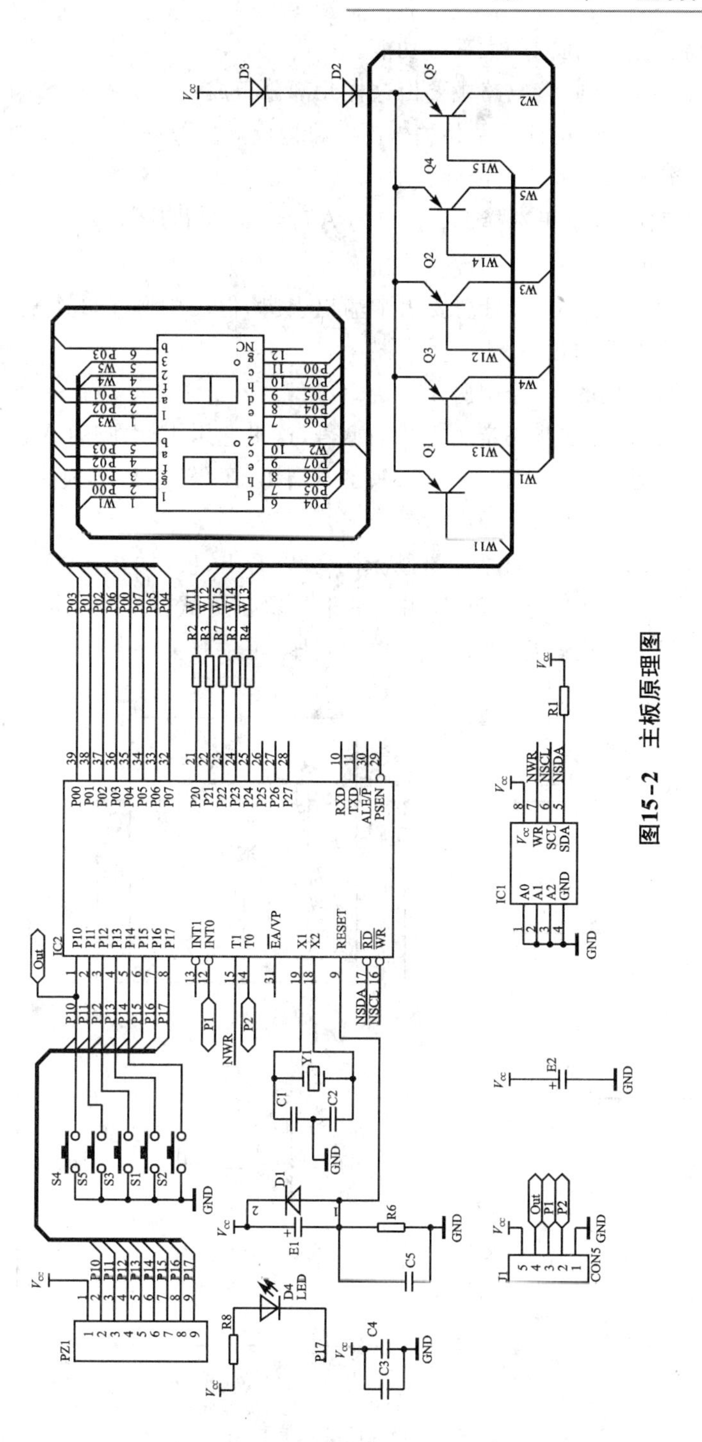
IC2
P10
P11
P12
P13
P14
P15
P16
P17
INT1
INT0
T1
T0
EA/VP
X1
X2
RESET
RD
WR
P00
P01
P02
P03
P04
P05
P06
P07
P20
P21
P22
P23
P24
P25
P26
P27
RXD
TXD
ALE/P
PSEN
Out
P1
P2
NWR
NSDA
NSCL
Y1
C1
C2
GND
S1
S2
S3
S4
S5
D1
E1
R6
C5
V_CC
PZ1
D4
LED
R8
C3
C4
R2
R3
R7
R5
R4
W11
W12
W15
W14
W13
Q1
Q2
Q3
Q4
Q5
W1
W2
W3
W4
W5
D2
D3
NC
IC1
A0
A1
A2
WR
SCL
SDA
R1
E2
J1
CON5

图15-2　主板原理图

括数码管显示驱动、键盘等在内的大部分功能。

从图 15－2 中可以看到，该电路主要由这样几部分组成：

① 数码管显示部分，由单片机及相关外围电路构成 5 位数码管显示电路。

② 按键部分，按设计共有 5 个按键。

③ EEPROM 存储器，这里选择 I^2C 接口的 AT24C01A 芯片。

④ 一只 LED 指示灯。

⑤ 输出引脚。虽然设计要求只需要 1 个输出引脚，但图中画了 3 个输出引脚，这为扩展其他一些功能作了硬件上的预备。

以上共要用到单片机的 23 个引脚。

引脚数量确定后，即可初步确定主芯片的型号，这里选用 40 引脚的 AT89S51 单片机。如果编程中发现内部资源（如片内 RAM、ROM、定时器等）不够，可以更换为 89S52 等其他单片机，比较灵活。

图 15－3 是电源、输出部分的原理图，从图中可以看出，仪器的输出接口采用两种方式，即 J2 引出的集电极开路（OC 门）方式和 J3 引出的射极输出方式。其中，OC 门方式是很多以频率信号为输出的仪器的标准输出方式，如光电编码器、霍尔开关等。

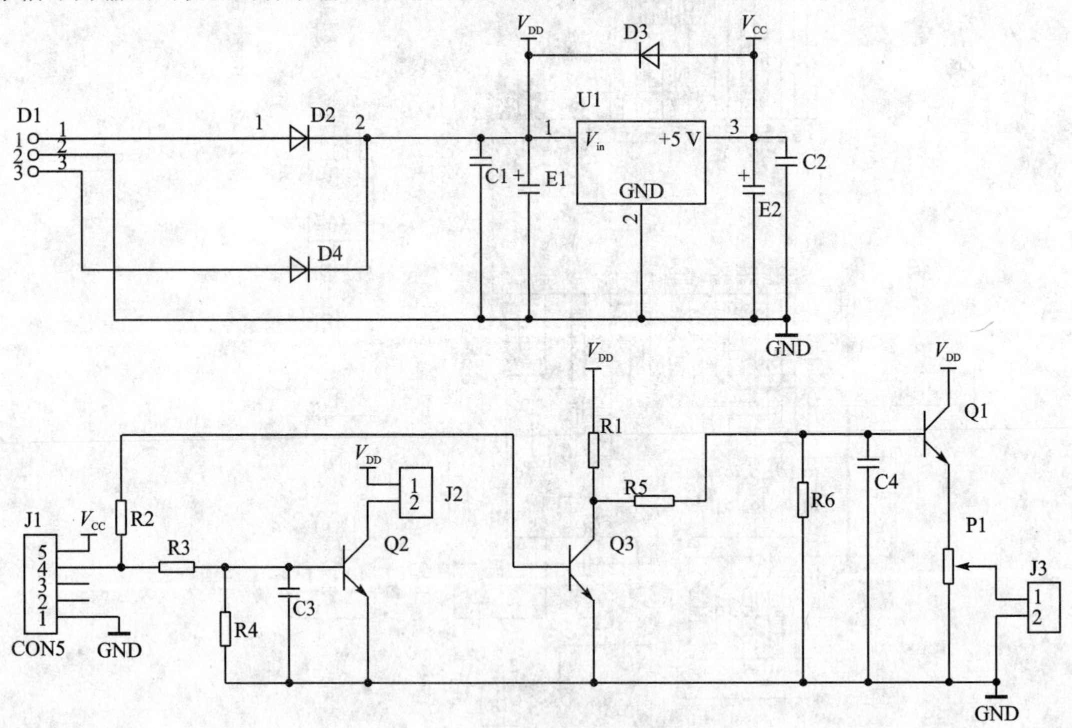

图 15－3 电源板原理图

15.3.3 面板与印刷线路板设计

有了详细的电路原理图，即可进行印刷电路板设计，其中电源、输出部分并无特别之处，因为该板是装在机壳内的，只要买来机壳，测量好安装孔尺寸，即可设计。数码管、按键部分与面板布置有很大的关系，应该先设计好面板，然后再设计线路板，否则用面板去套线路板难以得到理想的结果。如图 15－4 所示是一种面板设计图。

面板的设计可用各种软件进行，这里提供的是用 AutoCAD 画的设计图。画好后要注意同时提供一份结构图，否则机加工人员难以加工面板，结构图如图 15－5 所示，各数值单位均为 mm。图中 156 与 62 是面板的外形尺寸，该尺寸在购买到机箱后就已确定。如果大批量制作，可将该图提供给机加工厂商；如果单件或小批制作，可在 CAD 中将其打印出来，将图贴于面板上，按图加工，这样可以较好地解决定位尺寸的问题。

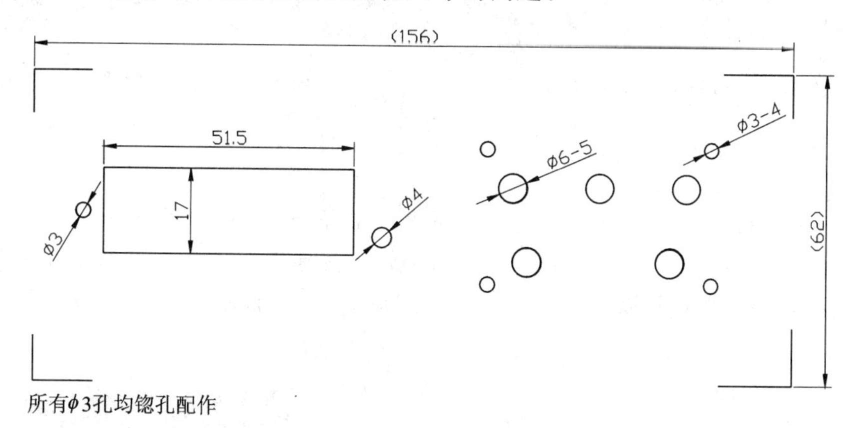

图 15－4　面板设计图(图中数值单位为 mm)

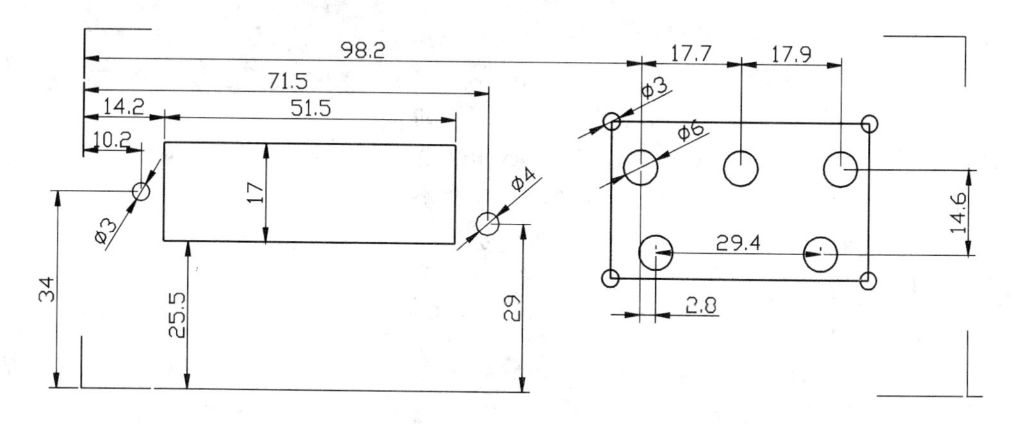

图 15－5　尺寸图(图中数值单位为 mm)

设计好面板之后，可以设计线路板。由于线路板可用尺寸比较小，加之安装高度的限制，有些器件难以放下，因此，设计采用两面安装器件，即将数码管、按键等大部分器件安装在元件面，而单片机、AT24C01A 和部分其他器件安装在铜泊面。安装好的最终效果如图 15－6 和图 15－7 所示。在设计印刷电路板时，必须注意器件引脚与常规相反，即第 1 引脚和第 40 引脚对调、第 2 引脚和第 39 引脚对调…因此 Protel 软件中提供的现成的 40 引脚、8 引脚封装图不能用，必须自行设计其封装图，这一点必须引起注意。

图 15－6　安装好的面板前面图

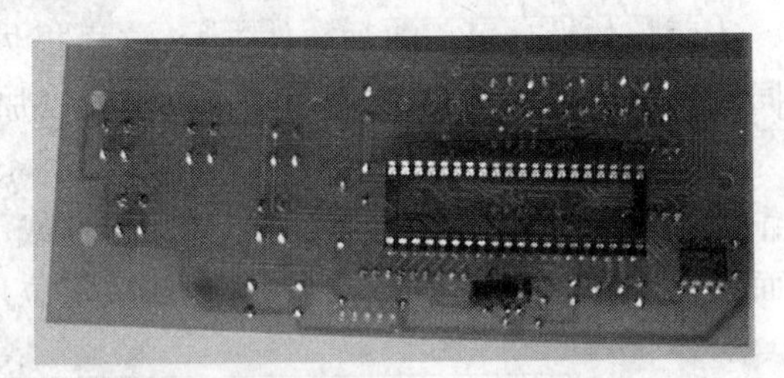

图 15－7　安装好的面板后面图

15.3.4　仪器装配

面板的装配方案可以参考图 15－8，这是面板的正面图。不难看出，图左侧有一个方孔，用于露出显示器，右侧有 5 个圆孔，用于露出 5 个轻触按钮。在面板上开有 5 个安装孔，这 5 个安装孔都是沉头孔，使用沉头螺丝，放入后可使螺丝平面与面板平面齐平或略低，不影响安装好后的美观。

螺丝放入后，在面板后面拧上一个螺母，固定住螺丝，然后再分别拧上一个螺母，如图 15－9 所示。将印板上的 5 个安装孔穿入螺丝，调整螺丝上的第二螺母，可以调整印板到面板间的距离，使得轻触按钮刚好与面板正面齐平，而数码管也正好与面板正面齐平或略低。当然，要做到这一点还需要注意按钮与数码管的高度协调。轻触按钮的高度有多种，购买时需要注意，可以先购买部分不同高度的样品，通过试验后决定。也可以购买稍高一些的品种，并在安装数码管时适当调整安装高度。调整好后，从上方拧入螺母，即可将印刷电路板固定。

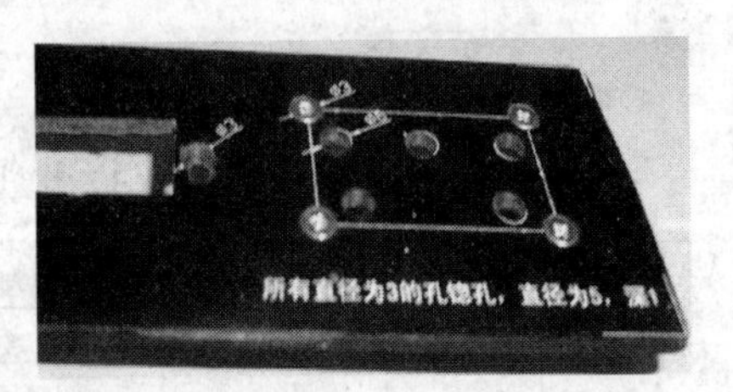

图 15－8　已拧入螺丝的面板正面

安装完成后，面板需要装饰一下。如果是批量制作，可以做薄膜面板；如果是单件制作，只能简单一些了，可以用打印机将面板图打印在较好质量的纸上，塑封一下，然后用双面胶粘于面板上即可。最终的整机如图 15－10 所示。

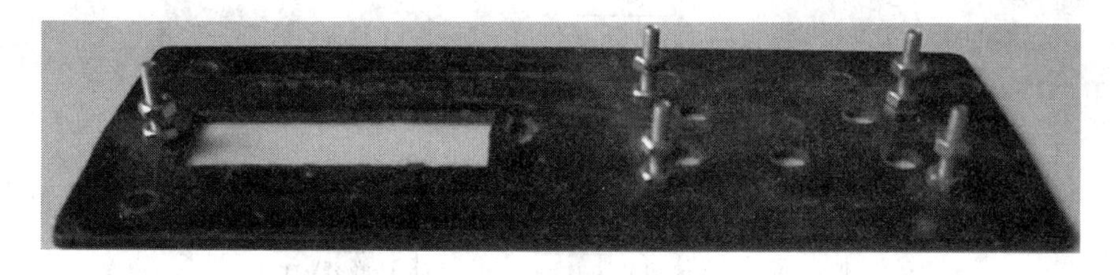

图 15－9　面板的反面

图 15－10　制作完成的整机

15.4　软件设计

本仪器的软件主要由键盘程序、显示程序、AT24C01A 读/写程序、信号产生程序等部分组成。以下对部分功能进行分析。

15.4.1　键盘程序

本仪器需要调整的数值范围较大，因此，“增加”和“减少”键必须具有快速连加和快速连减的功能，否则调整速度太慢。这种键盘可以用多种方法来实现，关键在于设计一个正确的程序结构，图 15－11 是一种实现方法的流程图。

从图中可以看出，程序运行后不断地扫描键盘，第一次扫描到有键按下后，如常规键盘处理程序一样，进行键值处理。但处理完毕，并不如一般键盘处理程序那样等待键盘释放，而是直接退出键盘处理程序。当又一次执行到键盘程序时，如果检测到键还被按着，就不再直接运行键值处理程序，而是将一个计数器加 1，直接返回主程序。如此循环，直到计数到一个定值(如 500，表示键盘程序已被执行了 500 次)。如果键还被按着，说明用户有连加(或连减)要求，程序即将计数器减去一个数值(如 30)，然后进行键值处理。这样，以后键盘程序每执行 30 次，就执行一次键值处理程序，实现了第一次启动时间较长，以后快速连续动作的要求。如果

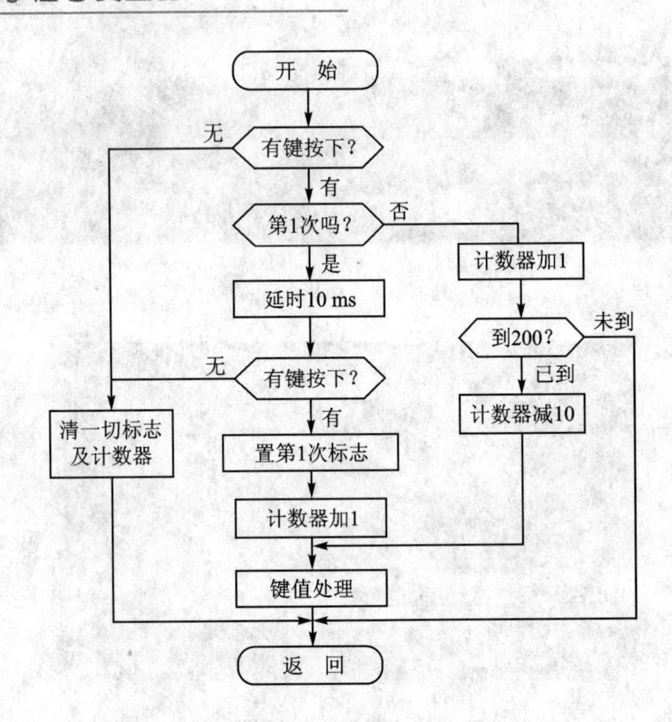

图15-11　键盘处理流程图

检测到键已被释放，则清除所有标志，将计数器清零，准备下一次按键处理。

程序开始时定义两个常量Qdsj和Ljsj，如下所示：

```
const     uint  Qdsj = 500;              /* 与首次启动连加(减)功能的时间有关 */
const     uint  Ljsj = 30;               /* 与连加(减)的速度有关 */
```

这两个常量与第1次启动及连加、减的速度有关，具体数值应根据实际情况试验后确定。下面是部分键处理程序，注意其中这两个变量的使用。

```
/*********************************************************************
函数功能:按键处理程序
参    数:无
返    回:无
备    注:无
*********************************************************************/
void Key()                                       /* 键处理 */
{       ⋮
        if(! KeyValue)
        {
          ⋮                                      /* 无键按下,清除一切标志退出 */
```

```
    }
    if(KeyMark)                                /*第1次检测到按键吗？ */
    {   KeyCounter++;                          /*不是第1次(KeyMark已是1了)*/
        if(Qdsj == KeyCounter)                 /*连续按着已有Qdsj次了*/
        {   KeyCounter -= Ljsj;                /*减去Ljsj次*/
            KeyProcess(KeyValue,1);            /*键值处理*/
        }
        else{ return ; }                       /*如果按着还没有到Qdsj*/
    }
    else                                       /*第1次检测到有键按下*/
    {   mDelay(10);                            /*延时10ms*/
        …                                      /*再次检测*/
        if(! KeyValue)
        {… 清除一切标志并返回}
    }
}
```

15.4.2　小数点处理

由于本机有 5 位数码管，而实际仅需 3 位，因此可以有两种方法来点亮小数点：一种方式是在显示 0.1～0.9 时用小数显示，而在显示 1～500 时不显示小数点，这种方式编程略麻烦一些；另一种是使用定点的方式显示小数点，即不论是在 0.1～0.9 Hz 段，还是 1～500 Hz 段，均在倒数第二位点亮小数点，而在最后一位始终显示 0。这种显示方式比较简单，本机采用了第二种方式。

通常，用高级语言编程时，可以用浮点型数据来表示小数，但本程序并没有这样处理。因为单片机的资源有限，而浮点型数据的表达方式与其他数据的表达方式很不相同，无论是存储还是运算，都相当占用资源，因而在单片机中能不用浮点型数据就尽量不用。这里将所有的频率设定值扩大 10 倍，即所要求的频率值是 0.1～500 Hz，而在单片机内部用 1～5 000 来表示。如果频率设定值小于 10，每按一次键，频率设定值就加或减 1；如果频率设定值大于等于 10，每按一次按键就加或减 10。例如，当前频率设定值为 100，按一下“增加”键，该值就会变为 110，相当于频率设定值由 10 变为 11；如果当前设定值为 9，按一下“减少”键，该值变为 8，相当于频率值由 0.9 变为 0.8。在根据频率设定值计算定时常数时，只要将被除数扩大 10 倍即可。程序中是这样表示的：

```
ltemp = 1000000;
ltemp *= 10;                //由于 plsd 被放大了 10 倍，故被除数也放大 10 倍
⋮
```

在显示频率设定值时，点亮倒数第 2 位的数码管上的小数点，显示程序中有这样的程序行：

```
if(Counter1 = = 1)                              //如果当前正在显示倒数第 2 位
{     if(! P1S1)                                //如果是要求显示频率
          DispCode = DispCode&0xbf;             //点亮小数点
}
```

由于 P0.6 与小数点位相连，所以不论待显示的数是多少，该位被清零后，小数点就能被点亮。要将该位清零，只要将字形码与 0xbf(10111111)相“与”即可。

15.4.3　AT24C01A 的读/写

AT24C01A 芯片是具有 I²C 接口的 EEPROM，由于 89C51 单片机没有 I²C 接口，因此，必须用 I/O 口模拟 I²C 时序。由于这部分内容的参考资料很多，因此这里仅提供作者用 C 语言编写的接口程序及其用法，不对此进行更多的介绍。

使用这一接口程序，只要定义好写常数、读常数，以及根据硬件连线定义好 3 个引脚 SDA、SCL 和 WP，然后直接调用读/写函数即可。

```
#define AddWr    0xa0                     /*器件地址选择及写标志*/
#define AddRd    0xa1                     /*器件地址选择及读标志*/
sbit    Sda =    P3^7;                    /*串行数据*/
sbit    Scl =    P3^6;                    /*串行时钟*/
sbit    WP =     P3^5;
```

接口程序提供了多字节的读/写函数。其中读函数需要用到 3 个参数：用于存放读出数据的数组，待读 EEPROM 的起始地址和字节数；写函数也要用到 3 个参数：用于存放待写入数据的数组，待写入 EEPROM 的起始地址和字节数。下面是这两个函数的用法参考：

```
RdFromROM(Number,10,2);
//从地址 10H 开始处读出 2 字节,存入 Numbre 数组中
WrToROM(Number,10,2);
//将 Number 数组中的 2 字节写入 EEPROM,地址从 10H 开始
```

15.4.4　信号产生

信号发生由定时中断 0 完成。在定时时间到之后，重置定时常数，接着判断究竟是较高频率还是较低频率，分别予以处理。如果是较高频率，直接取反输出端口即可返回；如果是较低频率，则要进行计数，并判断计数值是否到设定值，如果到了，则取反输出端口，并清零计数器，然后再返回。信号发生程序流程图如图 15－12 所示。

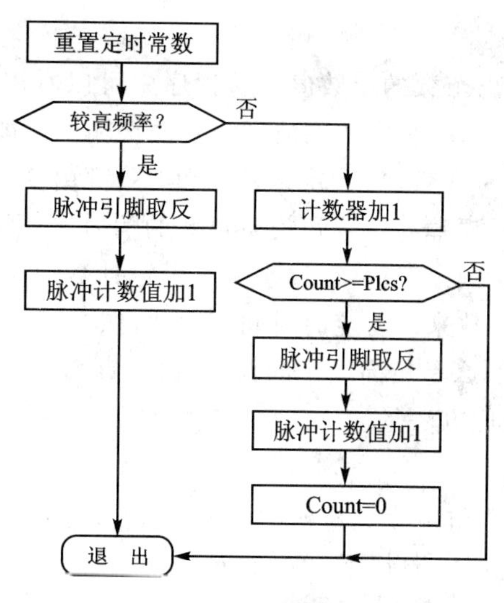

图 15-12　信号发生程序流程图

这部分程序如下：

```
/**************************************************************************
函数功能:定时器 0 中断处理程序
参    数:无
返    回:无
备    注:定时 0 中断用于波形输出
**************************************************************************/
void OutWave() interrupt 1
{    static uint Count;                //输出较低频率时计数用
    TH0 = CTH0;                        //重装时间常数
    TL0 = CTL0;
    if(HighLow)                        //如果是较高频率
    {    WaveOut = ! WaveOut;
        Mczsl ++ ;                     //脉冲计数值
    }
    else
    {    Count ++ ;
        if(Count> = Plcs)
        {    WaveOut - ! WaveOut;
            Count = 0;
            Mczsl ++ ;
        }
    }
}
```

【程序分析】

程序中Mczsl是脉冲输出个数的计数值。从程序中可以看出，每次中断只能得到波形的一半，要么高电平，要么低电平，一个完整的波形需要两次输出才能完成。

定时中断中所设定的定时常数、预设定计数值(Plcs)都由主程序根据频率设定值计算得到。根据前述原理，对于较低频率的信号和较高频率的信号采用两种不同的方法产生。对于较低频率的信号，定时常数是一个定值，通过改变预设定计数值来达到定时时间；而对于较高频率的信号，直接改变定时常数来改变定时时间。为此，在主程序中根据设定值的大小分别处理，如果设定值大于10 Hz，那么是较高频率的算法，只要计算出设定频率值对应的时间，不难得到待设定值。程序中的处理方法是：

```
ltemp = 1000000;
ltemp * = 10;              //由于 plsd 被放大了 10 倍，故被除数也放大 10 倍
ltemp/ = Plsd;             //获得周期值(单位 μs)
ltemp/ = 2;                //获得定时常数
```

根据$t=1/f$，计算定时时间，单位是s。而我们所要求的定时时间单位是μs，因此，首先让ltemp等于1000000。又由于Plsd变量在单片机内部被放大10倍，故再将该值扩大10倍，然后用ltemp为被除数，去除以Plsd，得到周期数。由于每次定时中断只能得到一半波形，因此定时数应该是周期数的一半，将周期数除以2，即得到定时常数。显然，这里没有先计算时间到s，然后再换算为μs，其目的也是为了避免小数运算。

当所设定的频率值小于10 Hz时，程序是这样处理的：

```
CTH0 = (65536 - 1000)/256;
CTL0 = (65536 - 1000) % 256;           //否则是在 10Hz 以下，定时器的定时常数是 1ms
HighLow = 0;
Plcs = 5000/Plsd;
```

首先将定时常数确定为1000 μs，然后将标志位HighLow清0，表示要进行较低频率的处理，最后计算出中断次数。中断次数这样来确定：用10000000/Plsd得到周期数，然后用这个值除以2000即可。这时除以2000的原因同上述分析，即定时时间为1000 μs，最终得到的周期是2000 μs。

参考文献

[1] 马忠梅,等.单片机C语言Windows环境编程宝典.北京:北京航空航天大学出版社,2003.
[2] Alan R. Feuer. C语言解惑.杨涛,等译.北京:人民邮电出版社,2007.
[3] 余永权.单片机在控制系统中的应用.北京:电子工业出版社,2005.
[4] 赖麟文.8051单片机C语言彻底应用.北京:科学出版社,2002.
[5] Bonnie Baker.嵌入式系统中的模拟设计.李喻奎译.北京:北京航空航天大学出版社,2006.
[6] 周航慈.单片机程序设计基础.北京:北京航空航天大学出版社,2003.
[7] 张晓蕾.Visual Basic. Net基础教程.北京:人民邮电出版社,2006.
[8] 周航慈.单片机应用程序设计技术(修订版).北京:北京航空航天大学出版社,2002.
[9] 刘金琨.先进PID控制.北京:电子工业出版社,2004.
[10] 王玮.感悟设计.北京:北京航空航天大学出版社,2009.
[11] 张俊.匠人手记.北京:北京航空航天大学出版社,2008.
[12] 周坚.单片机轻松入门(第2版).北京:北京航空航天大学出版社,2007.
[13] 周坚.单片机C语言轻松入门.北京:北京航空航天大学出版社,2006.